煤层气压裂技术及应用

伊向艺　雷　群　丁云宏
　　　　　　　　　　　　　主　编
卢　渊　管保山　张　浩

石油工业出版社

内 容 提 要

本书共分六章,从煤层气储层特征评价入手,结合韩城煤层气储层实例,描述了煤岩气藏非常规的工程地质特征;针对煤岩气藏具有裂缝系统和大的比表面积特征,对压裂过程中可能产生的煤层气藏损害进行评价;阐述了煤岩储层压裂液体系;以煤层水力压裂理论为基础,探讨煤层分层压裂工艺、液态 CO_2 压裂、低伤害高效压裂等工艺技术;对连续油管压裂工艺在煤层的适应性进行了研究;展望了煤层气压裂新技术发展趋势及应用。

本书可供从事煤层开发、煤层施工等方面的研究生和科技人员参考。

图书在版编目(CIP)数据

煤层气压裂技术及应用/伊向艺等主编 .
北京:石油工业出版社,2012.3
ISBN 978 - 7 - 5021 - 8775 - 0

Ⅰ. 煤…

Ⅱ. 伊…

Ⅲ. 煤层 - 地下气化煤气 - 气体压裂

Ⅳ. P618.11

中国版本图书馆 CIP 数据核字(2011)第 225129 号

出版发行:石油工业出版社
　　　　　(北京安定门外安华里 2 区 1 号　100011)
　　　　　网　址:www.petropub.com.cn
　　　　　编辑部:(010)64251362　发行部:(010)64523620
经　销:全国新华书店
排　版:北京乘设伟业科技有限公司
印　刷:北京中石油彩色印刷有限责任公司
2012 年 3 月第 1 版　2013 年 5 月第 2 次印刷
787×1092 毫米　开本:1/16　印张:14
字数:338 千字
定价:42.00 元
(如出现印装质量问题,我社发行部负责调换)

《煤层气压裂技术及应用》

编 委 会

序

随着常规油气资源量的日益减少,作为清洁能源之一的煤层气,其勘探开发越来越受到重视。全球埋深浅于 2000m 的煤层气资源约为 $240 \times 10^{12} m^3$,中国埋深浅于 2000m 的煤层气资源量超过 $36 \times 10^{12} m^3$,位于俄罗斯和加拿大之后,居世界第三。中国地面煤层气开发从无到有,2005 年实现了零的突破,2007 年为 $3.2 \times 10^8 m^3$,2008 年突破 $5 \times 10^8 m^3$,2009 年中国煤层气年产量已达 $7 \times 10^8 m^3$。截至 2010 年底,全国共钻煤层气井 5400 多口,探明煤层气地质储量 $2900 \times 10^8 m^3$,累建年产能超过 $30 \times 10^8 m^3$(地面抽采),实现年产量 $15 \times 10^8 m^3$,商品气量 $11.8 \times 10^8 m^3$。近年来中国煤层气的勘探开发呈现出了欣欣向荣的局面,中国石油天然气集团公司、中国石油化工集团公司、中联煤层气有限责任公司(以下分别简称中石油、中石化、中联煤)和一些地方煤层气公司均在加大对煤层气资源的开发力度。由于煤岩气藏属于超低孔超低渗气藏范畴,煤层气藏具有独特的成藏机制,其煤岩割理、裂隙系统发育且产出机理复杂,要达到高效及经济开发的目的必须借助于压裂增产措施。良好的压裂设计和规范的现场施工作业是煤层气藏压裂成功的前提,也是决定煤岩气藏经济开发的关键。因此,加大对煤层气压裂技术的研究已成为提高煤层气产量的重要举措。

本书以目前国内外对煤岩储层工程地质特征认识、压裂过程中煤岩储层的伤害机理、新型的煤层气井压裂应用技术研究等为基础,借鉴煤田地质学、非常规天然气勘探开发等理论和方法,在依托山西沁水盆地煤层气直井开发示范工程以及鄂尔多斯盆地石炭—二叠系煤层气勘探开发示范工程的基础上,通过对煤岩储层的描述、煤层伤害机理实验分析、国内外压裂液体系的调研、压裂施工工艺的综述等,系统地总结了煤岩储层地质特征和压裂技术。本书详细研究了与煤岩气藏压裂相关的工程地质特征,提出了煤岩气藏伤害机理的评价方法,描述了适用于煤岩储层的压裂液体系,综述了煤层压裂技术及施工工艺,并对煤岩气藏压裂技术发展进行了展望。

本书的作者大都具有煤层气藏开发理论研究和压裂施工现场试验的经历,具有理论和实践结合的优势。该书依托"大型油气田及煤层气开发(2008ZX05037)"国家重大专项中的"煤层气完井与高效增产技术及装备研制—煤层气藏低伤害高效能压裂液"课题,通过实验和现场的结合、理论和实际的结合,系统地提出了煤层气压裂技术理论和现场施工工艺,为我国"十二五"煤层气的勘探与开发奠定了理论和初步实践基础。该书是目前对煤层气压裂工艺介绍较为全面的一本专著,特向广大研究者推荐。

2011 年 1 月

前　言

在新一轮大规模投资推动下,新能源产业借势崛起,我国煤层气产业迎来发展机遇。我国将煤层气开发经过"十一五"能源发展规划资助后,煤层气资源的利用得到了长足的进步。目前中国煤层气资源开发利用力度距目标还有一定差距,此前,中国预计在2015年产量达$100 \times 10^8 m^3$,2020年产量达$300 \times 10^8 m^3$。煤层气距离成为天然气供应的主力气源,还有很长的一段路要走。

煤层气资源开发的大力发展,一方面需要国家鼓励政策的出台和地方政府协助支持,另一方面,煤岩气藏属于超低孔超低渗非常规气藏范畴,要达到高效及经济开发的目标必须进行压裂增产措施。然而,围绕煤岩气藏低伤害高效能压裂技术的实施,在基础理论和现场实践环节的许多工作需要系统地总结。

《煤层气压裂技术及应用》一书是笔者在参加"大型油气田及煤层气开发(2008ZX05037)"国家重大专项"煤层气完井与高效增产技术及装备研制—煤层气藏低伤害高效能压裂液"课题完成中不断积累、研究后编写而成。全书共分6章。第一章为煤层气储层特征评价,描述了煤岩气藏非常规的工程地质特征;第二章为煤层气损害评价技术,系统介绍了煤岩气藏的损害评价技术;第三章为煤层压裂液,阐述了煤岩储层压裂液体系;第四章为煤层水力压裂技术,综述了水力压裂技术和工艺在煤层气压裂中的应用;第五章为连续油管压裂工艺研究,对连续油管压裂技术在煤层的适应性以及煤层气井压裂中的应用进行了阐述;第六章为煤层气压裂技术展望,对煤层压裂液技术的发展趋势进行展望,并对新型压裂工艺技术进行了介绍。

煤层气压裂技术及应用涉及到多学科、多专业,包括地质、钻井、采气和增产作业过程等,是一项理论和实际结合的系统工程。本书依靠现场研究人员和高校研究人员组合的研究团队,在借鉴国内外煤层气压裂理论和实践的基础上,结合自身应用基础研究及现场技术应用经历,完成了书稿的编写和审定。在书稿的完成过程中,得到成都理工大学能源学院和"油气藏地质及开发工程"国家重点实验室及中国石油天然气集团公司科学技术研究院廊坊分院的大力支持。

由于笔者水平所限,如有错误和不妥之处,敬请批评指正。

编　者
2011年1月

目　　录

第一章　煤层气储层特征评价

　　煤岩储层(煤层)是一类由高分子有机化合物与矿物组成的混合体,主要以有机物为主。对煤层气而言,它既是气源岩,又是储集岩。煤层作为自生自储型的非常规储气层,与常规的储层有许多不同之处,它不像常规天然气那样需要有大规模的运移和聚集过程才能成藏,其气体主要以吸附状态赋存于煤层中。煤层具有极其发育的微孔系统和裂缝系统、大的内表面积、较强的吸附能力,由于这一系列独特的物理化学性质和特殊的岩石力学性质,使煤层气在储气机理、孔渗性能、气井的产气机理和产量动态等方面与常规天然气有明显的区别,并表现出鲜明的特征。只有在充分认识这些储层特征的基础上,采用不同于常规油气工业的理论和技术,才能正确评价和有效开发煤层气藏。

　　本章主要从煤岩组分特征、煤结构、煤层孔隙结构特征、煤的润湿性及其吸附性和煤层压力特征几方面并结合韩城矿区煤层气储层实例来阐述煤储层特征。韩城矿区内含煤层数多达 13 层,其编号自上而下分别为山西组的 $1^\#$ 上、$1^\#$、$2^\#$、$3^\#$、$4^\#$,太原组 $5^\#$、$6^\#$、$7^\#$、$8^\#$、$9^\#$、$10^\#$、$11^\#$等。其中 $3^\#$、$11^\#$煤层分布较普遍,为全矿区主要开采煤层,$5^\#$煤层分布于燎原井田和象山井田,$2^\#$煤层主要分布于北区和马家沟井田。

第一节　煤层的组分特征

　　煤的热演化实质是那些参与成煤的有机质在煤化作用过程中不断发生着物理、化学变化,这种变化的结果导致某些有机组分的演化、消失,并形成油、气等一些热演化物。通过对煤元素组成、化学组成、变质程度等特征的研究,能很好地探讨煤的演化生烃机理。

一、煤的成分

　　要了解煤的成分特征,首先就要了解煤的分类。由于研究对象、方法和研究程度的不同,各种方案在分类界线、精细程度和命名方面都有所差异。表 1 - 1 是国外主要的煤岩分类,这个分类的依据主要是岩石结构的差异。

表 1-1　国外主要煤岩分类系统一览表（据张群，1999）

Stopes 分类	ASTM 分类		蒂循—矿务局分类		Diessel 分类	前苏联分类	Gammeron 分类	
镜煤 丝炭 亮煤 暗煤	条带 状煤	镜煤 暗煤 丝炭	条带 状煤	半亮煤 半暗煤 暗淡煤	光亮煤 条状带亮煤 条状带暗煤 暗淡煤 纤维状煤	光亮煤 半亮煤 半暗煤 暗淡煤	岩 石 类 型	镜煤 丝炭 亮亮煤 暗亮煤 暗煤
	非条带 状煤		非条带 状煤				煤 类 型	光亮煤 半亮煤 半暗煤 暗淡煤

在我国，最新的煤炭分类于 2009 年经国务院批准，由中国煤炭工业协会发布，于 2011 年 1 月 1 日开始实施。新制定的中国煤炭分类国家标准，首先根据煤的煤化程度，将所有煤分为褐煤、烟煤和无烟煤。对于褐煤和无烟煤，再分别按其煤化程度和工业利用的特点分为 2 个和 3 个小类。烟煤部分按挥发分大于 10%～20%、大于 20%～28%、大于 28%～37% 和大于 37% 的 4 个阶段分为低、中、中高及高挥发分烟煤。关于烟煤粘结性，则按粘结指数 G 区分：0～50 为不粘结和微粘结煤，50～65 为中等偏强粘结煤，大于 65 则为强粘结煤。对于强粘结煤，又把其中胶质层最大厚度 y 值大于 25mm 或奥亚膨胀度 b 大于 150%（对于挥发分大于 28% 的烟煤，奥亚膨胀度 b 大于 220%）的煤定为特强粘结煤。这样，在烟煤部分，可分为 24 个单元，并用相应的数码表示。编号的十位数中，1～4 代表煤的煤化程度，编号的个位数中，1～6 表示煤的粘结性。在这 24 个单元中，再按同类煤性质基本相似，不同煤性质有较大差异的分类原则将部分单元合并为 12 个类别。在煤类的命名上，考虑到新旧分类的延续性和习惯叫法，仍保留气煤、肥煤、焦煤、瘦煤、贫煤、弱粘煤、不粘煤和长焰煤 8 个煤类。为使同一类煤性质基本一致，新的煤炭分类国家标准增加了 4 个过渡性煤类：贫瘦煤、1/2 中粘煤、1/3 焦煤和气肥煤。贫瘦煤是指粘结性较差的瘦煤，以区别于典型的瘦煤。1/2 中粘煤是由原分类中一部分粘结性较好的弱粘煤和一部分粘结性较差的肥焦煤和肥气煤组成。1/3 焦煤是由原分类中一部分粘结性较好的肥气煤和肥焦煤组成，这类煤是焦煤、肥煤和气煤中间的过渡煤类，也具有这 3 类煤的一部分性质，但结焦性较好是公认的。气肥煤在原分类中属肥煤大类，但定的结焦性比典型肥煤要差得多，故新的煤炭分类国家标准将它单独列为一类。这样就克服了原分类方案中同类煤性质差异较大的缺陷。如气煤一号和肥气煤二号在性质上有明显差异，将它们分为同一类别很不合理。新的分类国家标准将这些具有过渡性质的煤单独列为一类，从而有利于煤的合理使用。

1. 元素分析

煤的元素组成是研究煤的变质程度，计算煤的发热量，估算煤的干馏产物的重要指标，也是工业中以煤作燃料时进行热量计算的基础。煤中除无机矿物质和水分以外，其余都是有机质。由于组成煤的基本结构单元是以碳为骨架的多聚芳香环系统，在芳香环周围有碳、氢、氧及少量的氮和硫等原子组成的侧链和官能团,如羧基(—COOH)、羟基(—OH)和甲氧基(—OCH$_3$)。这说明煤中有机质主要由碳、氢、氧和氮、硫等元素组成。因此煤的元素分析主要是分析氧、碳、氢、硫、氮等元素成分。各种煤所含的主要元素组成见表1-2。

表1-2　煤的元素组成

组成	泥炭	褐煤	烟煤	无烟煤
C,%	60~70	70~80	80~90	90~98
H,%	5~6	5~6	4~5	1~3
O,%	25~35	15~25	5~15	1~3

　　碳是煤中最主要的可燃元素,也是煤中最基本的成分,其含量约占40%~85%。1kg碳完全燃烧生成二氧化碳,能放出约32825.56kJ热量;1kg碳不完全燃烧生成一氧化碳,只能放出约9258.06kJ的热量。碳的燃烧特点是不易着火,燃烧缓慢,火焰短,煤的碳化程度越深,即含碳量越多,则着火和燃烧越困难。氢是煤中单位发热量最高的元素,但含量不多,约占3%~6%;氢极容易燃烧,且燃烧速度快。氧是煤中的杂质,不能产生热量。由于氧的存在,使得煤中可燃元素的含量相对降低。煤中的氧有两部分,一部分是游离的氧,它能助燃;另一部分以化合物状态存在,不能助燃。煤中的硫由有机硫、硫化铁和硫酸盐中的硫三部分组成。前两种硫可以燃烧,构成所谓的挥发硫或可燃硫,后一种硫不能燃烧,将其并入灰分,硫是煤中的有害元素。氮、磷是煤中的杂质,其含量很少,对煤的燃烧影响不大。这些元素随着煤化程度的增加而有规律的变化(图1-1)。

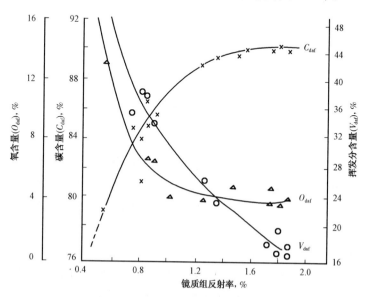

图1-1　C.O.V演化曲线(据李明潮等,1996)

由图可看出随着煤化程度增高,碳元素含量增多,呈对数曲线特征。

碳含量和镜质组反射率之间有以下关系:

$$C = 20\lg R_o + 85 \qquad (r = 0.978) \qquad (1-1)$$

式中　C——碳含量,%;

　　　R_o——镜质组反射率[指镜质组(在绿光中)的反射光强度对垂直入射光强度的百分比,反映煤的成熟度],%;

　　　r——相关关系系数。

随着煤化程度增高,氢含量缓慢降低,氧含量降低。由此可见,煤化过程中含氧官能团脱落和芳环层逐步增大,氧被脱落而降低。

美国材料试验协会(ASTM)提供了标准方法来确定各元素含量。该方法中碳、氢元素的含量由原料完全燃烧时释放的气体产物所决定,总的硫、氮、灰质的含量则由所有原料单独计算所确定出来。由于氧元素缺乏合适的测试方法,所以其在煤中的百分含量由100%减去其它元素百分含量的总和获得。但由于煤中粘土、页岩、碳酸盐杂质生成结合水导致氢、氧元素损失了一部分而未得到校正,故这种方法会产生一个小的误差。

针对韩城矿区 $2^\#$、$3^\#$、$5^\#$、$11^\#$ 煤层煤样做元素分析,并与我国其它地区煤层元素含量对比见表 1-3。

表 1-3　我国部分地区煤层元素分析成果表

采样地点	碳含量(C_{daf}),%	氢含量(H_{daf}),%	氮含量(N_{daf}),%	氧含量(O_{daf}),%
淮南	85.55	5.16	4.56	7.48
淮北	88.29	4.62	1.41	5.05
新疆塔什	78.83	6.14	1.24	13.27
合山	33.45	1.97	0.64	4.64
晋城	77.73	2.33	0.99	1.11
韩城	80.06~92.16	4.08~4.40	<1.5	2.10~2.70

2. 组分分析

煤是一种极复杂的可燃有机岩,煤田通常通过工业分析方法,用煤的水分、灰分、挥发分和固定碳四大组成来描述煤的化学组成。水分和灰分是无机组分,固定碳的多少取决于煤的芳香核的缩合程度,挥发分随着煤化程度的增高,呈有规律地降低。通常煤的水分、灰分、挥发分是直接测出的,而固定碳是用差减法计算出来的。

水分含量影响天然气的吸附能力,水分含量的测定主要包括通氮干燥法、甲苯蒸馏法两种。通氮干燥法是称取一定量的空气干燥煤样,置于 105~110℃ 的干燥箱中,在干燥氮气流中干燥到质量恒定,然后根据煤样的质量损失计算出水分的百分含量。甲苯蒸馏法则是称取一定量的空气干燥煤样于圆底烧瓶中,加入甲苯共同煮沸。分馏出的液体收集在水分测定管中并分层,量出水的体积。以水的质量占煤样质量的百分数作为水分含量。

　　煤中灰分的测定方法,包括缓慢灰化法和快速灰化法。缓慢灰化法为仲裁法,快速灰化法可作为例常分析方法。缓慢灰化法是指称取一定量的空气干燥煤样,放入马弗炉中,以一定的速度加热到 $815 \pm 10℃$,灰化并灼烧到质量恒定。以残留物的质量占煤样质量的百分数作为灰分产率。快速灰化法又包括 A 法和 B 法。A 法是将装有煤样的灰皿放在预先加热至 $815 \pm 10℃$ 的灰分快速测定仪的传送带上,煤样自动送入仪器内完全灰化,然后送出,以残留物的质量占煤样质量的百分数作为灰分产率;B 法则是将装有煤样的灰皿由炉外逐渐送入预先加热至 $815 \pm 10℃$ 的马弗炉中灰化,并灼烧至质量恒定,以残留物的质量占煤样质量的百分数作为灰分产率。灰分的测定还有再现性和重复性的要求。

　　挥发分的测定是称取一定量的空气干燥煤样,放在带盖的瓷坩埚中,在 $900 \pm 10℃$ 温度下,隔绝空气加热 7min,以减少的质量占煤样质量的百分数,减去该煤样的水分含量(M_{ad})作为挥发产率。

　　煤中去掉水分、灰分、挥发分,剩下的就是固定碳。煤的固定碳与挥发分一样,也是表征煤的变质程度的一个指标,随变质程度的增高而增高。所以一些国家以固定碳作为煤分类的一个指标。固定碳是煤的发热量的重要来源,所以有的国家以固定碳作为煤发热量计算的主要参数。固定碳计算公式如下:

$$(FC)_{ad} = 100 - (M_{ad} + A_{ad} + V_{ad}) \tag{1-2}$$

当分析煤样中碳酸盐 CO_2 含量为 2% ~ 12% 时,有:

$$(FC)_{ad} = 100 - (M_{ad} - A_{ad} + V_{ad}) - X_{ad(煤)} \tag{1-3}$$

当分析煤样中碳酸盐 CO_2 含量大于 12% 时,有:

$$(FC)_{ad} = 100 - (M_{ad} + A_{ad} + V_{ad}) - [X_{ad(煤)} - X_{ad(焦渣)}] \tag{1-4}$$

　　式(1-2)至式(1-4)中, $(FC)_{ad}$ 代表分析煤样的固定碳,%; M_{ad} 代表分析煤样的水分,%; A_{ad} 代表分析煤样的灰分,%; V_{ad} 代表分析煤样的挥发分,%; $X_{ad(煤)}$ 代表分析煤样中碳酸盐 CO_2 含量,%; $X_{ad(焦渣)}$ 代表焦渣中 CO_2 占煤中的含量,%;

　　其中煤的灰分是评价煤质的最重要指标。煤的灰分是指煤中的所有可燃物质完全燃烧,煤中矿物质在一定的温度下产生分解、化合等复杂反应后剩下的残渣。煤灰分不是煤中原有成分,而是矿物质燃烧后形成的新物质,其含量通常低于矿物质的含量。我国通常把煤的灰分分成 5 个等级(表 1-4)。

表 1-4　我国煤岩灰分等级划分

灰分产率,%	<10	10~15	15~25	25~40	>40
等级	特低灰煤	低灰煤	中灰岩	富灰煤	高灰煤

　　煤的灰分产率和有机质含量直接受控于煤岩类型和煤岩成分。富矿物暗煤灰分产率最高,其次为矿物充填的丝炭,但丝炭的灰分变化较大,再次为亮煤,镜煤的灰分产率最低。一

般情况下,镜煤的灰分产率小于1%,亮煤的灰分产率小于10%,暗煤的灰分产率大于25%。煤的成因是控制煤中灰分产率及有机质含量的根本原因。成煤环境不同,造成煤层之间以及同一煤层不同区域之间的灰分产率的差异。通常废弃碎屑体系沼泽成煤的灰分产率最低,活动碎屑体系沼泽成煤的灰分产率中等,海相泥炭坪成煤的灰分产率则较高。

据此次的煤的工业分析资料,矿区煤质特征如表1-5所示。垂向上,3#、5#煤层平均灰分最低,11#煤层平均灰分最高。除5#煤层外,各层均具有自上而下挥发分产率降低的规律;横向上,各煤层灰分变化情况是,北区各煤层平均灰分均低于南区相应煤层。而挥发分变化情况是,南区各煤层的平均挥发分产率均低于北区相应煤层。

表1-5 韩城矿区煤岩煤质特征一览表

煤层编号	工业分析,%			煤岩类型	R_{max} %
	M_{ad}	A_d	V_{da}(精煤)		
3#	0.92	18.15	15.28	以光亮煤为主,灰分产率小于45%	1.856
5#	0.996	21.73	15.31	以光亮煤为主,灰分产率大于50%	1.925
11#	0.73	22.14	14.99	以半亮—半暗煤为主,灰分产率大于65%	1.858

3. 煤岩显微特征

煤岩显微组分是指在显微镜下可辨认观察到的煤的最小有机颗粒。由于它们来自不同地区的植被,所以有着不同的光学特性和化学成分。显微煤岩类型是煤的显微组分及矿物的天然组合,不同的显微煤岩类型反映出煤的地质成因、煤相、成煤原始物质和煤的化学工艺性质的差别。因此,进行显微煤岩类型分析对研究煤的聚积方式、煤相变化、煤层对比以及评价煤岩储层都有实际意义。

我国的《显微煤岩类型分类》国家标准中显微组分划分为三大类:镜质组、壳质组、惰质组(表1-6)。组分名称是由它们的来源、外形或反应性决定的。国际上显微煤岩类型划分也按照显微组分组成及其含量分成七类显微煤岩类型组与单、双和三组分三大类。

表1-6 显微煤岩类型分类(GB/T 15589—1995)

显微煤岩类型		显微组分组的体积百分含量
单组份	微镜煤	镜质组>95%
	微壳煤	壳质组>95%
	微惰煤	惰质组>95%
双组份	微亮煤	镜质组+壳质组>95%
	微暗煤	惰质组+壳质组>95%
	微镜惰煤	镜质组+惰质组>95%
三组分	微三合煤	镜质组+壳质组+惰质组>95%

(1)镜质组由植物残体受凝胶化作用而形成。一般情况下,镜煤组是煤的显微组分中最丰富的,且也是最均匀的。美国的煤通常含有多达80%的镜煤组,这就是使煤普遍看起来有

黑色的光泽的主要因素。它的含氧量比壳质组的高,能产生烃类气体,但是只能产少量的油。镜煤组包含更多的直链碳群组。镜煤组是最容易形成煤中割理系统的显微组分。

(2)壳质组是由植物残体中的类脂物质经沥青化作用形成的,主要来自孢子、花粉、树脂、油脂分泌物、藻类、脂肪、细菌蛋白质和蜡。因此,它包含有树脂体、藻质体和角质体这三种显微组分。壳质组显微组分的化学结构中含有大量的氢和脂肪族,许多挥发组分(包括煤层气)都是在煤进行煤化作用时由壳质组所排放的,这些显微组分有生产烃类气体和石油的潜力。

(3)惰质组是由丝炭化作用形成的。惰质组与其他组分相比含碳较多,它的取名是因为它缺少化学反应。惰质组只产生少量的挥发物。此外,这些组分几乎没有可能产生碳氢化物。惰质组是最坚硬的组分,它看起来如同一个明亮的凸头有着光滑的表面。如果煤的惰质组含量高,则不利于形成割理系统。

煤岩组成在成煤第一阶段,即经生物化学作用后,已基本稳定下来;在成煤第二阶段,即经物理化学作用,各煤岩成分又经受了不同程度的变化。惰质组组分在泥炭化阶段就发生了剧烈的变化,在以后的煤化阶段中变化很少;壳质组组分由于对生物化学作用稳定,所以在泥炭化阶段变化很少,只有深度变质作用时变化才较大;唯有镜质组组分在整个成煤过程中都是比较有规律地渐进变化。

显微组分组可以进一步细分成许多亚类,其具体分类方案可以参照表1-7。

表1-7　煤储层显微组分分类方案(烟煤)

显微组分组	显微组分	显微组分压裂
镜质组	结构镜质体	结构镜质体Ⅰ、结构镜质体Ⅱ
	无结构镜质体	基质镜质体、均质镜质体、团块镜质体、胶质镜质体
	镜屑体(碎屑镜质体)	—
惰质组	丝质体	火焚丝质体、氧化丝质体
	菌类体	真菌菌类体、树脂菌类体
	半丝质体、粗粒体、微粒体、惰屑体	—
壳质组	孢子体	(厚壁、薄壁):大孢子体、小孢子体
	角质体	薄壁角质体、厚壁角质体
	树脂体	凝胶树脂体(均匀、不均匀)
	藻类体	结构藻类体、层状藻类体
	荧光体、木栓质体、沥青质体、渗出沥青体、碎屑壳质体(壳屑体)	—

通常煤的各种有机显微组分分布范围的显著差异,表明了其原始成煤物质的沉积环境有显著的不同。而不同的煤岩显微组分含量对煤的物理、化学性质均有显著的影响。

如惰质组高的煤,其挥发分低、含碳量高、粘结性差、焦油产率低,而镜质组高的炼焦煤,其粘结性好、发热量高、含氧量较低。

煤岩显微组分的化学组成随煤化程度、还原程度的不同而有所不同,即便在同一煤内,镜质组、壳质组和惰质组的性质也各不相同。镜质组的特点是碳含量中等,氧含量高,芳香族成分含量较高。随着煤阶的增高,镜质组的碳含量增加,氧含量下降,氢含量在低煤阶时大致相同,从中等煤阶烟煤开始,突然减少。壳质组的特点是有较高的氢含量和脂肪族成分。惰质组的特点是碳含量高,氢含量低,它的芳构化程度比镜质组高。随煤化程度的提高,各显微组分之间的差别逐渐减少,显微组分都趋向于同样的化学结构。在含碳超过94%以后它们就无法区分了。随着沉积和地球化学反应的发生,挥发性物质含有更多氢和氧。Krevelen绘制了氢碳原子比与氧碳原子比的比较图,如图1-2所示。图中解释了煤的显微组分的趋向性,指出这3个组分最终将趋于一个共同的成分。

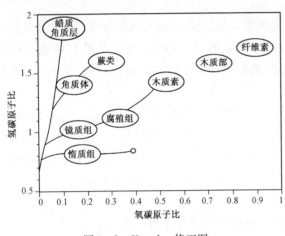

图1-2 Krevelen 修正图

图1-2可以认为成熟度是表示煤分子结构的氢碳原子比的另一种方式。在很大程度上,氢碳比反应了煤化阶段时煤产生煤层气的能力。因此,从另一角度解释图1-2,壳质组对煤层气的产生作用最大,惰质组则对煤层气的产生作用较小。

由图1-3可看出,壳质组和镜质组有着同样的成分,在元素分析中含碳量大约为89%。在含碳94%的时候,这3个显微组分几乎无法区分;它们的反射率很相似,含碳约为95%。此后官能群组较弱的链接已经被打破,形成了挥发物,并且这个结构降低了芳香族稠环的稳定链接,换用了一种更加有序的方式排列结构。煤的物理和化学性质因此发生了相应的变化。

韩城矿区太原组煤的显微组分以镜质组为主,惰性组次之,壳质组含量极少,矿物成分中黄铁矿含量较高。山西组煤的显

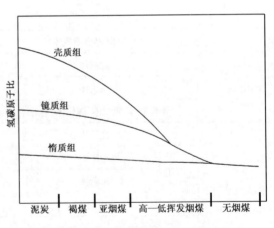

图1-3 煤显微组分的趋同现象

微组分同样以镜质组为主,但矿物组分中黄铁矿含量较少,而石英、粘土等矿物含量高。矿区不同煤层和不同区域的显微组分存在一定差异,总结如表1-8所示。纵观南区各煤

层,镜质组含量以 3# 煤层最高,次为 5# 煤层,11# 煤层相对最低;相反,丝质体含量 11# 煤层最高。纵观北区各煤层,镜质组含量以 3# 煤层最高,次为 2# 煤层,11# 煤层相对最低。

表 1−8 韩城矿区煤岩微观特征

	2# 煤层	3# 煤层	5# 煤层	11# 煤层
南区	—	镜质组平均含量 87.01%;惰性组平均含量 7.25%;无壳质组分;含少量碎屑丝质体、粗粒体;有粘土矿物充填	镜质组平均含量 83%;惰性组平均含量 7.1%;碎屑丝质体极少;有粘土矿物充填	镜质组平均含量 78.10%;惰性组平均含量 10.75%;丝质体含量最高;粘土矿物含量少
北区	镜质组平均含量 84.85%;惰性组平均含量 4.74%;有粘土矿物充填	镜质组平均含量 85.19%;惰性组平均含量 3.3%;无壳质组分;含少量碎屑丝质体、粗粒体和极少壳质组;方解石含量高	—	镜质组平均含量 80.51%;惰性组平均含量 7.19%;有粘土矿物充填,黄铁矿分布

从南北区对比来看,各煤层均由镜质组和惰性组组成。其中以镜质组为主要成分,含有极少量的壳质组和粗粒体。壳质组含量极低与本区煤层有机显微组分处于中高煤级演化阶段,壳质组分解消失有一定的关系。从 3# 和 11# 煤层来看,3# 煤层在南区的镜质组平均含量略高于北区,相反丝质体含量略低于北区。11# 煤层正好相反,镜质组平均含量为北区高南区低,丝质体为南区高北区低。

4. 煤岩宏观特征

煤的宏观描述是详细研究煤的物质组成及其在垂向和横向上变化的先导、基础性工作,在煤的成因研究、煤炭资源勘探、煤质评价及煤成烃评价等方面具有重要意义。国内外从煤岩学角度对煤进行划分的方案很多。

宏观的方法主要是利用煤的物理性质的不同,如颜色、光泽、硬度、密度的不同,划分出煤的宏观煤岩成分和宏观煤岩类型。从分类的级别来看,一种是一级划分系统,如岩石类型或相对平均光泽类型;另一种是两级划分系统,即把煤先划分出煤岩成分,再根据其组合特征划分出煤类型。宏观煤岩成分主要是指用肉眼可以分辨出来的煤的基本组成单位。通过肉眼观察煤岩基本单位的亮度或暗度,对煤成分的分类如下:镜煤、丝炭、亮煤、暗煤。镜煤和丝炭是简单的煤岩成分,而亮煤和暗煤是复杂的煤岩成分。

镜煤主要由镜质组组成,显微组分中惰质组和壳质组的含量很少,这些都是煤中常见的光亮条带和暗淡条带。镜煤易碎,易形成割理,裂缝常充填其间。在煤层气生产过程中,镜煤产量状况最好,镜煤是煤层气生产中最重要的煤岩成分。尽管含有光亮成分,亮煤却不如镜煤亮。亮煤含的镜质组更少,惰质组和壳质组的含量很大。惰质组的存在会阻止形成地层裂缝,且惰质组较硬并不易破碎。暗煤是一种暗淡的煤岩成分,它含有更多的显微成分,惰质组的含量比镜煤和亮煤都要高。暗煤坚硬,不易形成裂缝,所以易于形成小煤块(而不是煤的微粒),从煤层中分离出来。丝炭与炭类似,呈纤维状,柔软易碎,丝炭是煤层气生产中最不重要的煤岩成分。显然,煤岩成分对煤层气生产有效性的影响主要取决于易于区分的镜质组集中的光亮条带。

在我国,著名专家张群推荐采用煤岩成分—宏观煤岩类型两级划分的宏观煤岩分类系统,主要是依据总体相对光泽强度和光亮成分含量将宏观煤岩类型划分为4种,即光亮煤、半亮煤、半暗煤和暗淡煤,分类方案详见表1−9。

表1−9 宏观煤岩类型分类

宏观煤岩类型	分类指标	
	总体相对光泽强度	光亮成分含量,%
光亮煤	最强	>80
半亮煤	较强	50～80
半暗煤	较弱	20～50
暗淡煤	最弱	≤20

光亮煤主要由镜质条带、镜质线理及光泽较强而近似于镜质的亮煤质条带所组成,其新鲜断面总的平均光泽强度接近于镜质条带的光泽强度。煤层中矿物质含量少,较轻、较脆和易碎,新鲜断面常呈贝壳状断口及眼球状断口,内生裂缝发育。光亮煤是强覆水低水位泥炭沼泽中的生物残体充分凝胶化的产物演变形成。

半光亮煤主要是由亮质条带组成,夹有较多的镜质条带、线理和透镜体,并夹有较少的暗质的、丝炭的及矿物质的线理和透镜体。半光亮煤的新鲜断面的总平均光泽强度介于镜质条带和丝炭之间,而且较亮。半光亮煤较轻、性较脆,以平坦状和阶梯状断口为主,内生裂缝较发育,是典型滞水或周期性典型滞水低水位泥炭沼泽形成的产物。

半暗煤主要由亮质条带和暗质条带组成,含有少量镜质的、丝炭的和矿物质的线理或透镜体。总的来说,半暗煤的平均光泽强度介于镜煤与丝炭之间,偏暗。与半亮煤相比,半暗煤的光泽更弱、颜色更浅,硬度和密度则较大,以平坦状、参差状断口为主,内生裂缝不太发育,其形成时的泥炭沼泽具有较强的水动力条件,能搬运较多悬浮的矿物质。

暗淡煤主要由暗质条带及丝炭条带或透镜体组成,常有较多的矿物质混入,有时可见少量镜质的和亮质的线理及透镜体,新鲜断面上的总光泽强度也暗淡无光,或仅微弱反光,是煤层中反光最弱的部分,常为更浅的灰色到灰白色,且为致密块状,密度、韧性大,坚硬难碎,断口粗糙或呈尖菱角状,无内生裂缝。暗淡煤反映成煤期的泥炭沼泽水动力强,有较充足的氧气和矿物质,喜氧细菌活跃,成煤原始物质料在遭受生物凝胶化作用的同时还遭受了一定程度的氧化作用。

上述4种煤依其组成物质的种类、形态、大小、分布等结构和构造特征,可进一步划分为5种不同的亚型:(1)似均一状结构;(2)条带状结构;(3)透镜状结构;(4)线理状结构;

（5）粒状结构。条带状结构、透镜状结构和线理状结构是腐殖煤中最常见的典型结构，条带状结构具有水平层状的构造，依其宽度可进一步划分为宽条带（>5mm）、中条带（3~5mm）和细条带（1~3mm）；透镜状结构常呈波状、斜波状或缓波状层理构造；线理结构常与条带状结构、透镜状结构共生，常显示不连续的水平层理或斜波状层理。另外个别煤还可以划分出叶片状结构、木质状结构和纤维状结构等。

研究区煤均属腐殖煤类的中高煤级烟煤，根据相对平均光泽类型划分煤岩类型，各产层宏观煤岩特征如表1-10所示。

表1-10 韩城矿区煤岩宏观特征

属性 \ 层号	2#煤层	3#煤层	5#煤层	11#煤层
煤岩类型	以半亮型煤为主，部分井田出现光亮型煤区	以半亮型煤和暗淡型煤为主，其次为光亮型和半暗型煤	主要是半亮型煤，其次为暗淡型煤	不同井田，类型不同。4种类型均有产出，半光亮型为主，之后按产出多少排序为半暗型、暗淡型、光亮型。煤层比较坚硬
煤岩特征	具有带状结构，层状构造明显，具水平层理	显微组分中丝炭化组分和半丝炭化组分一般在10%左右，高于2#煤层中煤	具条带状结构，水平层理发育，方解石含量高，煤层较疏松	

总之，2#、3#、5#宏观煤岩类型以光亮—半亮型为主煤层，暗煤次之。

二、煤级

煤的演变是通过煤化作用进行，这个过程主要被温度驱动，其次被时间和压力所驱动，完成刚开始从沼泽中沉积生成有机物到最终生成类石墨物质的转变，在这个过程中，煤的物理性质和化学性质一直在改变。在煤化作用过程中，以往的用离散点研究各种性质的方法得到了发展。煤级用于描述煤化作用过程中离散点，因为煤级能暗示煤的含气量、渗透率、机械性能和物理性质，所以煤级是有开采前景的煤层气风险投资成功与否的预示和指导。

煤层气体的含量依赖于煤级、有机物性质及热成熟度，煤层的机械性能也依赖于煤级。因此美国材料试验协会（ASTM）给出了明确的煤级测试标准（D388-88），如表1-11所示。在煤化作用上贯通了四种煤级，即褐煤、亚烟煤、烟煤、无烟煤，进一步发展为13组亚类。

表1-11 美国材料试验协会煤级表

类 别	组 别	缩 写
无烟煤	超无烟煤	ma
	无烟煤	an
	半无烟煤	sa

类　　别	组　　别	缩　　写
烟煤	低挥发	lvb
	中等挥发	mvb
	高挥发 A	hvAb
	高挥发 B	hvBb
	高挥发 C	hvCb
亚烟煤	亚烟煤 A	subA
	亚烟煤 B	subB
	亚烟煤 C	subC
褐煤	褐煤 A	ligA
	褐煤 B	ligB

在煤层中,煤级会在水平向上和垂向上发生变化。在已知的煤炭组中,煤级在各层之间都有所不同。

1. 定义和测定方法

煤级可以简单称为煤炭的年龄,煤级越高代表煤在地下经历的年代越久远,煤里的碳含量就越高,氢含量就越低,氢碳原子比(或挥发分含量)也就越低(图 1 – 3)。它实际代表了煤化作用中煤的变质程度,即煤的组成和结构所发生的物理化学特性改变的程度,是影响煤层饱和状态的重要参数。

我们通过测定煤的成熟度来描述煤级,见表 1 – 11。烟煤是最理想的煤层气储层,因为这种煤级的煤大多数性质都是最好的,其中从 hvAb 煤级到 lvb 煤级的煤是最好的,这种煤级的煤在煤化作用过程中会生产更多的气体,并会滞留更多的气体,同时作为储集岩其物理性质和机械性能是最好的。烟煤中高煤级的物性特征往往最好或最差,其有着更好的割理系统并更易于形成裂缝。煤级在烟煤以上的煤中,无烟煤的化学结构的改变会导致渗透率的减小。

从 Krevelen 修正图(图 1 – 2)中可以看出,随着煤级和成熟度的变大,含碳量增加,含氢量减小,含氧量减小,也就是说,随着成熟的过程,挥发物逐渐消失。这种关系表明倍比可以用来确定煤级——特别是碳含量、氢含量和挥发物。事实上,常用这 3 个特性来确定煤级。

上面提到的 3 个特性仅是测定煤级的重要方面,其它有效的煤级测试方法也可以用来描述煤级。比如说,常用的方法是,在烟煤和无烟煤中用镜质体的反射率表征煤级,这是因为烟煤在煤化过程中,其光学性质会发生改变,可以通过光学特性的变化来确定煤级。在煤成熟过程中,镜质体的反射率增加,这是由于无烟煤分子结构的芳构化会使其消散掉—部分生成挥发物,或者转化为芳香族化合物,特别是在烟煤范围内。因此,实验室中镜质体反射率的测定需要充分利用镜质体在温度持续升高过程中产生的地球化学反应而引起的显微组分的光学特性的变化。应当指出的是,在碳含量接近95%时,镜质组、惰质组、壳质组的光学性质变得相同。

在烟煤中用镜质体反射率来确定煤级有以下几个优点:随着煤级的增高,镜质体反射率保持增加;组分独立或测定的反射能力均一;样品大小独立;氧化作用影响最小。

Berkowitz用北美和欧洲煤样的数据描述了煤级和镜质体反射率之间的相互关系(图1-4)。尽管数据来源于独立样本,但还是缺少分散的数据(重复率在0.08%以内)。烟煤不断增加的反射率(随增加的芳香度而变)和测量的重复性使其成为确定煤级的重要方法,特别是在反射率对碳含量高度敏感的高煤级煤中。

在成熟度高的煤中,镜质体反射率、固定碳含量、挥发物的百分比测定都很方便。热值可用于区分低煤级的煤,同时在煤化作用早期,低煤级煤的含水量连续变化,这

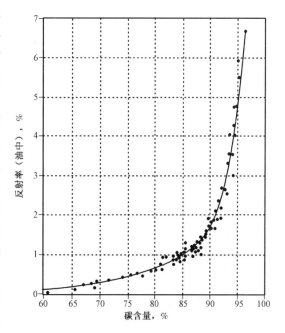

图1-4 镜质体反射率确定煤级关系图

是褐煤、亚烟煤存在的一个标志。由于煤层气产生过程与高煤级的煤关系密切,所以在煤层气工业中,用含水量和热值来确定煤级的方法并不常用。

有很多方法确定煤级,如在hvAb级或更高煤级的煤中,美国ASTM用固定碳含量的百分比和干燥无灰基的挥发物的百分比作为划分煤级的标准。在欧洲,常用干燥无灰基的元素分析确定出的含碳百分比,而不是固定碳的百分比,作为划分煤级的标准。通常在煤层气工业中,准确划分高煤级煤的一个重要标准是确定出镜质体反射率的最大值,这个最大值与煤的显微组分含量变化无关。从图1-4可以看出,在含碳百分比接近85%时,反射能力对轻微的碳含量的变化很敏感;在比hvAb级更低煤级的煤中,热值或含水量的百分比都是划分煤级的好的标准。表1-12比较了各种划分煤级的方法。

表1-12 确定煤级的参数表

煤 级	最大反射率,%	挥发物,%	固定碳,%	含碳量,%
an	>3	2~8	>92	>92
sa	2.05~3.00	8~14	86~92	91~92
lvb	1.50~2.05	14~22	78~86	89~91

续表

煤　级	最大反射率,%	挥发物,%	固定碳,%	含碳量,%
mvb	1.10~1.50	22~31	69~78	86~89
hvAb	0.71~1.10	31~39	<69	81~86
hvBb	0.57~0.71	39~42		76~81
hvCb	0.47~0.57	42~47		66~76
sub	<0.47	>47		<66

　　图1-5给出了用镜质体反射率,碳含量,氢含量,H/C和挥发物之间的相互关系来确定煤级。在碳含量达到85%时,煤化作用停止,所以我们应该注意含碳量的变化。

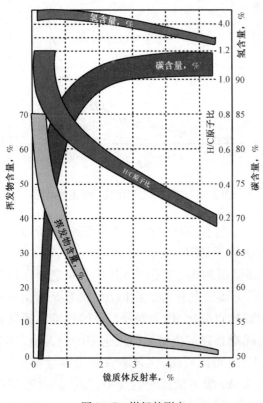

图1-5　煤级的测定

2. 镜质体反射率测定

　　煤的显微组分可以通过它们在显微镜下不同的光学反射性质区分出来,镜质体甚至可以在没有显微镜的条件下观察出来。煤岩显微组分的反射率受煤化程度和煤岩组分的控制:随着煤化程度的加深,煤的镜质体逐渐增大,煤的光学异向性增强,即使在同一煤级的煤中,由于不同的显微组分在化学组成和结构上的不同,它们的反射率值也存在差异。煤化作用的阶段可通过镜质体显微成分反射光的定量测定来确定出来,这种方法依据特定波长(一般为546nm)入射光的垂直波束的反射光定量测定来完成。沉没在油下方的入射光的显微成分有下列现象:镜质体,不可见光灰质;壳质组,暗质;惰质体,高反射性。反射光的测定是通过将抛光好的煤样沉没到设定好折射率的标准石油中,然后测其表面反射光,一般设定折射率为1.518,温度为23℃,这样能提高图像对比度。

　　反射率可由式(1-5)计算出,有:

$$R_o = \frac{[(n-n_o)^2 + n^2 k^2]}{[(n+n_o)^2 + n^2 k^2]} \qquad (1-5)$$

式中　R_o——在油中镜质体的反射率;

　　　　n_o——油的折射率;

n——煤的显微组分的折射率;

k——煤的显微组分的吸收指数。

测定镜质体反射率的实验方法是依照 ASTM 标准,即将煤样表面抛光好并用光反射,使用的光是将显微镜放大 500~700 倍过滤得到的单色绿光,再将样品放入设定好折射率的石油中,分析其反射率。

镜质体反射率 R_o 的改变主要由样品的反射方位决定,不同的反射方位会得到不同的反射率。所以,通过 100 次偏振光测试,得到最大反射率值和平均最小反射率值,这些反射率测试重复率必须控制在 0.02 以内。

偏振光用于反射率的测定。如果不用偏振光测试,就会得到随机的反射率,最大反射率 $R_{o,max}$ 和随机测量反射率 $R_{o,random}$ 之间的关系见式(1-6):

$$R_{o,max} = 1.066 x R_{o,random} \qquad (1-6)$$

从图 1-6 可以看出,镜质体反射率和有机物质的埋藏深度之间的相互关系并不连续。通过分析 Cameo 煤区埋深 5550~5570ft❶ 的岩心样品,发现其显微成分主要为镜质体,在 126.7~129.4℃时煤级变为 mvb 级,反射率为 1.20%~1.29%。

3. 研究区镜质体反射率

煤岩显微组分的反射率受煤化程度和煤岩组分的控制。随着煤化程度的加深,煤镜质体逐渐增大,煤的光学异向性增强,即使在同一煤级的煤中,由于不同的显微组分在化学组成和结构上的不同,它们的反射率值也存在差异。

研究区南区各显微组分反射率与国内同类煤岩组分反射率标准值 $R_{o,max}$ 相

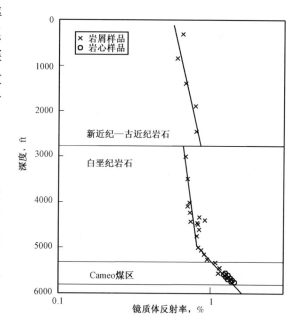

图 1-6 深度对煤成熟度影响图

一致,标准差在 0.12%~0.14% 之间,所以总体而言,南区各煤层煤岩镜质组平均最大反射率变化不大。研究区北区总体镜质组平均最大反射率低于研究区南区,而且由下峪口井田向桑树坪井田方向煤岩镜质组反射率逐渐变小。标准差在 0.07%~0.11% 之间变化,相差不大。

从理论上分析,镜质组反射率值在 1.30%~2.0% 的范围内,有可能形成有工业价值的煤层气藏。对于南区的象山和北区的下峪口井田,煤岩镜质组反射率虽有差异,但各煤

---

❶ 1ft = 0.3048m。

层镜质体反射率均处在这个范围内,具有较好的产气条件。丝质组反射率对研究煤层气没有直接的关系,但它与镜质组反射率的变化有明显的一致性,因此丝质组反射率可作为煤层气评定的参考数值。

从测定的镜质体反射率来看,本区可采煤层的反射率变化范围(表1-13)是1.61%~2.18%,平均值为1.84%。依据镜质体反射率的数据,南区3#、5#、11#煤层已进入高成熟阶段,北区2#、3#、11#煤层还不到高成熟阶段。

表1-13 煤层镜质体反射率测试统计表(据王双明等,2008)

区段	煤层	最小值,%	最大值,%	平均值(点数),%	备　注
北区	2#	1.50	1.70	1.61(8)	
	3#	1.58	2.05	1.76(18)	
	11#	1.58	1.66	1.62(2)	采样点来自桑树坪平硐及下峪口浅部小煤窑
南区	3#	1.79	2.04	1.92(8)	
	5#	1.83	1.96	1.90(3)	
	11#	1.96	2.40	2.18(2)	

第二节 煤 的 结 构

一、煤的分子结构

煤岩储层与砂岩储层的差异,尤其是损害性质的差异,主要是化学成分的差异造成的。煤是由许多相似结构单元构成的高分子化合物,分子骨架结构如图1-7所示。结构单元为一些缩聚芳环、氢化芳环或含氧、氮、硫的各种杂环,结构单元之间由醚键(—O—),次甲基(—CH_2—),硫键(—S—)和芳香碳键(—C—C—)等联结为三维空间大分子,煤的分子结构随煤化程度的加深而越来越复杂。

煤分子表面上既有酸性(阴离子)基团(如羧基),又有碱性(阳离子)基团(如胺基),它们既可同阳离子表面活性剂结合,又可同阴离子表面活性剂结合,还可通过极性基团同非离子表面活性剂结合。煤中还含有带有这些基团的解聚的低分子化合物(如煤焦油),上述作用是造成煤对外来流体敏感的一个最根本的原因。

学者Wiser提出了另一种煤分子模型的假设,见图1-8。图中列出了该模型的主要官能组,环族和脂肪族。在示意图中,箭头指向的位置表示反应可能裂解分子。应注意该模型表示的是3~4个芳香环簇。因为煤化作用时这些在各组之间的弱链接被热力所打断,分子重新调整,释放出挥发性物质,甚至在某些情况下还有液态烃。此外,发生了缩聚

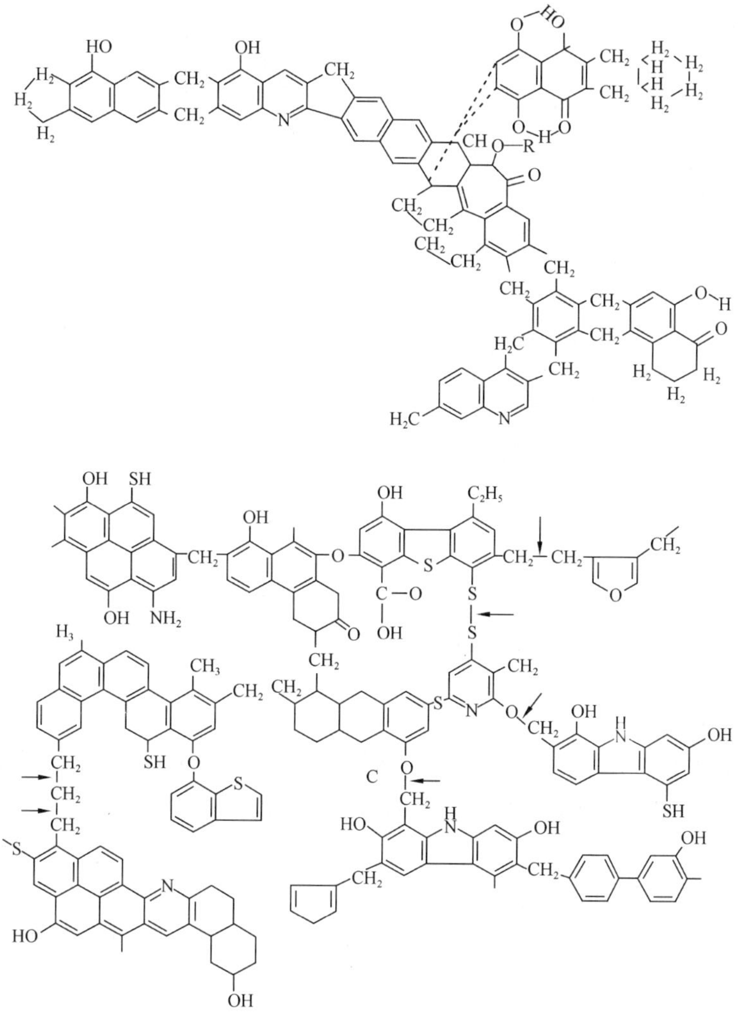

图 1-7　煤分子结构示意图

反应,如两个芳香分子结合,形成一个单一的高分子量的释放出挥发性物质的化合物。

　　研究人员一致认为不管选择什么样的模型,组成煤分子的是一些原子核或由外壳上官能群组周围被环或脂肪族链接的芳香族稠环。在地质时期,主要的影响因素是温度和 CO_2、CH_4、H_2O 的挥发逸出。在上述条件下,非芳香族成分不停地改变其分子结构,缩小其与芳香族成分的偏差。

　　研究煤结构的方法很多,每种方法都能提供一些见解,但是没有一个方法是完整的,X—射线衍射研究,溶剂萃取法,和氧化反应法给出了煤分子结构的很多信息。研究认为煤中芳香烃占了 20% ~80% 的碳,平均含碳量约为 32% ~35%,通过—O—或—CH_2—官能团链接 2 ~3 个缩聚苯环,由大量这样的苯环组成芳香环。

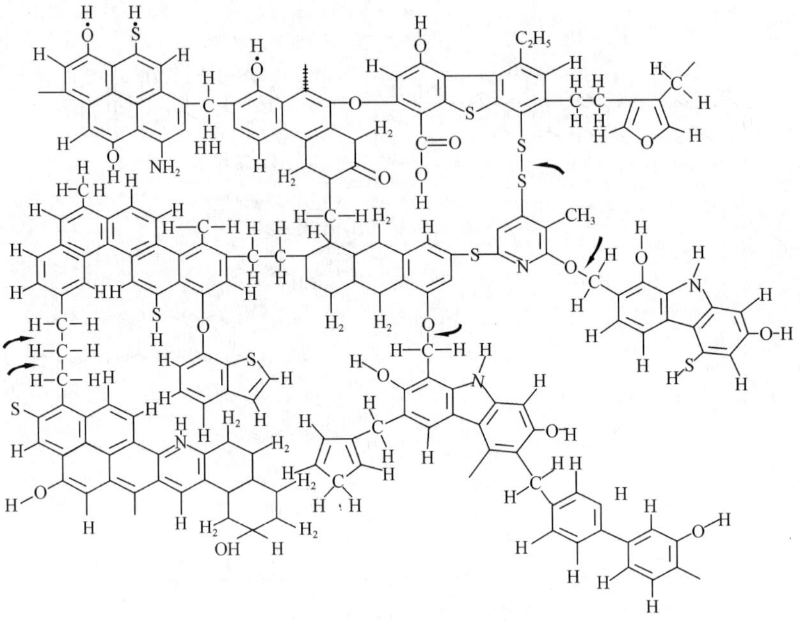

图1-8 煤分子模型(美国化学学会,1991)

二、煤的官能团

本节主要描述影响煤层气产出的煤的结构特征,煤的官能团和有机种类影响如下:煤层中滞留气的体积;煤化作用过程中产生的挥发物;微孔隙以及微孔隙的大小,空间和分布;煤化作用过程中结构变化的趋势;吸附过程中的基质膨胀或氧化;割理和裂缝。

煤化作用过程中,某些分子结构的变化趋势意义重大,包括以下几个方面:芳香度的增加;含氧、氮、硫官能团的减少;脂肪族化合物的减少;芳香环集团的增加。

煤的主要含氧官能团如表1-14所示。

表1-14 煤中含氧官能团

官能团	结构	官能团	结构
羟基	—OH	羰基	—C = O
甲氧基	—OCH₃	其余的含氧官能团	醚、环状结构
羧基	—COOH		

从前面的图1-2中可以看出,当煤的热成熟度越来越来高,氧碳比变得越来越低。在煤化作用过程中,随着生成一些挥发性物质,导致含氧官能团消散掉一部分,生成的挥发性物质有 CO_2、CO、H_2O,其中 CO 的产出量比其余两种化合物都要少,镜煤的煤岩组分含大多数的含氧官能团。在煤化作用过程中,可以看到主要官能团的含氧百分比都有所降低(图1-9, O_{resid} 为剩余的含氧量),无烟煤的含氧量总共下降了不到5%。

Whitehursts 依据煤中含氧官能团的数量做了如下分类,即含氧官能团最多的是酚羟类、醚类,其次是羧基,最后是羰基。

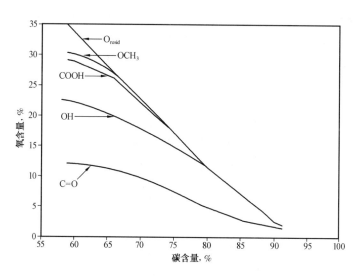

图 1-9　煤的含氧官能团图

在温度 70℃ 以下,煤的氧化很慢。氧从空气中被化学吸附过来进行预氧化,从而形成酸性官能团,如羧基、酚羟基、羰基。随着时间的增长,分子结构单元被氧化成更小的单元。

低煤级煤中含氧官能团通过形成氢键影响煤中水的滞留量。褐煤或亚烟煤孔隙性很好,吸附在微孔隙上的水比例占 30%~50%,或者更大。在煤化作用过程中随着生成挥发物,导致含氧官能团和含水量减少。

第三节　煤层的孔隙结构

煤层气储层孔隙结构分为基质孔隙和裂隙孔隙两种,具有基块和裂隙双重孔隙结构特征。研究煤的孔隙、裂缝有助于了解煤层气在煤层内赋存和运移特征。前人已对煤孔隙和裂隙的划分提出了许多方案,如王生维等(1997)提出适用于煤储层岩石物理研究和煤层气产出特征分析的分类(表 1-15);霍永忠等(1998)、苏现波等(2002)也对煤中显微

表 1-15　煤储层孔隙、裂隙系统划分及术语表(据王生维,1997)

类型	孔隙、裂隙名称		尺度	分布位置
孔隙	植物细胞残留孔隙		几微米~不足 1mm	煤基岩块内
	基质孔隙			
	次生孔隙(气孔)			
裂隙	微裂隙			
	大裂隙	内生裂隙(割理)	几毫米~几厘米	煤岩分层内
		节理(外生节理、气胀节理)	零点几米~几十米	整个煤储层

孔、裂缝进行了成因分类。图 1 – 10 是煤储层孔隙结构的理想模型,裂隙将煤分割成若干基质块,基质块中包含有大量的微小孔隙,是气体储存的主要空间,其渗透性很低;裂隙是煤中的次要孔隙系统,但却沟通着孔隙与裂隙,是煤层中流体(气体和水)渗流的主要通道。

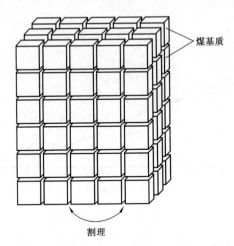

图 1 – 10   煤的双重孔隙系统示意图

(据 Warren 和 Root,1963)

基质孔隙又称微孔隙,煤的微孔隙极其发育,煤层气的绝大部分是吸附在微孔隙的表面,由于微孔隙的直径很小,一般认为水不能到达微孔隙系统中。煤储层中的孔隙大小一般约为 1 ~ 1000μm,这种微孔隙结构随着煤化作用的进展而发生变化,因而会对煤层的储层特性产生很大的影响。裂缝是煤中自然形成的,主要是流体渗流的通道。

一、煤的孔隙特征

煤层之所以能够储存煤层气,是因为煤层中存在大量的孔隙空间。因此,煤层的孔隙特征就成了衡量瓦斯储存和运移性能的重要因素之一。

1. 煤的孔隙度

孔隙度(ϕ)是用来表示储层孔隙容积大小的定量指标。孔隙度一般分为两种,即总孔隙度和有效孔隙度。煤的总孔隙度即煤的孔隙体积(V_p)与煤总体积(V)之比的百分数,如式(1 – 7)所示。

$$\phi = \frac{V_p}{V} \times 100\% \tag{1 – 7}$$

在我国的实验室中,用水测定煤的真密度(d)和视密度(容重 r),并依此来计算煤的孔隙度,即:

$$\phi = \frac{d - r}{d} \times 100\% \tag{1 – 8}$$

煤的孔隙度一般都小于10%,与常规储气层相比,其值很低。由于煤中气体主要以吸附状态存在,因而煤仍然具有很高的储气能力。表1-16列出了对韩城矿区煤层采用真、视密度法及压汞法测定的总孔隙度及有效孔隙度。由表知全区平均孔隙度为3.37%,北区各煤层孔隙度大小排序为$3^\#>2^\#>11^\#$,南区各煤层孔隙度大小排序为$5^\#>11^\#>3^\#$。各煤层有效孔隙度的排序与总孔隙度的排序具有一致性,反映出二者之间具有明显的相关性。

表1-16　韩城矿区煤层总孔隙度测定表(据王双明,2008)

区段	煤层	采样矿井	总孔隙度,%	有效孔隙度,%
北区	$2^\#$	下峪口	6.6(1)	2.51(1)
	$3^\#$	下峪口	$\dfrac{5.13 \sim 10.04}{8.48(4)}$	$\dfrac{1.99 \sim 8.41}{5.41(4)}$
	$11^\#$	下峪口	2.6(1)	2.27(1)
南区	$3^\#$	象山	$\dfrac{0.95 \sim 1.03}{0.99(2)}$	$\dfrac{0.53 \sim 0.64}{0.59(2)}$
	$5^\#$	象山	3.65(1)	2.36(1)
	$11^\#$	马家沟	2.22(1)	1.46(1)

注:括号中为样品数。

煤储层孔隙度是评价煤储层储集性能的一项重要参数。关于煤储层孔隙度的定量预测,不少学者从多个方面进行了研究,如张延庆、胡朝元等学者分别利用地震属性与孔隙度之间的相关性对煤储层孔隙度进行了定量预测;金振奎根据灰分产率与孔隙度之间的关系对煤储层孔隙度进行预测。此外,煤的孔隙大小与分布还与煤化程度、水分、煤岩成分有关。研究孔隙度与这些指标之间的关系,有助于研究煤变质因素和瓦斯赋存规律。

2. 煤孔隙类型和分类

煤的孔隙成因及其发育特征是煤体结构、煤层生气、储气及渗透性能的直接反映。张新民等人(2002)基于煤的岩石结构和构造,以煤的变质、变形特征为基础,以大量的扫描电镜观察结果为依据,将煤孔隙的成因类型划分为四大类九小类(表1-17)。

表1-17　煤的孔隙类型及其成因简述表

类　　型		成　因　简　述
原生孔	结构孔	成煤植物本身所具有的各种组织结构孔
	屑间孔	镜屑体、惰屑体和壳屑体等内部碎屑之间的孔
气孔		煤化作用过程中由生气和聚气作用而形成的孔
外生孔	角砾孔	煤受构造应力破坏而形成的角砾之间的孔
	碎粒孔	煤受构造应力破坏而形成的碎粒之间的孔
	摩擦孔	压应力作用下面与面之间摩擦而形成的孔
矿物质孔	铸模孔	煤中矿物质在有机质中因硬度差异而铸成的印坑
	溶蚀孔	可溶性矿物质长期在气、水作用下受溶蚀而形成的孔
	晶间孔	矿物晶粒之间的孔

煤孔隙的成因类型多、形态复杂,大小不等。煤层气在煤层内部是运动着的,各类孔隙都可成为储气空间;各类孔隙的空间连通性差,但它们可以借助割理来参与双重孔隙系统,因此孔隙多有利于煤层气储存和扩散。

煤孔径结构特征与孔隙的赋存状态有关,可极大影响孔隙与气、液分子之间的相互作用,因此正确地认识煤的孔径结构是研究煤孔隙性和煤空间结构特征的基础。煤的孔径变化很大,大到微米级的裂缝,小到连氦分子(直径为 1.78A,1 = 10^{-10}m)也无法通过的孔隙,相差达 5 ~ 6 个数量级,在肉眼情况下,只能观察到 >0.01cm 的内生裂缝,然而就煤层气的储存和运移来讲,更重要的是那些肉眼看不见的孔隙及其孔径分布。目前具有代表性的煤孔径结构划分系统如表 1 – 18 所示。

表 1 – 18　煤孔径结构划分方案比较 　　　　　单位(直径):nm

B. B. Хоцот (1961)	Dubinin (1966)	IUPAC (1966)	H. Gan (1972)	抚顺煤所 (1985)	杨思敬 (1991)	吴俊 (1991)	秦勇 (1994)
大孔 >1000	大孔 >20	大孔 >50	大孔 >30	大孔 >100	大孔 >750	大孔 1000 ~ 15000	大孔 >450
中孔 100 ~ 1000	过渡孔 2 ~ 20	过渡孔 2 ~ 50	过渡孔 1.2 ~ 30	过渡孔 8 ~ 100	中孔 50 ~ 750	中孔 100 ~ 1000	中孔 50 ~ 450
过渡孔 10 ~ 100					过渡孔 10 ~ 50	过渡孔 10 ~ 100	过渡孔 12 ~ 50
微孔 <10	微孔 <2	微孔 <2	微孔 <1.2	微孔 <8	微孔 <10	微孔 <10	微孔 <15

研究煤孔径结构特征的方法很多,包括有压汞试验法、扫描电镜法、低温氮吸附法、氦气吸附法等,其中扫描电镜法(SEM)是一种有效的方法,由于该方法对煤的有效分辨率较高,因此可以用来研究小孔和中孔。图 1 – 11、图 1 – 12 为中国石油勘探开发研究院廊坊分院对韩城矿区煤岩的扫描电镜图像。

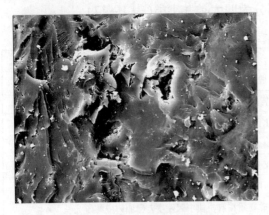

图 1 – 11　煤岩中粒内溶孔(5 ~ 15μm)

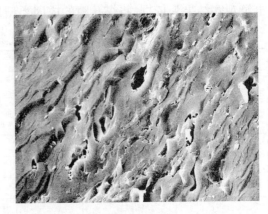

图 1 – 12　煤岩中粒内微孔隙(4 ~ 8μm)

压汞法毛细管压力曲线可以反映样品中不同孔喉直径下所对应的孔隙体积分布特征。图 1 - 13 为煤的典型样品 Q_1 与 Q_2 的压汞毛细管分布曲线。

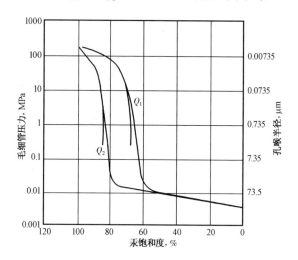

图 1 - 13　煤典型毛细管压力分布曲线(据赵庆波等,1999)

据对煤层采样测定,本区各煤层微孔及小孔占煤层孔隙总量的体积百分比如表 1 - 19,从表中看出,不同煤层中微孔及小孔所占体积百分比变化很大。

表 1 - 19　孔隙结构压汞试验测试结果(据王双明等,2008)

区段	煤层	微孔 <100Å	小孔 100～1000Å	中孔 1000～10000Å	大孔 >10000Å	小孔及微孔孔隙度,%	采样矿井
北区	2#	61.94(1)	2.22(1)	3.71(1)	32.13	4.23	下峪口
	3#	$\frac{16.22～61.0}{41.06(3)}$	$\frac{1.79～8.20}{5.36(3)}$	$\frac{1.90～31.28}{12.02(3)}$	$\frac{14.49～75.86}{41.56(3)}$	3.93	下峪口
	11#	17.82(1)	11.35(10)	15.54(1)	55.29(1)	0.76	下峪口
南区	3#	$\frac{34.65～50.15}{42.4(2)}$	$\frac{2.05～6.15}{4.1(2)}$	$\frac{9.67～17.74}{13.71(2)}$	$\frac{38.13～41.46}{39.80(2)}$	0.39	象山
	5#	38.0(1)	2.05(1)	29.58(1)	30.38(1)	1.46	象山
	11#	36.1	2.05(1)	24.22(1)	37.63(1)	0.85	马家沟

注:括号中为样品数;1Å $= 10^{-10}$ m。

二、煤的割理系统

煤层的割理是煤层经过干缩作用、煤化作用、岩化作用和构造压力等各种过程形成的天然裂缝,分为面割理和端割理。面割理一般是板状延伸,连续性较好,是煤层中的主要内生裂缝,而端割理只发育于两条面割理之间,一般连续性较差,缝壁不规则,是煤层中的次生内生裂缝。两组割理与层理面正交或陡角相交,从而把煤体分割成一个个长斜方形的基岩块体,构成了煤层气的渗流通道(图1-14)。煤中的割理密度比相邻砂岩或页岩中的节理密度要大得多,这是煤储层和常规储层的差别之一。

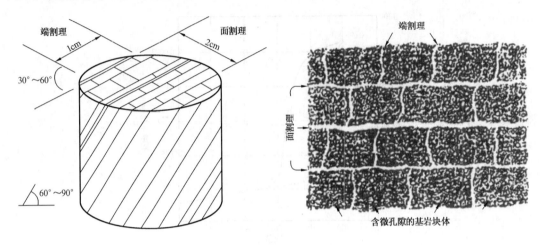

图1-14 煤的割理系统(煤层气的渗流通道)

1. 割理的类型

1)规模类型

割理的规模存在很大差异,小者数微米长,大者数米长(表1-20),不同规模的割理在煤层中的发育程度相差较大,同时对气体的渗流起着不同的作用。大割理加强了区块间的连通性,微割理与小割理强化了煤层原始孔隙间的联系,使封闭的孔隙成为连通的孔隙。

表1-20 割理的规模类型及特征简述(据张建博等,2000)

割理类型	高度	长度	密度	切割性	煤岩属性
大割理	0.5m至数米	数十米	数条/米至40条/m	切几个煤岩分层,但不切夹矸层	一般不受煤岩限制
中割理	0.2~1.5m	几十米	30条/m至100条/m	切一个煤岩分层,并被分层界面截	主要发育于光亮煤、半亮煤中
小割理	一般小于5cm	延伸距离短	12条/m	限于同一煤岩组分条带中	主要见于镜煤、亮煤条带、透镜体中
微割理	显微镜下可见,主要发育于微镜煤和微亮煤,间距为15~150μm,被丝炭、矿物体所截

2)割理组合类型

割理的几何形态和组合方式对渗透率的大小和渗透方向性有重要影响,煤层割理的平面组合形态可以大致划分为网状、孤立—网状和孤立状三种类型(表1-21,图1-15)。就渗透性而言,在其它条件(如现今地应力、地层压力、煤体结构、外生裂缝特征和充填程度)相近时,网状割理的煤层渗透性好,孤立—网状渗透性中等,孤立状渗透性最差;就煤层渗透性的各向异性而言,网状割理煤层的渗透性各向异性不明显,孤立—网状的各向异性中等,孤立状的各向异性显著;就开发井的布置而言,要使开发区在一定时期内达到峰值产量,孤立—网状或孤立状割理煤层的生产井的井距应比网状割理煤层的小一些。此外,由于不同割理组合类型的渗透性各向异性程度的差异,网状割理煤层可用等间距井网开采,而孤立—网状或孤立状割理煤层,沿端割理方向的井距应比沿面割理方向的井距小一些。

表 1 – 21　煤层割理平面组合划分表(据樊明珠,1996)

组合类型	形态特征	渗透性
网状	任何两条相邻的面割理之间的任何一条端割理均与这两条面割理相交	好
孤立—网状	仅部分面割理之间存在与之相交的端割理	较好
	大部分端割理仅一端与面割理相交	中等
孤立状	仅发育面割理	差

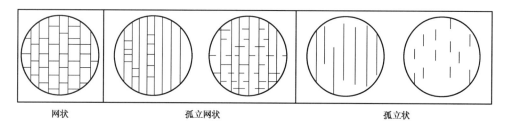

图 1 – 15　割理组合形态分类图(据樊明珠,1996)

2. 割理的评价

张新民等(2002)提出通过从割理密度、连通性及发育程度这 3 个指标来合理评价割理,其方法如下。

(1)割理密度:表示一定距离内割理数量的多少,反映割理发育的程度。一般地说,密度越高,渗透性越好。密度的测量与研究方法有关,肉眼的分辨率仅可见大于 0.1mm 的割理;而光学显微镜下可分辨出大于 $1\mu m$ 的割理;扫描电镜下放大倍数 500 倍,可分辨出长度 $0.6\mu m$ 的割理。由于分辨率的限制,不同研究方法所测得的割理是不同类型割理,其密度也相差很大。割理密度级别划分方法见表 1 – 22。

表 1 – 22　割理密度级别划分表

统计方法	割理密度		
	一级	二级	三级
肉眼,条/10cm	>10	10 ~ 3	<3
光学显微镜,条/10cm	>100	100 ~ 30	<50
扫描电镜,条/cm²	>1000	1000 ~ 300	<300

（2）割理的连通性：包括同一割理类型之间的连通以及不同割理类型之间的连通状况，其等级划分方案见表1-23。

表1-23 割理的连通性等级划分方案

评价项目	连通性评价等级		
	好	较好	差
割理形态	网状	一组平行面割理为主，端割理少见，阶梯状	短裂纹状，单个分散
充填状态	无	部分	多数

（3）割理发育程度：包括割理的密度、长度、高度、裂口宽度及割理的连通性，它在整体上反映了割理的发育状况及其对煤储层渗透性的影响，其划分方案见表1-24。

表1-24 割理发育程度划分方案

评价项目	连通性评价等级		
	发育	较发育	不发育
割理密度级别	一级	二级	三级
割理连通性	好	较好	差

通过观察煤块的宏观割理特征，发现煤岩割理和微裂缝都较发育，图1-16和图1-17是韩城3#煤和韩城5#煤的相片，观察岩心裂缝发现煤块较为疏松，平行成组裂缝和成正交产状的裂缝组系均有出现。

图1-16 煤心柱裂缝（韩城3#煤）

图1-17 煤心柱裂缝（韩城5#煤）

3. 影响割理发育程度的因素

煤中割理的发育极不均匀，影响煤中割理发育的因素可分为外界因素和内在因素，外界因素主要是作用于煤层的外力的性质、大小及作用方式，其次还有煤层顶底板岩性及其机械性能；内在因素有煤级、煤岩类型、煤分层厚度、矿物质含量及赋存状态、煤层结构等。

外界因素中如古构造应力场控制着割理的走向，构造变形对割理的影响表现为改造和破坏,它是在割理形成后产生的改造,主要分为截、切、归并、重接等样式;内在因素中煤级是影响割理发育的主要因素,通常低煤级的煤割理不甚发育,到烟煤系列时割理发育,割理面在低挥发分烟煤煤级附近最为密集。

三、煤层渗透性

我国有关煤的渗透性资料有两个来源,一是煤炭系统在矿井巷道中打水平井实测煤层气的压力和气量,以了解煤的透气性好坏,称为透气性系数;二是在煤层测试钻井或开发中采用注入压降法测得煤的渗透率。目前煤层气勘探开发获取的渗透率资料主要来自于后者,但是由于受到钻井污染、测试人员水平等因素的影响,实测的煤层渗透率有时会存在一定问题甚至错误,导致测试结果不能完全反映储层的实际情况。

随着我国煤层气勘探工作的进展,陆续实测了若干地区煤的渗透率。不同地区煤层渗透率差别比较显著,如樊庄区块测试的煤层渗透率较低,平均值为 $0.49 \times 10^{-3} \mu m^2$;郑庄和柿庄区块测试的煤层渗透率平均值为 $1 \times 10^{-3} \mu m^2$ 左右;潘庄区块仅进行了一口井一层煤的注入压降测试,实测渗透率为 $3.61 \times 10^{-3} \mu m^2$(表 1 – 25)。即使在同一区块,煤层渗透率差别也比较大,郑庄区块最大渗透率为 $2.96 \times 10^{-3} \mu m^2$,最小渗透率为 $0.01 \times 10^{-3} \mu m^2$;樊庄区块最大渗透率为 $2.00 \times 10^{-3} \mu m^2$,最小渗透率为 $0.02 \times 10^{-3} \mu m^2$;柿庄区块最大渗透率为 $3.18 \times 10^{-3} \mu m^2$,最小渗透率为 $0.02 \times 10^{-3} \mu m^2$;甚至是距离非常近的处于同一井组的煤层气井测试的煤层渗透率也存在较大差别。

表 1 – 25 晋城地区主要区块煤层渗透率统计表

参数 地区	渗透率,$10^{-3} \mu m^2$		
	最小	最大	平均
大宁	1.04	1.95	1.43
郑庄	0.01	2.96	1.00
樊庄	0.02	2.00	0.49
潘庄	—	—	3.61
柿庄	0.02	3.18	1.04

虽然对于常规油气储层而言,渗透率是一固定值,但是随着开采工作的展开,原平衡状态被破坏,导致渗透率发生变化。煤层渗透率除受自身裂缝发育这一内部因素控制外,开采煤层过程中外界条件的改变也对其产生强烈影响。在排水降压过程中,随着水和甲烷的解吸、扩散和排出,有效应力作用、煤基质收缩效应和气体滑脱效应都会使煤层渗透率呈动态变化。

1. 有效应力效应

有效应力为总应力减去储层流体压力。垂直于裂缝方向的总应力减去裂缝内流体压力,所得的有效应力称为有效正应力,它是裂缝宽度变化的主控因素。有效应力增加,导致裂缝宽度减小,甚至趋于闭合,使渗透率急剧下降。Somerton 的实验研究发现有效应力(σ)与渗透率(k)存在如下关系：

$$k = 1.03 \times 10^{-0.31\sigma} \tag{1-9}$$

C. R. McKee(1998)等人给出了煤层渗透率与有效应力的关系，即：

$$K = K_0 e^{-3C_p\Delta\sigma} \tag{1-10}$$

式中　K——绝对渗透率，%；

　　　K_0——初始绝对渗透率，%；

　　　$\Delta\sigma$——有效应力增量，MPa；

　　　C_p——孔隙体积压缩系数，MPa^{-1}。

2. 煤基质收缩效应

实验表明，煤体在吸附气体或解吸气体时可引起自身的膨胀与收缩。煤层气开发过程中，储层压力降至临界解吸压力以下时，煤层气便开始解吸，随煤基质中解吸量增加，煤基质就开始了收缩进程。由于煤体在侧向上受限制，因此煤基质的收缩不可能引起煤层整体的水平应变，只能沿裂缝发生局部侧向应变。基质沿裂缝的收缩造成水平应力下降，有效应力相应减小，裂缝宽度增加，渗透率增高。

3. 气体滑脱效应

在多孔介质中，由于气体分子平均自由程与流体通道在一个数量级上，气体分子就与通道壁相互作用（碰撞），从而造成气体分子沿孔隙表面滑移，增加了分子流速，这一现象称为分子滑移现象，这种由气体分子和固体间的相互作用产生的效应称 Klinkenberg 效应（Klinkenberg 于 1941 年提出），可由下式定量描述：

$$K_g = K_0 \left(1 + \frac{b}{p_m} \right) \tag{1-11}$$

式中　K_g——每个测点的气测渗透率，μm^2；

　　　K_0——克氏渗透率，μm^2；

　　　p_m——平均气体压力，MPa；

　　　b——Klinkenberg 系数，MPa。

由式(1-11)可知，气体滑脱效应引起的渗透率增量为：

$$\Delta K_{滑脱效应} = K_0 \cdot \frac{b}{p_m} \tag{1-12}$$

四、煤层内流体的饱和度

煤层内流体的饱和度是指煤层气的饱和度和水的饱和度。

气饱和度是指在一定条件下（储层压力、温度和煤质等）实际含气量与相应条件下的理论吸附量的比值，以百分数表示。如果该比值为 100%，则为气饱和储层；若小于100%，则为欠饱和储层；若该比值大于 100%，则为过饱和，说明储层内存在游离态和溶解态气体。实际含量由解吸实验获得,理论吸附量是由等温吸附实验获得。一般情况下,由于煤层气在地质时期均有一定程度散失,气饱和度一般都小于100%。

水的饱和度是指储层内水的含量(用体积表示)与储层孔隙(多指大孔隙及裂缝)体积之比,以百分数表示。

若煤层气中甲烷含量在95%以上,则这样的煤层气藏称之为干气气藏;甲烷含量低于95%且含有乙烷及乙烷以上的烃类气体,则这样的煤层气藏称为湿气气藏。我国的煤层气藏主要是以湿气气藏为主,而国外的煤层气藏主要是以干气气藏为主。由于湿气气藏比重较大,我国的煤层气开采难度较大。

第四节　煤层特殊物性特征

一、煤的润湿性

润湿是一种表面现象,它可以看作是一种流体在一个平的固体表面置换另一种流体的过程。润湿过程涉及固体表面与液体性质,以及它们之间的相互作用。煤表面为非均相结构,其中无机物与有机物非常复杂地结合在一起,共同影响着煤的润湿性。煤表面的有机质由带不同极性官能团的小的、成簇状的芳香单元组成,它们的表面难润湿于水,而易润湿于油,煤的润湿性取决于煤阶。在褐煤阶段,由于其表面极性官能团较多,因此褐煤对水的润湿性较好,接触角较小。随着煤阶的增高,表面极性官能团的数量逐渐减少,芳香度增加,对水的润湿性下降。在烟煤阶段,对于芳香环少的烟煤,随芳香环的增多,煤的疏水性增强;而对于芳香环多的烟煤,随连接芳香环的脂肪族碳氢链的减少,煤的疏水性反而减弱。

接触角值是煤表面各表面位上性质的宏观平均,碳氧比反映了这种表面性质的平衡度量,随着碳氧比增加,煤的临界界面张力增加,界面更容易被一些低极性的有机液体润湿。煤表面的含氧官能团,包括醇、醚、酚、酯等一般存在于煤表面上,它们易形成氢键而亲水。煤氧化导致醚键和酚、羧基官能团的形成,这些含氧官能团在煤中是最重要的。村田逞诠详细地研究了接触角值与含氧官能团之间的关系,认为羧基含量是影响煤表面润湿性最主要的因素,如从水悬浮液角度考虑,褐煤表面化学性质由羧基官能团控制。羟基对润湿性的影响仅次于羧基对羰基、醚基的影响,从化学结构上可以看出,它们对润湿性的影响甚微,与接触角之间不存在相关性,因此,煤的含氧量及含氧官能团不同,它们的表面润湿性也不同。

图1-18,中σ_1为气—液界面上的界面张力,σ_2为气—固界面上的界面张力,σ_3为液—固界面上的界面张力,θ为液体与固体间的界面和液体表面的切线所夹(包含液体)的角度,称为接触角。如果$\theta=0°$,为完全润湿;如果$\theta<90°$,为固体能被液体所润湿[图1-18(a)];如果$\theta>90°$,为固体不能被液体所润湿[图1-18(b)]。由此可以看出,固体液体的接触角直接反映出了该固体界面的润湿性。

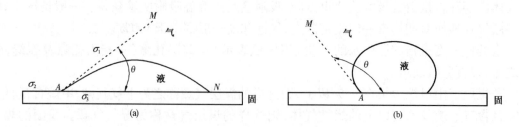

图 1 – 18   润湿作用与液滴的形状

标准盐水对煤岩的润湿接触角一般在 80°～90°左右(图 1 – 19 至图 1 – 21),对其润湿不好($\theta=90°$可作为润湿与不润湿的界限,$\theta<90°$时可润湿,$\theta>90°$时不润湿)。这是因为煤表面的有机质由带不同极性官能团的小的、成簇状的芳香单元组成,它们难润湿于水,而易润湿于油。这些因素影响了标准盐水对煤岩的润湿性,使煤岩偏向亲油,而对标准盐水的润湿性减小。

图 1 – 19   标准盐水润湿接触角为 85.5°

图 1 – 20   标准盐水润湿接触角为 78°

图 1 – 21   标准盐水润湿接触角为 82.5°

二、煤的比表面积

煤的比表面积就是每克煤所具有的表面积,以 m^2/g 来表示。煤是一种孔隙度低但较小孔隙极发育的多孔吸附体,内表面积非常大,1g 煤的内表面积可达 $100 \sim 400m^2$。比表面积越大,其表面效应(如表面活性、表面吸附能力、催化能力等)越强,因此它是影响压裂液性能和压裂效果的重要参数之一,是反映煤吸附性的重要参数。

煤的内表面积大小与变质程度有关,与小孔和微孔的发育程度关系密切,由于煤具有较大的内表面积,因此有利于煤层气在储层中的聚集。据原苏联矿业研究所的资料,各种直径孔隙的表面积同其容积具有如表 1-26 所示的关系,从关系中可知,微微孔和微孔体积还不到总孔隙体积的 55%,而其孔隙表面积却占整个表面积的 97% 以上;这说明微孔隙发育的煤,尽管孔隙度不高,但却有相当可观的孔隙内表面积。

表 1-26 煤的孔隙直径与其表面积、容积的关系(据俞启香,1992)

孔隙类型	孔隙直径,mm	孔隙表面积,%	孔隙体积,%
微微孔	$<2 \times 10^{-6}$	62.2	12.5
微孔	$2 \times 10^{-6} \sim 10^{-5}$	35.1	42.2
小孔	$10^{-5} \sim 10^{-4}$	2.50	28.1
中孔	$10^{-4} \sim 10^{-3}$	0.20	17.2
合计	—	100	100

煤的比表面积是煤的特殊加工工艺和气化工艺的一项重要的参数。煤的比表面积的测定方法有多种,如润湿热法、BET 法、气相色谱法和微孔体积法等。其中 BET 法测定比表面积适用范围广,目前国际上普遍采用。它是依据希朗诺尔、埃米特和泰勒三人提出的多分子层吸附模型,推导出单层吸附量 V_m 与多层吸附量 V 间的关系方程。由于该方程是建立在多层吸附的理论基础之上,与物质实际吸附过程更接近,因此测试结果准确性和可信度很高。BET 方程如下:

$$\frac{p}{V(p_0 - p)} = \frac{1}{V_m \cdot C} + \frac{C - 1}{V_m \cdot C} \times \frac{p}{p_0} \qquad (1-13)$$

式中　p——氮气分压,MPa;

　　　p_0——液氮温度下氮气的饱和蒸汽压力,MPa;

　　　V——样品表面氮气的实际吸附量,cm^3/g;

　　　V_m——氮气单层饱和吸附量,cm^3/g;

　　　C——与样品吸附能力相关的常数,无量纲。

20 世纪 80 年代,湖南省煤炭科学研究所对我国一些煤矿区的煤样,用 CO_2 做吸附质测定煤的比表面积,结果为低变质煤的比表面积为 $50 \sim 90m^2/g$;中变质煤为 $20 \sim 130m^2/g$;高变质煤为 $90 \sim 190m^2/g$,其变化规律是明显的,即随着变质程度的提高,煤的比表面积增加。如此发育的内表面积,使煤成为一种良好的天然吸附剂,对甲烷具有很大的吸附能力。

此次采用单点 BET 法和多点 BET 法对样品做比表面积测定,从测试结果来看,煤层的比表面积特征在 $0.166 \sim 0.553 \text{m}^2/\text{g}$ 之间,见表 1 – 27。

表 1 – 27　煤样比表面积测定特征

样号	质量,g	脱气温度,℃	测试温度,℃	测试类型	比表面积,m^2/g
H5 – 4	2.6738	300	– 196	单点比表面	0.338
H5 – 4	2.6738	300	– 196	多点比表面	0.30
H5 – 4	2.5413	100	– 196	单点比表面	0.213
H5 – 4	2.5413	100	– 196	多点比表面	0.166
H5 – 2 – 2	2.8625	300	– 196	单点比表面	0.185
H5 – 2 – 2	2.8625	300	– 196	多点比表面	0.217
H5 – 2 – 1	2.7572	300	– 196	单点比表面	0.236
H5 – 2 – 1	2.7572	300	– 196	多点比表面	0.228
H3 – 4 – 1	2.53	300	– 196	单点比表面	0.553

与王双明等采用压汞法对韩城煤样比表面积测定结果(表 1 – 28)相比较,其变化范围在 $0.042 \sim 0.9411 \text{m}^2/\text{g}$ 之间。两次测定的结果数值范围一致,说明本区煤岩的比表面积普遍偏小,虽然数值很小,难与湖南煤研所数据进行对比,不过采用相同方法测试的数值,仍然可以探讨煤体比表面积相对高低的情况,用以反映吸附性相对大小。煤层比表面积的排序情况从一定角度反映了煤体储气能力以及在一定条件下煤体吸附甲烷量的大小排序,它们与煤层甲烷含量大小的排序具有一致性,反映了比表面积与甲烷含量二者之间的内在联系。

表 1 – 28　煤层比表面积测定表(据王双明,2008)

区　段	煤　层	采样矿井	比表面积,m^2/g
北区	2#	下峪口	0.1305(1)
	3#	下峪口	$\dfrac{0.1142 \sim 0.9411}{0.6649(4)}$
	11#	下峪口	0.4103(1)
南区	3#	象山	$\dfrac{0.042 \sim 0.078}{0.06(2)}$
	5#	象山	0.2607(1)
	11#	马家沟	0.1518(1)

注:括号中为样品数。

三、煤的吸附特征

煤层区别于常规天然气储层的特征之一是气体以吸附的方式赋存于煤中。煤对气体的吸附主要是一种物理吸附过程,即煤颗粒表面分子通过范德华力吸引周围的气体分子。当气体分子碰到煤表面时,其中的一部分在范德华力的作用下暂时"停留"在煤表面上,并释放出吸附热,这就是吸附。

1. 吸附机理

煤层气的吸附可分为物理吸附和化学吸附两种类型,其特点见表1-29。

表1-29 物理吸附与化学吸附的比较

参 数	物理吸附	化学吸附
吸附力	范德华力	化学键力
吸附热	较小,近于液化热	较大,近于化学反应热
选择性	无选择性	有选择性
吸附稳定性	不稳定,易解吸	比较稳定,不易解吸
分子差	单分子层或多分子层	单分子层
吸附速度	较快,受温度影响小,一般不需要活化能	较慢,温度升高速度加快,一般需要活化能

对于物理吸附过程而言,吸附平衡是一个重要的概念。在一个封闭的系统里,固体颗粒表面上同时进行着吸附和解吸这样两种相反的过程。即一部分气体由于吸引力而被吸留在表面上而成吸附气相;被吸附住的气体分子,在热运动和振动的作用下,其动能增加到足以克服吸引力的束缚时,就会离开表面而重新进入游离气相。当这两种作用的速度相等时,在颗粒表面上的气体分子数目维持某一个定量,这时就称为吸附平衡。在平衡状态时,吸附剂所吸附的气体量随气体的温度、压力而变化。显然,这是一种动态平衡状态。即吸附量(V)是温度(T)和压力(p)的函数,可表示为:

$$V = f(T, p) \tag{1-14}$$

在上述函数关系式中,当温度一定时,称吸附等温线;当压力一定时,称吸附等压线,最常用的是吸附等温线,即在某一固定温度下,当达到吸附平衡时,吸附量(V)与游离气相压力(p)之间的关系曲线。图1-22为典型的等温吸附曲线。

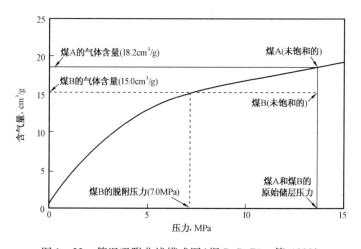

图1-22 等温吸附曲线模式图(据 D. D. Rice 等,1993)

在煤层气地质及勘探开发中,某一温度(通常为储层温度)下煤的吸附等温线对评价煤层的最大储气能力、预测煤层气含量、确定临界解吸压力、计算煤层气理论回收率等方面具有重要用途。

煤的吸附性能取决于3个方面的因素:煤的有机质组成,煤中的富氢显微组分越多,吸附烃类气体的能力越大;煤的吸附与被吸附物质的性质有关,在同系有机物中,相对分子量越大的烃类气体越容易被吸收(日本专家北川浩等(1976)也指出,溶解度越小的有机物越易被吸附),当分子的大小相同时,芳香族化合物比脂肪族化合物更容易被吸附,这些特征均符合我国煤层气体的吸附特征;煤的吸附性质受煤化作用程度控制,煤在不同热演化阶段具有不同的吸附特征。

煤层吸附气体的理论模式可分为 Langmuir 模式、BET 模式、势能理论模式。从国内外的研究成果来看,Langmuir 模式为主要模式。

2. Langmuir 等温式

Langmuir 方程是常用的吸附等温线方程之一,是 Langmuir 于 1916 年根据分子运动理论和一些假定提出的。其主要假定为:吸附表面均匀;吸附质分子间没有作用力;吸附是单分子层;在一定条件下吸附和脱附建立了平衡。其数学表达式为:

$$V = \frac{abp}{1 + bp} \tag{1-15}$$

式中　V——吸附量,cm^3/g;

　　　p——吸附平衡时气体压力,MPa;

　　　a——吸附平衡常数(反映吸附剂的最大吸附能力),无量纲;

　　　b——压力常数,取决于温度和吸附剂的性质,MPa^{-1}。

Langmuir 方程的另一种表达式是:

$$V = \frac{V_L \cdot p}{p_L + p} \tag{1-16}$$

式中　V_L——Langmuir 体积(其物理意义与 a 值相同,即 $V_L = a$),cm^3/g;

　　　p_L——Langmuir 压力(代表吸附量达到 Langmuir 体积的一半时所对应的平衡气体压力,与压力常数 b 的关系是 $p_L = 1/b$),MPa。

式(1-16)称为亨利(Henry)公式,它只有当吸附剂的内表面积最多只有 10% 被气体分子覆盖时,即在平衡气体压力很低时才成立。在气体平衡压力很高时,式(1-15)中分子中的 1 相对于 $b \cdot p$ 项来说可以忽略不计,即 $V = a$,这就是饱和吸附,正反映了 a 值的物理意义。

3. 研究区等温吸附试验结果

根据对韩城 WL1 井煤芯的实际测定,$3^{\#}$原煤的饱和吸附量(V_L)为 22.18m^3/t,$5^{\#}$原煤为 24.52m^3/t,$11^{\#}$原煤为 20.02m^3/t,煤层表现为具有中等—较强的储气能力。Langmuir

压力中等,其变化范围在 2.17~2.58MPa 之间,平均值为 2.40MPa。

图 1-23 为 WL1 井三个煤层的等温吸附曲线。3# 原煤临界解吸压力为 1.38MPa,含气饱和度 69%,临界解吸压力与储层压力之比(临/储比)约为 0.5;5# 原煤为 1.46MPa、75% 和 0.6;11# 原煤分别为 1.35MPa、68% 和 0.5。也就是说其临/储比在 0.5~0.6 之间,而沁水煤层气田 TL-003 井为 0.71。总体来说,韩城矿区的煤具有一定的产气能力和气体可采性,实际排采结果也基本证明了这一点。

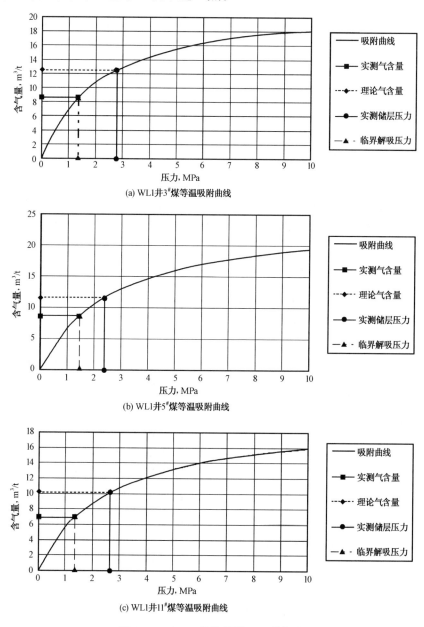

(a) WL1井3#煤等温吸附曲线

(b) WL1井5#煤等温吸附曲线

(c) WL1井11#煤等温吸附曲线

图 1-23　WL1 井的煤等温吸附曲线

当温度一定时,煤层吸附甲烷量与气体压力的关系符合 Langmuir 公式,根据等温吸附试验的实测数据和 Langmuir 公式,用最小二乘法可以求出表征吸附性能大小的吸附常数 a,b 值,如表 1-30 所示。

表 1-30　不同压力条件下煤对甲烷的吸附量(据王双明等,2008)

区段	煤层	吸附常数		0.98MPa 甲烷压力情况	1.96MPa 甲烷压力情况	2.94MPa 甲烷压力情况	3.92MPa 甲烷压力情况	试验温度
		a	b					
北区	2#	16.47	0.0745	7.08mg/L	9.89mg/L	11.40mg/L	12.33mg/L	30℃
	3#	21.02	0.0756	9.04mg/L	12.63mg/L	14.57mg/L	15.80mg/L	
	11#	13.73	0.0858	6.12mg/L	8.65mg/L	9.91mg/L	10.64mg/L	
南区	3#	22.51	0.0545	5.79mg/L	9.16mg/L	11.38mg/L	15.43mg/L	30℃
	5#	21.37	0.065	8.42mg/L	12.08mg/L	14.13mg/L	15.44mg/L	
	11#	21.46	0.0602	8.06mg/L	11.72mg/L	13.81mg/L	15.16mg/L	

从表 1-30 可以看出,北区吸附能力大小排序为 3# > 2# > 11#,南区为 5# > 11# > 3#。此外,从等温吸附曲线的分析得出,各煤层的甲烷吸附量随压力的增加并不成线性增加,甲烷量的递增梯度由大变小,到大约某一压力值之后,吸附量增加十分缓慢,等温吸附曲线十分平缓。

4. 影响吸附能力的主要因素

煤的吸附能力受到煤本身的物理、化学性质及煤体所处的温度、压力等条件的控制。实验表明,煤的吸附能力受压力、温度、煤变质程度、水分和灰质含量的影响较为显著。

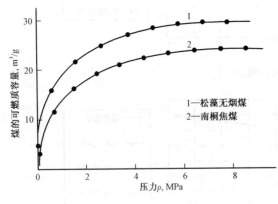

1—松藻无烟煤
2—南桐焦煤

图 1-24　煤吸附甲烷容量与压力的关系
(据严映雍,1996)

1)压力

压力对吸附作用有明显的影响,图 1-24 所示为典型等温吸附过程。从图中可以看出,压力较低时(0.098 ~ 1.47MPa),吸附量随压力的增高几乎成直线增加;此后随压力的升高吸附量缓慢增加。当压力大于 3.92MPa 后,吸附量增加的幅度很小;当压力达到 5.88 ~ 7.84MPa 时,煤的吸附量基本上达到饱和值,往后压力即使继续增高,吸附量也不再增加。

2)温度

目前等温吸附实验一般采用的温度是 30℃ 或煤储层温度。实验结果表明:不同的温度下,煤的吸附能力有变化,随着温度的升高,煤对甲烷的吸附量呈规律性降低。当压力为 0.98MPa 时,温度从 25℃升高到 50℃,吸附甲烷量约下降 4/9;压力为 9.8kg/cm² 时,相应下降 2/7。因此,为评价煤的储集性能,应选择地下储层温度为等温吸附试验的温度。

3）变质程度

煤对甲烷的吸附是一种发生在煤孔隙内表面上的物理作用,吸附能力受孔隙特征的影响。在煤的变质过程中,孔隙在发生着变化,从而影响着煤的吸附能力。

随着煤变质程度（煤阶）的提高,煤对甲烷的吸附容量呈现规律性的变化,即在长焰煤—肥煤（$R_{max} = 0.5\% \sim 1.2\%$）阶段,随着变质程度的增高,吸附量减小;焦煤—无烟煤二号（$R_{max} = 1.2\% \sim 6.0\%$）阶段,随着变质程度的增高,吸附量逐渐增大,到无烟煤二号达到整个变质阶段的顶蜂;无烟煤一号以后（$R_{max} > 6\%$）,吸附能力急剧下降,直至为零。

4）水分和灰分含量

由于水分子占据了孔隙的一部分内表面积和孔隙容积,所以随着水分的增加,Langmuri 体积呈减小趋势,这主要是因为煤的内表面上可供甲烷"滞留"的有效吸附点位是一定的,煤中水分越高,可能占据的有效吸附点位就越多,相对甲烷分子的有效点位就会减少,煤的饱和吸附量就会降低。图 1 – 25 表明,由于水的原因使煤化作用中气体含量减小。对这些煤样来说,在所有压力下,含水层的增加都会减小甲烷的含量。

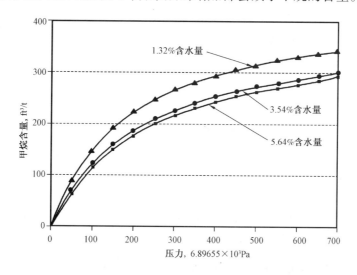

图 1 – 25　含水量降低甲烷吸附量数据对照表

作为对煤的近似分析,灰分代表了煤的矿物质,与煤吸附甲烷的体积有关。煤中甲烷含量随着灰分含量直线减小,图 1 – 26 表明在煤潜在的含气方面,校正大量样品的灰质含量是很重要的;另外在压裂方面,灰质也有负面影响。

四、煤的解吸特征

在排水降压的作用下,煤储层压力在宏观裂缝内压降较快,显微裂缝、大孔隙次之,而微孔隙则压降缓慢。当储层压力低于临界解吸压力以后,甲烷首先在宏观裂缝内开始解

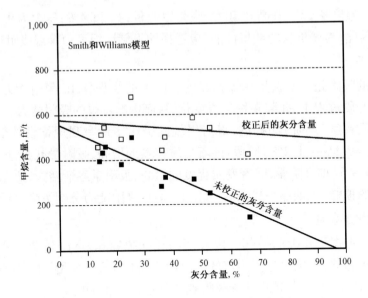

图 1 – 26 灰分降低甲烷吸附量数据对照表

吸,然后依次是显微裂缝、大孔隙、微孔隙,这个过程称为解吸,它是煤中吸附气由于储层压力降低或温度升高等而转变成游离气体的过程。解吸附与吸附作用几乎是完全可逆的过程,煤层解吸特性常用可解吸率或可解吸量和解吸速率衡量。解吸总量由阶段解吸量组成,解吸速率往往采用吸附时间表示。

1. 解吸率

煤层气解吸率定义为逸散气量、解吸气量之和与总气体量之比。然而我国煤岩含气量资料的构成主要包括两种,一种由逸散量(V_1)、现场 2h 解吸量(V_2)、真空加热脱气量(V_3)和粉碎脱气量(V_4)4 部分构成,另一种由逸散气量、解吸罐测试解吸气量以及残余气量 3 部分构成。由于两种方法计量的解吸气量的差异,用不同方法计算的煤层气解吸率不同。

我国煤的解吸特性变化较大,煤层甲烷解吸率变化在 9.1% ~ 59.0% 之间。表 1 – 31 为我国部分矿区煤层甲烷平均解吸量的统计。

表 1 – 31 我国部分矿区煤层甲烷平均解吸量统计结果(据叶建平,1998)

矿区	地层时代	煤层编号	反射率 %	解吸量		解吸率 %	样本数
				$V_1 + V_2$,cm/g^3	总量,cm/g^3		
峰峰	P_1	2	2.26	2.93	6.53	44.9	6
韩城	P_1	3	2.12	5.62	9.67	54.0	1
	C_2	11	2.28	2.37	4.39	59.0	2
潞安	P_1	3	1.86	4.48	12.51	35.8	61
	C_2	15	1.92	3.96	11.81	33.5	14

续表

矿区	地层时代	煤层编号	反射率 %	解吸量		解吸率 %	样本数
				$V_1 + V_2$, cm/g^3	总量 , cm/g^3		
晋城	P$_1$	3	4.35	3.79	14.24	26.6	105
	C$_2$	15	4.32	7.05	18.46	38.2	90
霍州	P$_1$	2	1.43	1.23	5.60	22.0	4
	C$_2$	10	1.53	1.46	5.00	29.2	4
恩洪	P$_2$	9	JM,SM	5.76	10.82	53.2	5
	P$_2$	15	JM	5.59	10.63	52.6	9

从表1-31可以看出,各地区的煤层解吸率差异较大,这主要受煤储层原位含气性及其压力的影响,因而解吸率与煤层埋藏深度有关。如沁水盆地中南部煤层中3号煤解吸率、吸附量基本上随埋深增大而增大。虽然我国煤层气解吸率与煤层埋藏深度等因素有关,但不同地区和不同聚煤时代煤层气解吸率相差很大,垂向上的分布极不均匀,如煤层气解吸率相对较高的潘1井田和潘2井田,解吸率与埋深之间的关系较为复杂,离散性极大;东北聚气区铁法和西北聚气区靖远宝积山目标区,中生界煤储层最佳解吸深度在400~600m,随埋深增大煤层甲烷解吸率也有明显降低的趋势。因此,不同地区和不同时代煤储层甲烷解吸率与埋藏深度之间的关系往往差别极大。

同时,解吸率还受煤阶和煤岩组成的影响。从煤岩显微组成来看,镜质组含量越高,微孔孔容和比表面积也越高,而且在总孔容和总比表面积中所占有比例也相应提高,微孔孔容和比表面积的增加也将导致煤储层气体解吸率的降低。

2. 吸附时间

吸附时间是指总解吸气体中的63.2%被解吸出来时所需的时间,它由罐装煤样解吸实验求得,这一时间参数对于给定煤样来说与逸散气无关,即求逸散气不管采用什么方法,其吸附时间都是一样的。它取决于煤的组成、煤基块的大小、煤化程度和煤的裂缝间距。

吸附时间除了实验直接测定外,还可以通过下式计算:

$$\frac{\Delta G_c}{G_{ct}} = 1 - \frac{1}{e^{\sigma Dt}} \qquad (1-17)$$

式中　ΔG_c——累计解吸气含量,cm^3/g;

　　　G_{ct}——总含气量,cm^3/g;

　　　σ——煤基质形态因子,cm^2;

　　　D——扩散系数,cm^2/s;

　　　t——时间,s。

吸附时间(τ)可定义为：

$$\tau = \frac{1}{\sigma D} \qquad (1-18)$$

3. 解吸速率

解吸速率$\left(\dfrac{D}{r^2}\right)$定义为单位时间内的解吸气量，它受控于煤的组成、煤基块的大小、煤化程度和煤的破碎程度。自然解吸条件下解吸速率总体表现为快速下降，但初始存在一个加速过程，中间可能由于受煤孔径结构的影响，解吸速率出现跳跃性变化。储层条件下的解吸速率因压降不同将变的更加复杂。吸附速率的大小可以由吸附时间算得，因为储层模拟时往往用吸附时间来表示扩散速率，因此扩散时间 ν 已知，按 Sawyer 于 1990 年给出的如下关系式就可以求取解吸速率了。

$$\nu = \frac{1.1052^{-4}}{\dfrac{D}{r^2}} \qquad (1-19)$$

第五节　煤层压力及岩石力学特征

煤层压力是指作用在煤层裂缝、孔隙空间内流体上的压力，相当于常规油气储层中的油层压力或气层压力，一般由储层中点的压力表示。煤储层压力一般通过试井分析测得，即利用外推方法求取地层条件中相对平衡状态下的初始压力。煤储层压力的研究对煤层含气性和开采地质条件的评价都十分重要，是预测储层中流体流动能力的关键，同时也可为完井工艺提供了重要参数。

一、煤储层压力类型

煤储层压力表征着地层能量的大小，对煤层含气性、气含量、吸附能力与气体赋存状态起着重要作用，同时也决定着水和气体从煤中裂缝流向井筒的能量，它与临界解吸压力之间的相对关系直接影响采气过程中排水降压的难易程度。当储层压力降低到临界解吸压力后，煤孔隙中吸附的气体开始解吸，向裂缝扩散，在压力差作用下由裂缝向井筒流动，这就是煤储层排水降压而采气的道理。

现实中，原始煤储层压力差别较大。这是由于它受多种因素的制约，如区域水文地质条件、埋深、气含量、地应力等都可对煤储层压力造成影响。一般用压力梯度去衡量储层压力的大小，为了在储层评价中统一方法和原则，张新民等（2001）将储层压力划分为 3 种类型（表 1-32），正常储层压力应等于 9.5～10kPa/m，即基本上等于静水压力梯度；大于 10.0kPa/m 为高压储层，小于 9.5kPa/m 为低压储层。

表 1-32 煤储层压力类型划分

压力梯度,kPa/m	储层压力类型
<9.5	低压
9.5~10.0	正常
>10.0	高压

对沁南晋城地区 26 口井 42 层次的注入/压降试井测试资料进行统计,煤储层压力为 1.16~9.38MPa,平均为 3.84MPa,储层压力梯度为 0.31~0.97MPa/100m。其中,3# 煤层储层压力为 1.16~7.01MPa,平均 3.33MPa,储层压力梯度为 0.64MPa/100m;15# 煤层储层压力为 1.26~8.55MPa,平均 4.52MPa,储层压力梯度为 0.72MPa/100m。郑庄储层压力梯度较大,平均为 0.91MPa/100m,大宁区块压力梯度最小,平均为 0.40MPa/100m(表 1-33)。

表 1-33 不同地区储层压力统计

参数 地区	储层压力梯度			储层压力类型
	最小,MPa/100m	最大,MPa/100m	平均,MPa/100m	
大宁	0.31	0.5	0.40	低压
郑庄	0.91	0.91	0.91	低压
樊庄	0.43	0.91	0.64	低压
潘庄	0.62	0.80	0.71	低压
柿庄	0.38	0.97	0.69	低压

二、煤储层压力分布特征

1. 储层压力分布特征

收集全国 62 口煤层气井的数据,其 102 个煤储层的压力梯度差别较大,其数值变化在 2.30~17.31kPa/m 之间,从低压储层到高压储层均有。同一个矿区内储层压力梯度也有较大差别,如晋城矿区煤储层压力梯度分布范围 3.79~12.01kPa/m,红阳矿区煤储层压力梯度分布范围为 9.22~17.31kPa/m。尽管如此,全国不同区域储层压力分布仍然有一定规律可循。煤储层压力梯度最低的矿区是开滦矿区,平均值是 4.02kPa/m,属低压储层;煤储层压力梯度最高的矿区是红阳矿区平均值 12.43kPa/m,属高压储层;平均值大于 10kPa/m 的矿区还有离柳、韩城、焦作和淮南矿区;储层压力值接近于正常储层压力的矿区有铁法、沈北、松藻;阳泉、晋城、淮北、开滦、安阳、鹤壁和屯留等矿区属低压储层。

2. 煤层气压力分布特征

煤层气压力是指在煤矿开采条件下,在矿井中测得的煤层孔隙中煤层气的压力。煤层气压力与煤储层压力在概念上是相同的,区别在两个方面,一是在具体含义上煤层气压力只指气体压力,而不包括液体(水)的压力;二是在测试条件和方法上煤层气压力也与储层压力不同,它是在矿井下通过向煤层中打钻孔,封孔后煤层中的煤层气不断涌入钻孔底部的测量空间,测量达到稳定状态时的气体压力,可认为该压力接近原始煤层气压力。

在煤—煤层气体系中,煤层气以游离状态和吸附状态存在于煤的孔隙和裂缝中,由于有游离煤层气而显示出煤层气压力。当煤层埋藏在一定深度时,孔隙、裂缝及其中的煤层气均承受地应力的作用,因而具有压力。煤层气压力是标志煤层气体流动特性和赋存状态的一个重要参数。在研究煤和煤层气突出,煤层气赋存、流动和涌出,以及煤层气抽放时,煤层气压力都是一个基本参数。

煤层气压力的评价方法和标准,也采用煤储层压力类型的划分方案。我国煤层气压力梯度大小变化幅度很大,最低值为 1.2kPa/m,最大值为 13.4kPa/m,从低压储层到高压储层都有,但大部分属于低压储层,煤层气压力低很可能与含气饱和度、煤层气风化带深度有关。煤层气压力测的是煤层中气体的压力,煤层气风化带深度大、含气饱和度低将会造成煤层气压力低。

对韩城矿区下峪口、桑树坪两矿 3# 煤层实测煤层气压力,结果如表 1-34 所示,可知在埋深 175~488m 的范围内,最大压力 1.078MPa,最小 0.196MPa。除去部分异常瓦斯压力,利用数理统计方法,对埋深与压力做一元线性回归分析,得到两者之间的关系式为:

$$p = 0.00237H + 0.0954 \qquad (1-20)$$

式中　p——煤层瓦斯压力,MPa;

　　　H——煤层埋藏深度,m。

式(1-20)中 0.00237 为瓦斯压力增长梯度,单位为 MPa/m。

表 1-34　韩城矿区 3# 煤层瓦斯压力测定结果表(据王双明等,2008)

序号	矿井名称	测压地点	钻孔时间	测压时间	瓦斯压力 MPa	煤层底板 标高,m	煤层埋深 m
1	下峪口	2304 中巷	79.9.27	82.5.8	0.5096	469.87	254.96
2	下峪口	2302 中巷	77.8.16	77.8.24	0.6125	458.26	316.48
3	下峪口	1212 中巷	82.2.22	82.2.25	0.735	444.56	379.47
4	下峪口	1214 中巷	82.8.25	82.9.9	0.4116	480.84	370.52
5	下峪口	1214 中巷	83.3.16	83.3.24	0.637	455.51	392.76
6	下峪口	1211 进上	82.4.23	82.4.30	0.784	439.61	398.82
7	下峪口	1214 中巷	82.2.16	82.2.21	1.078	406.91	433.42
8	下峪口	1314 中巷	80.4.23	80.4.29	0.735	444.47	390.01
9	桑树坪	+354 4# 进斜	—	—	0.735	—	325
10	桑树坪	+370 3# 进斜	—	—	0.490	390	260

续表

序号	矿井名称	测压地点	钻孔时间	测压时间	瓦斯压力MPa	煤层底板标高,m	煤层埋深m
11	桑树坪	+354 南头	—	—	0.343	375	474
12	桑树坪	+354 北头	—	—	0.392	370	185
13	桑树坪	+325 进斜	—	—	0.7546	340	317
14	桑树坪	+394 进斜	—	—	0.2254	—	175
15	桑树坪	1313 皮中	—	—	1.078	395	385
16	桑树坪	1313 回中	—	—	0.735	390	460
17	桑树坪	1211 进斜	—	—	0.784	394	453
18	桑树坪	1214 进斜 1314 中巷	—	—	0.637	396	446
19	桑树坪	1312 回中 1211 回斜	—	—	0.637	402	455
20	桑树坪	1313 一号进斜	—	—	0.196	390	400
21	桑树坪	1312 回中巷口	—	—	0.735	402	488

三、煤储层压力影响因素

1. 煤层埋藏深度

从单一钻孔中不同埋深不同煤层试井所获得的储层压力发现,随着煤储层埋深增加,煤储层压力在增大(图1-27)。同一地区、不同钻孔中也有规律可循,这种现象在各煤层气井储层压力的测试结果中普遍存在。

2. 水文地质条件

煤储层处在一个相互作用、相互影响的水动力系统中,地下水动力条件影响着煤储层压力的分布。静水水位的高低与区域水文地质条件有关,当煤储层所处地表低于区域内静水水位,在承压水力作用下,该地煤储层属超压储层;这样的储层一般位于向斜或复向斜内次一级的背斜部位,煤储层一般渗透性差,与外界水力联系差,补给径流不畅,地下水基本上处于滞流状态,为静储量弱含水层。

3. 地应力

作为地质体的煤储层不仅受上覆岩层压力作用,而且还受水平地应力作用。煤储层孔隙中的流体同样会承受上覆岩层压力及水平地应力的影响,上覆岩层厚度越大,储层流体承受的压力也就越大,储层压力就越高。实质上,垂向地应力对储层压力的影响主要是由煤层上覆岩层厚度的增加引起的;而在水平方向上,煤储层处在区域性的构造应力场中,受水平构造应力的作用,因此,水平主压应力越大,储层压力也就越高。沁南晋城地区试井测试的地应力与储层压力数据也说明了这一点(图1-28)。

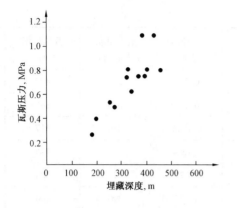

图 1-27 3#煤层瓦斯压力与煤层
埋藏深度关系图(据王双明等,2008)

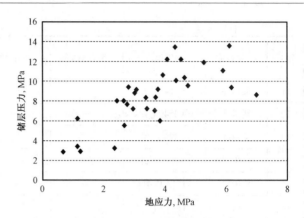

图 1-28 沁南晋城地区
煤储层压力与地应力关系图

四、煤储层地应力

地应力是指存在于地壳中的内应力,主要由重力应力、构造应力、孔隙压力、热应力和残余应力等耦合而成,重力应力和构造应力是地应力的主要来源,地应力对煤层气的富集成藏、运移、井位部署、增产起着至关重要的作用。我国大多数煤层经过多期、不同性质、不同强度构造应力的叠加和改造作用,煤储层表现出"四低"(低含气饱和度、低渗透率、低储层压力、低资源丰度)、"一高"(原地应力高)以及强烈非均质性的总体特征,严重制约着我国煤层气的勘探开发。因此,加强地应力的研究对我国煤层气产业的发展显得尤为重要。

地应力的大小不仅会影响上述储层压力,还严重制约着煤层渗透率。叶建平(1999)就我国煤层渗透率的影响因素进行了探讨,指出地应力是影响煤层渗透率的最主要因素。我国地质构造背景复杂,地应力对于煤储层渗透率的影响十分显著。

地应力对煤储层的控制涉及地应力对煤储层裂缝系统的形成及其发展过程。不同性质或者同一性质不同大小的地应力对煤储层的改造作用不同,其对裂缝的控制作用也不相同。地应力对渗透率的影响,既反映在上覆岩层的重力应力方面,也反映在构造作用所产生的水平应力上。随着埋深的增加,重力应力增加,煤层裂缝趋于闭合,煤层渗透率降低。学者 Evener、McKee、何伟钢等通过研究,得出了煤储层的渗透率随着地应力的增加呈指数降低的关系。

在煤层气开采排水采气过程中,地应力对煤储层渗透率动态变化存在显著影响。一方面,流体压力降低,有效应力增大,裂缝被压缩,可导致渗透率降低,称为负效应;另一方面,储层压力降低,煤层气解吸导致煤基质收缩,裂缝进一步开启,可导致渗透率增大,称为正效应。地应力影响下的正效应和负效应的平衡最终决定了渗透率的具体变化。

根据对晋城地区注入/压降试井测试地应力资料,3#煤层地应力为 2.90~10.6MPa,平均6.89MPa,地应力梯度为 0.98~2.04MPa/100m,平均1.46MPa/100m;15#煤层地应力为2.93~13.61MPa,平均10.13MPa,地应力梯度为 0.95~2.25MPa/100m,平均1.76MPa/100m。不同区块地应力差别较大,柿庄的地应力梯度较大,平均为1.69MPa/100m,郑庄区块压力梯度最小，为 1.15MPa/100m。区内地应力自四周向内部增大，其变化趋势与煤层埋深等值线一致。在东南部煤层埋深较浅的地区，地应力也普遍较低，多在 10MPa 以下；在西部及北部，煤层埋藏深，地应力高，多超过 10MPa，最大的超过了 19MPa。

地应力的大小与埋深、地质构造等有关，煤层埋藏深度越大，上覆地层的压力越大，地应力越高（图 1-29）。确定现代地应力的方法有：活动构造如活褶皱、活断层等的地质学方法；地震震源机制解和小震综合面等地球物理学方法；直接与间接测量，如空心包体测量、井壁崩落法、水力压裂法、声发射 Kaiser 效应、井下微地震波、水力裂缝启裂声波地面接收等。在这些方法中，水力压裂法

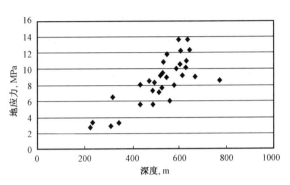

图 1-29　地应力与煤层埋藏深度关系图

确定地层最小主应力是目前进行深部绝对应力测量的最直接的方法。

五、煤储层岩石力学特征

煤作为一种特殊的岩石，其物理、力学性质有着其特殊性。对于天然变形煤的变形结构、构造特点的分析和研究结果表明，煤层内经常保存着具有不同力学属性的宏观和微观结构、构造形式，不但经常发育有各种不同类型的割理或破裂构造等脆性变形，而且常常可以见到鞘褶皱和流劈理构造等韧性变形。这些力学性质是通过煤层力学参数间接反映出来的，是煤层气勘探开发中的重要组成部分。利用测井资料可以计算岩石的基本模量，从而分析煤层的岩石力学性质，指导煤层气的工程施工。

1. 煤层基本力学参数

岩石力学参数的确定，从测井的角度来讲，主要应用密度、纵波时差、横波时差以及其他一些曲线和参数来确定。利用测井曲线确定岩石的力学参数主要有泊松比、杨氏模量、体积模量、剪切模量、抗张强度、抗剪强度、周向应力、径向应力、最大水平应力、最小水平应力、上覆地层压力、破裂压力、坍塌压力、αBiot 常数、斯伦贝谢比等十几项参数。最常见的有以下几种。

泊松比（ν）：弹性体只受法向应力作用时，横向缩短与纵向伸长的比值（又称横向压缩系数），它是表示岩石力学性质的一个重要参数。泊松比越大表示弹性越小或塑性越大，岩石容易断裂或压裂；而泥岩泊松比大，表示塑性大，易形变。

杨氏模量（E）：拉伸应力（法向应力）和同方向上的相对形变或者胁变（沿法向应力方向线应变）的比值。它是度量岩石的抗张应力大小的参数，是岩石张变弹性强弱的标志。

体积模量（K）：弹性体受均匀静压力时所加静压力与体积应变的比值，用来度量岩石的抗压应力。

剪切模量（G）：材料在弹性变形阶段内，剪应力与对应的剪应变的比值即为剪切模量。剪切模量是度量岩石抗剪切应力的参数，是岩石剪切变形强弱的标志。

抗张强度(S):指岩石能承受的最大径向张应力的大小。

抗剪强度(σ_c):指岩石在剪切面上能承受的最大剪应力的大小。

周向应力(σ):指岩石承受周向压应力的大小。

径向应力(σ_r):指岩石承受径向压应力的大小。

各弹性模量可用纵横波、体积密度表示,基本弹性模量表示如下(表1-35)。

表1-35 以纵横波、体积密度表示的基本弹性模量

ν(泊松比)	$\gamma = \dfrac{0.5\left(\dfrac{t_s}{t_c}\right)^2 - 1}{\left(\dfrac{t_s}{t_c}\right)^2 - 1}$
G(剪切模量),10^4 MPa	$G = \dfrac{\rho_b}{t_s} \times a$
E(杨氏模量),10^4 MPa	$E = 2G(1+\gamma)$
K_b 体积模量,10^4 MPa	$K_b = \rho_b\left[1/t_c^2 - 4/(3t_s^2)\right] \times a$

注:ρ_b 为体积密度,g/cm^2;t_s 为岩石的横波时差,$\mu s/m$;t_c 为岩石的纵波时间,$\mu s/m$;系数 $a = 1.34 \times 10^{10}$。

2. 煤层岩石力学性质

由于煤本身分子结构独特,因此煤层与其他岩石有较大差别,从而体现出煤层与其他岩层的机械特性具有很大差异。泥岩、砂岩、灰岩机械强度比煤层大,煤层的杨氏模量、体积模量、剪切模量、抗剪强度较低,破裂压力梯度较小,坍塌压力梯度较大,既易压性破裂又易张性破损,井眼易坍落。泥岩层的杨氏模量、体积模量、剪切模量、抗剪强度比砂岩、灰岩低,但泊松比较大,说明泥岩塑性大,易形变。砂岩和灰岩杨氏模量、体积模量、剪切模量、抗剪强度较大,泊松比较低,岩石弹性较大,机械强度高。

众多的资料统计表明,煤的弹性模量比围岩低,泊松比比围岩高。围岩的弹性模量一般在 $n \times 10^4$ MPa 数量级;煤则位于 $n \times 10^3$ MPa 数量级;围岩的泊松比一般小于 0.3,煤则位于 0.25~0.40 之间。

煤的力学性质取决于煤的物质组成和煤级,韧性组分如稳定组分和矿物质含量较高、煤级高时,煤的机械强度相应增强;煤的力学性质还取决于水的饱和度,当水饱和度增加时,弹性模量和抗压强度均有不同程度降低,泊松比相应增高,见表1-36。

表1-36 煤的力学性质

煤层	抗压强度		冲击倾向		弹性模量		泊松比	
	自然,MPa	饱和水,MPa	自然,MPa	饱和水,MPa	自然,MPa	饱和水,MPa	自然,MPa	饱和水,MPa
三分层	10.4	7.91	0.94	1.08	1938.8	1071.4	0.25	0.35
四分层	11.73	7.91	0.74	1.28	3214	1071.4	0.30	0.28
五分层	14.6	12.3	0.96	1.09	3316	1429	0.28	0.35
六分层	17.8	8.41	1.20	1.25	2429	612.2	0.30	0.40

此外,煤也是一种对温度、压力和构造应力都十分敏感的有机岩石。煤岩岩石力学的实验通常是在不同温、压实验条件下,应用三轴变形实验设备分析不同煤级煤的应力—应变曲线及超微变形构造特征。应用高温高压变形实验方法探讨煤储层物性非均质性主控因素和成因机理,在国际上曾有人做过该类实验。而国内开展此类实验研究中,选用的温压条件均较高(温度大于300℃,围压大于400MPa)。国内学者姜波、秦勇(2000)等选用镜质组油浸最大反射率变化范围在1.18%～4.11%之间的煤样(跨中煤级中期—高煤级早期阶段),在实验温度为200～700℃、围压为250～600MPa的条件下,所做煤样发生的应变为5%～33%。

第六节　国内外典型煤层特征

一、我国北方石炭—二叠纪煤层

我国北方各省(区)石炭—二叠纪是一次极为重要的成煤期,它广泛地分布在天山—阴山和昆仑—秦岭隆褶带之间。我国北方石炭—二叠纪煤层不但蕴存着巨大的煤炭资源量,同时也是我国目前最重要的煤炭生产基地。这里有许多大型完整的残存煤盆地,不仅有甲烷高富集区,而且资源量大。

从总的分析可以看出,华北聚煤区各组主煤层显微组分中,镜质组含量从太原组到上石盒子组逐渐降低,即73%～64%～55%;而惰质组含量由19%～22%～28%,壳质组含量由2%～3%～11.5%,呈递增之势;矿物质含量山西组最高(见表1－37)。

表1－37　我国北方24个矿务局石炭—二叠纪煤层显微组分含量平均值　　　　%

时代	镜质组	半镜质组	惰质组	壳质组	矿物质	备注
石河子组	51.40	3.70	28.20	11.50	5.20	共统计24个重点矿务局
山西组	58.20	5.90	24.20	3.50	8.80	
太原组	67.80	5.10	18.80	2.10	6.80	

注:数据来自张新民等,所著《中国煤层气地质与资源评价》,北京:科学出版社,2002

主要煤层原煤灰分含量纵向变化见表1－38,灰分从下而上递增,全硫山西组最低。

表1－38　华北聚煤区各组煤质特征表

时代	原煤灰分,%	挥发分,%	全硫,%	煤级	备注
石河子组	27.90	27.50	0.95	气—贫煤	据豫皖区8个矿局统计
山西组	19.60	27.90	0.45	气—无烟煤	—
太原组	15.50	25.40	2.45	气—无烟煤	—

从煤岩煤质变化分析,华北石炭—二叠纪煤层生气条件应为太原组好于山西组和石盒子组。总体上看,中部地区好于南部和北部地区,这是因为经过以往大量试验证明,煤显微组分生气能力如下:壳质组＞镜质组＞惰质组,低灰煤＞高灰煤。但壳质组含量一般均低于5%(除特种煤外),因此,镜质组含量的高低是衡量生气能力的主要组分。华北聚

煤区北部镜质组含量偏低,且煤级以低变质烟煤为主,这是甲烷含量比中部和南部地区低的原因之一。

总之,华北聚煤区煤层厚度较大,稳定性好,煤炭资源量大,含气量较高,许多有利区块具备了地面采气的条件。

二、美国 San Juan 盆地煤层

美国 San Juan 盆地地处科罗拉多州西南部和新墨西哥州西北部,宽 160.9km、长 225.26km,是世界上所有盆地中具有最高经济价值和最高产能的煤层气产地。

表 1 – 39 为 San Juan 盆地煤的割理密度和割理开口度的特性。

表 1 – 39 San Juan 盆地煤割理特征

井　　号	平均割理开口度,cm	平均割理密度,cm^{-1}
Hamilton 3	0.06	3
Northeast Blanco Unit	0.02	6
Southern Ute Mobil 36 – 1	0.06	10
Colorado 32 – 7 No. 9	0.05	7
Southern Ute Tribal H	0.02	6
Southern Ute Tribal J	0.02	5

图 1 – 30 描述了从 San Juan 盆地岩心数据中得出的含水量、挥发物、固定碳含量与灰分百分比的相互关系。从图 1 – 30 中可以看出,从超过 103.56km^2 范围内的三口井得出

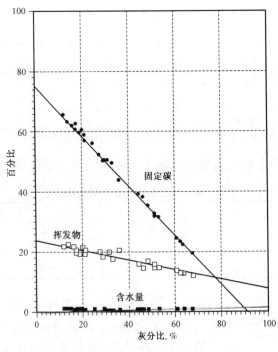

图 1 – 30 Fruitland 煤组分分析图(SPE24905,1992)

的数据表明含水量、挥发物、固定碳含量之间呈线性关系。

因为具备有利的煤层厚度、渗透性、含气性、深度等特性,San Juan 盆地煤层气生产非常成功。该区煤级有北部高等级的低挥发烟煤(lvb)和南部低等级的亚煤烟 B(subB),它们的等级并不一定依赖于现在的埋深。盆地的相对含气量高,气体含量范围在 8.5 ~ 17m^3/t 之间变化。在 Fruitland 煤层,无机物含量高达 10% ~ 30%,组分分析中灰分含量一般约 20%。高矿物质含量减少了甲烷的含量,增加割理空间,并可能使得测井伽马射线读数异常(影响矿物的放射性变异)。

在 Fruitland 地层西北部的煤层约 30% 是超高压,这种超压现象是煤层具有良好渗透性的征兆。在盆地西北部的 Blanco 单元的东北部,与 Fruitland 层下面的 Pictured Cliffs 砂岩层正常的 9.73kPa/m 的压力梯度相比,压力梯度为 12.44kPa/m。San Juan 盆地 Tiffany 地区的压力梯度在 11.31 ~ 11.99kPa/m 之间变化,这与南部低压带地区形成了对比。表 1 - 40 和表 1 - 41 简单概括了 San Juan 盆地的一些重要参数。

表 1 - 40　San Juan 盆地描述

煤层深度	Menefee:岩层露头至 6500ft 深处
	Fruitland:岩层露头至 1280.2m 深处
煤层净厚度,最大值,m	33.53
单煤层厚度,m	Menefee:15.24(最大),2.44 ~ 4.57(平均)
	Fruitland:4.57(最大),1.22(平均)
含气量	8.49 ~ 17.24
天然气地质储量,$10^{12}m^3$	2.49
煤级	hvBb 至 lvb
灰分含量,%	8 ~ 30
含硫量,%	< 1.0
含水量,%	2 ~ 10
渗透率,$10^{-3}\mu m^2$	1.5 ~ 50

表 1 - 41　San Juan 盆地生产层

沉积年代	地层	深度,m	等级	地层厚度,m
上白垩纪	Fruitland (16 小层)	地表到 1280.2	subB 至 hvAb(南部和西部)至 lvb(北部)	15.24 ~ 20.38 及 33.53 ~ 42.67
	Menefee	—	hvCb 至 lvb	3.05 及 10.67 ~ 18.29
下白垩纪	Dakota	—	hvCb 至 hvAb	2.74 ~ 3.96 及 8.23

参 考 文 献

[1] 郑军. 煤层气储层敏感性实验研究[D]. 成都:成都理工大学,2006.

[2] 李明朝,梁生正,赵克镜. 煤层气及其勘探开发[M]. 北京:地质出版社,1996.

[3] 王双明,等. 韩城矿区煤层气地质条件及赋存规律[M]. 北京:地质出版社,2008.

[4] 煤的工业分析方法 GB/T 212—2002.

[5] 刘飞. 山西沁水盆地煤岩储层特征及高产富集区评价[D]. 成都:成都理工大学,2007.

[6] Stach E. Basic Principles of Coal Petrology:Macerals,Microlithotypes and Some Effects of Coalification[M]//D Murchison and T S Westoll. Coal and Coal – Bearing Strata,New York. American Elsevier Publishing Company,Inc. ,1968.

[7] Ting,F T C. Origin and Spacing of Cleats in Coal Beds[J]. Journal of Pressure Vessel Tech 1977(99):624 – 626.

[8] Berkowitz N. An Introduction to Coal Technology[M]. New York:Academic Press,1979.

[9] C R Ward. Coal Geology and Coal Technology[M]. Australia:Blackwell Scientific Publications,Australia 1984.

[10] 琚宜文,姜波,王桂樑,等. 构造煤结构及储层物性[M]. 徐州:中国矿业大学出版社,2005.

[11] 张新民,庄军,张遂安. 中国煤层气地质与资源评价[M]. 北京:科学出版社,2002.

[12] 杨超,刘大锰,黄文辉,等. 中国西北煤层气地质与资源综合评价[M]. 北京:地质出版社,2005.

[13] 张建博,王红岩,赵庆波. 中国煤层气地质[M]. 北京:地质出版社,2000.

[14] 中联煤层气有限责任公司. 中国煤层气勘探开发技术研究[M]. 北京:石油工业出版社,2007.

[15] 朱春笙. 煤的孔隙度与煤质的关系[J]. 煤田地质与勘探,1986,5(6):29 – 33.

[16] 刘洪林,王红岩,张建博. 煤储层割理评价方法[J]. 天然气工业,2000,20(4):27 – 29.

[17] 苏现波,冯艳丽,陈江峰. 煤中裂隙的分类[J]. 煤田地质与勘探,2002,30(4):21 – 23.

[18] A P 赫夫特,等. 对 ASTM 煤阶测定的诠释[J]. 煤质技术,1997,3(12):36 – 39.

[19] 何杰. 煤的表面结构与润湿性[J]. 选煤技术,2000,7(5):13 – 15.

[20] 村田逞诠. 煤的润湿研究及应用. 朱春笙,龚祯祥译[M]. 北京:煤炭工业出版社,1992.

[21] 苏现波,等. 煤阶对煤的吸附能力的影响[J]. 天然气工业,2005,25(1):19 – 21.

[22] 于不凡. 煤层瓦斯压力的分布规律及测量方法[J]. 煤矿安全技术,1984,3(6):31,53 – 60.

[23] 赵庆波,等. 煤层气地质与勘探技术[M]. 北京:石油工业出版社,1999.

[24] 樊明珠,王树华. 煤层气勘探开发中的割理研究[J]. 煤田地质与勘探,1997,25(1):29 – 32.

[25] 周荣福,傅雪海,秦勇,等. 我国煤储层等温吸附常数分布规律及其意义[J]. 煤田地质与勘探,2000,28(5):23 – 25.

[26] 刘克云,李延方,等. 煤储层与常规储层特征对比[J]. 油气井测试,2000,9(2):29 – 31.

[27] 王生维,段连秀,陈钟惠,等. 煤层气勘探开发中的煤储层评价[J]. 天然气工业. 2004,5:82 – 84.

[28] 樊明珠,王树华. 煤层气勘探开发中的割理研究[J]. 煤田地质与勘探,1997,25(1):29 – 32.

[29] 谢建林. 煤孔径结构以及表面特性对煤吸附甲烷性能影响的研究[D]. 太原:太原理工大学,2004.

[30] 吴国代,桑树勋,杨志刚,等. 地应力影响煤层气勘探开发的研究现状与展望[J]. 中国煤炭地质,2009,21(4):31 – 34.

[31] 叶建平,史保生,张春才. 中国煤储层渗透性及其主要影响因素[J]. 煤炭学报,1999,24(2):118 – 122.

[32] 李五中,赵庆波,吴国干,等. 中国煤层气开发与利用[M]. 北京:石油工业出版社,2008.

第二章 煤层气损害评价技术

根据上一章煤层气储层特征评价可知,煤岩储层具有低孔、低渗及较低地层压力的储层地质特征,所以煤层气在开发过程中其自然产能低。因此,常常需要进行压裂改造才能达到较好的开发效果。煤岩储层具有比表面大、割理和微裂缝发育、易脆易压缩的物理性质,煤岩储层还具有复杂的有机沉积物化学性质,这使得煤岩气藏在受外部环境的变化和外来流体侵入时,储层渗透能力容易遭受损害。

为了达到较好的压裂效果,需要对压裂过程中可能产生的损害进行评价。与常规油气藏的油气层敏感性损害和保护评价相似,压裂过程中的煤岩储层保护技术评价也是基于考虑外来因素作用于煤岩储层后的渗透率变化特征为主要目的,在保护技术实施过程中需要考虑3个方面的内容:(1)煤岩储层潜在损害因素及敏感性程度评价;(2)煤岩储层压裂液损害实验评价;(3)保护煤岩储层的压裂液体系的建立及应用。

结合煤层气开发特征,进行煤岩储层的应力敏感、速敏、水敏等敏感性评价,并进行入井液体系对煤岩储层损害因素分析,能够为煤岩气藏开发过程中的储层保护工作提供基础参数,对于提高煤层气开采产量、加大煤层气开采力度有着积极的意义。

第一节 煤层的敏感性因素分析

煤岩储层潜在敏感性损害与其独特的孔隙结构特征、割理和微裂缝系统、敏感性矿物类型以及润湿性等有关。针对煤岩储层特征,结合开发过程可能遇到的作业情况,对煤岩储层潜在损害进行分析。

一、煤岩储层微结构

煤岩的孔隙属于典型的双重孔隙介质类型,以植物残余组织孔(图2-1)、割理(微裂缝)(图2-2)、气孔为主,次为晶间孔、溶孔和粒间孔,缩聚失水孔少见。煤层微观孔隙体积小,但在孔隙体系中的比例大,微孔隙具有大的比表面积,是甲烷吸附储集的主要空间;而孔喉尺寸较大的孔隙和裂缝则是甲烷渗流通道。

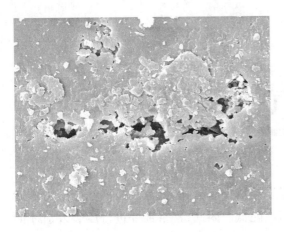

图 2-1　煤岩植物残余组织孔(扫描电镜)

图 2-2　煤岩表面的微裂缝(扫描电镜)

　　煤岩孔隙结构类型不如常规储层界限明显,其间差别主要体现在裂缝和微孔隙在孔隙中所占比例的大小不同。例如表 2-1 中 I 类孔隙结构,直径大于 1μm 的孔喉占 30% 以上,微裂缝发育,连通性好,渗透率较高,利于微孔隙中吸附甲烷的解吸和排出。从扫描电镜观察及压汞曲线对比可知,孔喉直径大于 1μm 区间主要反映裂缝发育情况及与裂缝连通的大孔隙量。随着孔隙结构变差,过渡孔和微孔占绝对优势,不利于气体的解吸与排出。图 2-3 可以看出煤层气开采过程中,孔喉类型与潜在的损害存在着密切的关系。与常规天然气不同,煤层甲烷的产出机理遵循"解吸—扩散—渗流"的过程,3 个环节紧密相连,相互影响、相互制约,任一过程的损害,都将严重影响煤层甲烷的产出。

表 2-1　煤样孔隙结构类型及孔喉分布特征

类型	孔隙度 %	喉道均值 μm	孔隙体积		
			大、巨孔(>1μm) %	中孔(0.1~1μm) %	过渡、微孔(<0.1μm) %
I	>3.5	>0.5	>30	<20	>50
II	3~3.5	0.2~0.5	20~30	<10	>60
III	<3.5	<0.2	<20	<15	>70

　　煤岩裂缝发育,具有平直的特征,是煤层甲烷渗流的通道,很容易在受外来流体和压力的情况下,发生堵塞与闭合,造成渗透率降低,产能下降,严重影响煤层气产量。煤岩基块微孔隙发育,比表面积可观,具较强的吸附能力,易引起工作液处理剂的吸附与滞留,加重了损害的严重性和防治难度。煤岩气层损害会抑制甲烷的解吸、降低微孔内甲烷扩散速率、降低裂缝有效宽度、降低裂缝绝对渗透率和气相渗透率,最终使产气量明显低于预期值。

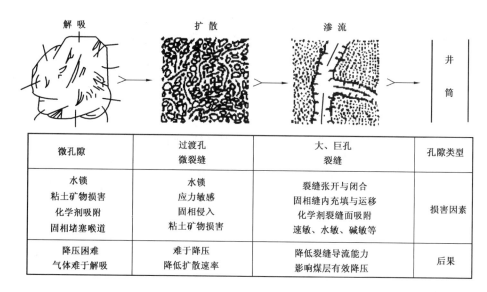

图 2 - 3　煤岩气层损坏及其对煤层气产出的影响机理(据李前贵,2002 年)

二、敏感性矿物

煤中含有多种矿物质,主要为粘土类矿物、硫化物矿物、氧化物矿物和碳酸岩类矿物。粘土矿物中的遇水膨胀矿物,如蒙皂石会引起水敏,伊利石是产生速敏的主要因素之一,碳酸盐类矿物会带来酸敏,其他矿物也可能是潜在的敏感性的影响因素。认识、研究煤中存在的矿物,对探讨敏感性损害机理有着密切的关系,有利于保护储层,减小损害。

1. 粘土类敏感性矿物

粘土矿物细小,在煤岩薄片中难以确定,通过环境电镜扫描、能谱定量分析以及 X 衍射对晋城 3# 煤的矿物组成进行了矿物质的组成分析,其结果见表 2 - 2。

表 2 - 2　晋城 3# 粘土矿物的相对含量(据丛连铸,2002 年)

伊利石/蒙皂石间层矿物	伊利石	高岭石	绿泥石	伊利石/蒙皂石不规则间层矿物
25	47	10	10	40
37	61	12	23	40
15	37	8	9	40
25	46	14	15	40

从粘土的相对含量看,易膨胀的蒙皂石及易运移的伊利石含量较大,这要求入井液必须具有防膨性能,以减少外来液侵入造成煤储层渗透率的降低。

同时从能谱定量分析也可看到,煤中的矿物以 Al^{3+}、S^{4+} 产为主,含量分别为 48.09% 和 51.25%,这就进一步确定了蒙皂石、伊利石和高岭石在粘土矿物中占有相当高的比例。

高岭石:高岭石集合体多呈六方板状、书页状、手风琴状等,各种形态以分散质点式充填于孔隙中(图2-5至图2-11),在高岭石晶体之间存在大量晶间孔隙;由于高岭石集合体对骨架颗粒附着力很差,同时各高岭石晶体之间结合力也很弱,在高速流体的剪切应力作用下,不仅使高岭石集合体从骨架颗粒的底座上脱落,使集合体被打成碎片,而且使这些碎片在孔隙内随流体移动,易堵塞喉道。高岭石为酸性条件下的产物,在碱性环境下易发生溶蚀。总之,高岭石对气层的潜在损害为速敏、碱敏。

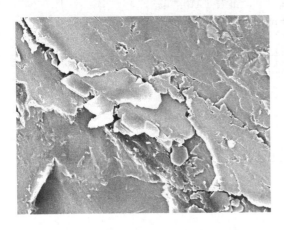

图2-4 层间六方板状和片状高岭石

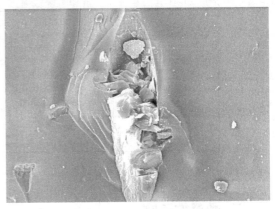

图2-5 孔中片状高岭石放大

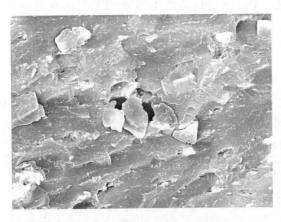

图2-6 粒内孔隙中片状高岭石

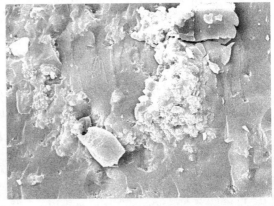

图2-7 粒内片状、块状高岭石

绿泥石:主要呈圆形或椭圆形叶片状形态,并且叶片较厚,叶片之间有穿插生长现象,通常以栉壳环边、充填衬垫产出。绿泥石形成大量微晶孔隙,增大矿物表面积,同时也增加流体通过孔喉的难度。绿泥石中阳离子较多,结构复杂,特别是其水镁石层中的二价阳离子易被氧化。因此,在水介质环境为酸性时,易被溶解释放出铁离子等阳离子,很快被氧化,形成沉淀。绿泥石对气层的潜在损害为强酸敏感,还有速敏和水锁等潜在损害。

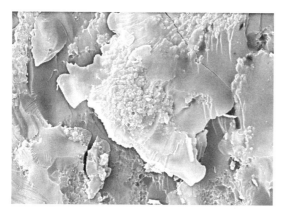

图2-8　粒间片状高岭石

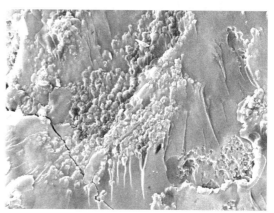

图2-9　晶间微粒状高岭石

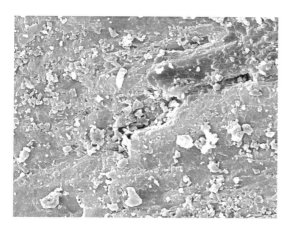

图2-10　粒表片状高岭石

图2-11　粒内溶孔中片状伊利石

伊利石:伊利石主要以片状、发丝状、卷曲片状分布于粒间孔隙内或颗粒表面(图2-4),使孔隙在原来的基础上变成大量的微孔隙,并使流体在孔隙中的通道变得曲折,造成储层高含水饱和度,形成水锁,使气相渗透率降低;同时,毛发状或丝状的伊利石微晶集合体可能会进一步分散,造成微粒运移,堵塞孔道,伊利石具有很大的比表面和对水的吸附强烈,形成强的吸水区。因此伊利石对储层的潜在损害是强水锁、速敏、碱敏,还有盐敏/水敏、酸敏等潜在损害。

伊/蒙间层(I/S):伊/蒙间层(I/S)的成分、形态、产状和性质均介于伊利石和蒙皂石之间,更偏似于伊利石形态与伊利石相似,膨胀性微弱。因此,伊/蒙间层(I/S)对气层的潜在损害为水敏、水锁、速敏。

粘土矿物,一方面可以使煤岩的强度得到提高,另一方面,当外来工作液侵入煤岩时,粘土的分散作用,特别是膨胀性粘土矿物遇水膨胀、分散,又加剧了煤岩的不稳定性,造成煤岩碎裂成更小的块体。因此钻井过程中,粘土的失稳会带来煤岩井壁跨塌的问题。煤中常见的粘土矿物有高岭石、水云母、伊利石、蒙皂石和绿泥石等。它们常分散地存在于煤中,多数呈微粒状散布在基质中或充填在粒内孔中。除此之外,粘土矿物有时还集中成小的透镜体或薄层状。因此,应考虑在压裂过程中,由于液体浸入造成粘土膨胀,从而导致对煤层的损害。

2. 非粘土敏感性矿物

1) 碳酸盐矿物

煤中常见的碳酸盐矿物主要为方解石,菱铁矿次之(图2-12、图2-13)。方解石多充填裂缝(包括内生裂缝,构造裂缝)。在煤样标本上,经常可见裂缝被方解石所完全充填,但破裂时依然顺裂缝延伸。扫描电镜分析知,方解石晶间隙不发育,具两组解理。煤样的裂缝被方解石部分充填或完全充填,将造成煤岩储层连通性差,渗透率降低,但都对煤层的稳定起到积极的作用。

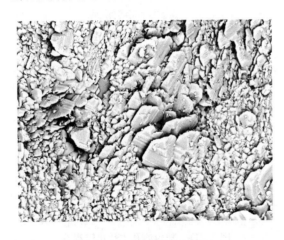 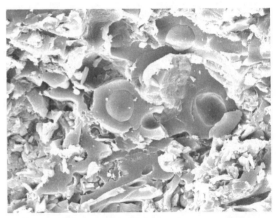

图2-12 粒表粒状方解石　　　　　　　　图2-13 煤层球状方解石

菱铁矿($FeCO_3$)是另一种常见碳酸盐矿物,多出现在矿化煤中,呈结核状或分散晶粒状(图2-14)。菱铁矿结核形成较早,薄片下具圈层结构,呈十字消光,晶粒状菱铁矿与裂缝充填的方解石共生,自形程度较高,菱铁矿形成分两期,结核集合体形成于同生阶段,为缺氧偏还原条件下的产物。在煤层顶、底板泥、砂岩中,也十分常见结核状菱铁矿。

碳酸盐矿物由于富含钙、镁、铁等离子,在盐酸酸化和土酸酸化过程中可能产生二次沉淀堵塞喉道,造成储层损害。

2) 硫化物

煤岩中的硫化物主要为黄铁矿,具分布普遍、含量高的特点,黄铁矿的产状有:细粒镶嵌散布于有机质中,晶体直径可达1mm,呈浸染状和薄层状,仅在部分组分内发育,扫描电镜下观察,黄铁矿呈草莓集合体,充填溶孔,晶形好(图2-15)。

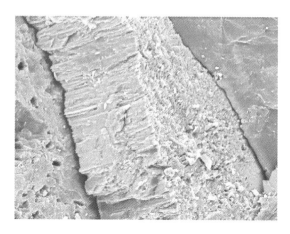

图 2 - 14　煤层间蜂窝状菱铁矿

图 2 - 15　煤层中粒状黄铁矿

黄铁矿的存在,使煤岩的密度增加、强度提高,因黄铁矿充填丝质组的纹孔、各类气孔,而使煤岩的孔隙度降低。由于富含铁离子,黄铁矿具酸敏性。

三、煤岩成份对润湿性的影响

润湿现象是固体表面的结构与性质以及固液两相分子间相互作用等微观特性的综合表现。宏观上讲,即固体被液体所润湿的程度。当液体和固体相接触时,如果固体表面被液体"覆盖"后,整个体系的表面能量降低,与液体间的作用力大于液体分子间的作用力,则固体可被液体润湿,反之则不能润湿。煤的润湿性的大小与煤化程度和液体性质有关,润湿接触角的大小反应了液体对煤的润湿程度。润湿角是反应岩心表面对液体的润湿能力。

由表 2 - 3 可以看出,煤层的润湿接触角在 17° ~ 61.3° 之间,属于亲水性。煤层润湿性有以下作用:(1)控制孔隙中气、水的分布,对于亲水性煤层,水通常吸附于颗粒表面或占据小孔隙角隅,气则占孔隙中间部位;(2)决定着岩石孔道中毛细管力的大小和方向,毛细管力的方向总是指向非润湿相一方,煤层表面亲水,毛细管力是排水采气的阻力;(3)影响煤层微粒的运移,煤层中流动的流体润湿微粒时,微粒容易随之运移,否则微粒难以运移。

表 2 - 3　不同区块煤样的润湿性情况

煤样来源	工业分析		元素组成			显微相分		接触角（°）
	A %	V %	C_{CD} %	C_{daf} %	O_{daf} %	镜质组（个）%	惰性组（s）%	
安阳焦煤	15.66	15.44	67.85	90.50	0.5	35.45	56.6	61.30
郑州	21.77	25.96	46.18	81.60	8.30	44.30	36.77	57.80
平顶山	11.80	25.61	61.62	85.50	4.60	58.35	32.85	54.10

续表

煤样来源	工业分析		元素组成			显微相分		接触角(°)
	A %	V %	C_{CD} %	C_{daf} %	O_{daf} %	镜质组(个)%	惰性组(s)%	
大同	6.03	30.90	59.44	83.60	6.30	59.00	36.80	40.20
安阳无煤	16.34	15.80	66.57	89.40	0.80	64.17	25.63	35.10
平庄	8.09	40.77	34.43	0.80	21.70	58.35	32.85	17.00

四、煤粉

煤岩的机械力学性质如下:性脆、易碎、机械强度低、割理发育、易受压缩、杨氏模量低、泊松比高。由于煤层气井煤层相对松散,压裂改造中支撑剂与煤的摩擦作用,导致排水降压过程中大量煤粉的产出和运移,煤粉对渗流通道的堵塞,造成有些初期的高产井产量快速递减。

携砂的压裂液流过煤层表面产生的摩擦也会产生煤粉。一次室内实验中,用浓度为8lb/gal 的携砂羟丙基瓜尔胶通过裂缝,煤层模拟裂缝产生的煤粉量与时间呈线性关系(图2-16)。Jeffrey 和 Coworkers 煤块破裂实验中发现:每平方英尺裂缝表面平均有0.0144lb 的煤粉产生。

弯曲的流动通道会引起流体高速流动发生摩擦产生煤粉,如井筒附近或张开的与节理面垂直的煤岩壁以及割理。煤层的剪应力引起的裂缝或割理相对于其他面的滑动也会产生煤粉。

压裂液吸附煤粉造成近井地带裂缝渗透率的降低,阻碍煤层气的解吸(图2-17),煤粉的扩散与运移,增大了对水力裂缝及近裂缝区域的损害,降低了裂缝导流能力,从而降低了煤层气的产量。

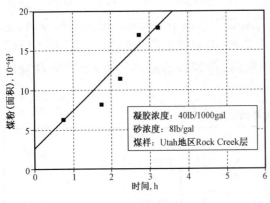

图2-16 实验室流动测试的压裂液
摩擦产生的煤粉与时间关系图

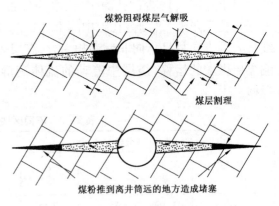

图2-17 远离井筒处的煤粉阻塞

五、煤层产出水

当外来流体的化学组分与地层流体的化学组分不相匹配时,将会在油气层中引起沉积、乳化,或促进细菌繁殖等,这些情况将最终影响储层的渗透性。

1. 煤层地层水性质

煤层地层水主要为砂岩裂隙水和岩溶裂隙水,以山西煤系地层为例,含煤层主要为太原组和山西组,其次为大同组,煤系中含有硫铁矿。在开采前,地下水处于分层水平流动状态,在还原条件下,硫铁矿是较稳定矿物;煤矿开采后,水中溶解的氧气与硫铁矿发生作用,形成易溶的硫酸亚铁,硫酸亚铁可进一步氧化为硫酸盐 $Fe_2(SO_4)_3$,仅溶于强酸性溶液,否则发生水解形成氢氧化物的沉淀。

对山西全省各煤田勘探和生产资料的研究表明:煤系地层水的化学类型多为 $HCO_3 \cdot SO_4$—Ca 型水,其中太原组为 $SO_4 \cdot HCO_3$—Ca·Mg 型水,总硬度一般为 $25 \sim 35$ 德国度(1 德国度相当于 $10mgCaO/1LH_2O$ 或 $7.2mgMgO/1LH_2O$),矿化度为 $0.5 \sim 0.7g/L$,一般不超过 $1g/L$,pH 值为 $6.5 \sim 8.5$。

沁水盆地石炭系含水层主要为 $HCO_3 \cdot SO_4$—K·Na 型。由盆地两翼部向轴部延伸,石炭系被二叠系、三叠系等覆盖,处于开放、半封闭到封闭状态,水质由 $HCO_3 \cdot SO_4$—Ca 型向 $HCO_3 \cdot SO_4$—K·Na 和 $HCO_3 \cdot SO_4$—Ca·Mg 型转化,并以 $HCO_3 \cdot SO_4$—K·Na 型占优势。

沁水盆地南部最为显著的一个矿化度中心出现在大宁—潘庄—樊庄地区,该区矿化度最低处为 1800mg/L(表 2-4),含气量为 $16m^3/t$;最高处可达 2600mg/L,含气量为 $2215m^3/t$。同时从图 2-18 可知,随着矿化度的增高,含气量呈现增大的趋势,两者之间具有良好的正相关性。综上所述,无论是总体的矿化度展布还是具体的矿化度中心,都与含气量具有一致的变化趋势,表明高矿化度区域有利于高煤阶煤层气藏的富集成藏。

表 2-4 沁水盆地煤层出水水质分析

项 目	数值	项 目	数值
K^+ 浓度	248.50mg/L	Cl^- 浓度	205.54mg/L
Na^+ 浓度		SO_4^{2-} 浓度	50.72mg/L
Ca^{2+} 浓度	28.38mg/L	HCO_3^- 浓度	688.92mg/L
Mg^{2+} 浓度	72.00mg/L	CO_3^{2-} 浓度	0.00mg/L
总硬度	367.28	永久硬度	0.00
暂时硬度	367.28	负硬度	197.28
总碱度	564.56	pH 值	7.68

2. 煤层结垢潜在损害

1)无机垢

地层水的化学性质、化学组成是结垢与否的内在因素。由煤系地层水化学性质分析

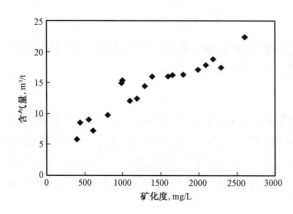

图 2-18　沁水盆地南部煤层气
含气量与矿化度的相关性

结果可以看出,地层水中含有 SO_4^{2-}、HCO_3^- 以及 Ca^{2+}、Mg^{2+} 等成垢离子,存在结垢的内在因素。当温度、压力等条件发生改变时,地层水中原有的化学平衡被破坏,就会出现结垢现象。

地层中常常会存在一些重金属离子,比如 Ca^{2+}、Mg^{2+}、Fe^{3+}、Fe^{2+}、Ag^+、Al^{3+} 等,当外来液体中的 CO_3^{2-}、HCO_3^-、Cl^-、$(OH)^-$ 以及其他一些阴离子有机物扩散并与这些阳离子相遇时,它们在一定的浓度下就会发生化学反应,产生难溶的沉淀、胶体或体积很大的螯合物,它们会在煤层的"内部"堵塞流体的运移通道,造成煤层的渗透率减小。这种反应通常是不可逆的,一旦沉淀物达到一定的数量,就会对煤层造成严重的永久性伤害。

2) 有机垢

有机垢一般是煤中的煤焦油沉淀而成,这些垢既可能形成于储层的孔隙、裂缝里,也可能沉积集输装置与管汇中,因此,除引起产气量下降外,有机垢还是造成设备早期损坏的主要因素。

影响有机垢形成的因素有:外来液体引起地层流体 pH 值改变而导致沉淀,高 pH 值的液体可以促使煤焦油絮凝、沉积;气体和低表面张力的液体侵入煤层,可促使有机垢的生成。

第二节　入井液体系对煤层的潜在损害分析

在压裂过程中,外来流体在正压差、毛细管力自吸作用下,固相物体进入储层造成孔喉堵塞,其液相进入储层与储层煤岩、储层流体发生作用,破坏原有的平衡,从而诱发储层潜在损害因素,造成渗透率下降。

一、固相侵入对煤储层的损害

一方面,煤层极易污染,特别是受压裂液固相颗粒的污染;另一方面,煤层破碎和高剪切应力造成井眼不稳定。为了保证井眼安全穿过煤层,主要措施就是提高压裂液的密度,也就是增加其固相含量,但这样又容易污染煤层,因此实施煤层保护较实施油气层保护更困难。由于上述原因,造成很多煤层气在压裂过程中受污染,形成地层压力、渗透率测试不准确,表皮系数大,处理相当困难。

压裂液中所含固相颗粒分为粗粒(大于 $2000\mu m$)、中粗粒($250 \sim 2000\mu m$)、细粒($44 \sim 250\mu m$)、微粒($2 \sim 44\mu m$)和胶体颗粒(小于 $2\mu m$)。压裂液中不同粒径的固体颗粒(特别是其中的微粒和胶体颗粒)会沿着煤层的割理和孔隙进入煤层,对煤层气的运移通道产生填充和堵塞。在低压煤层中,这种固相颗粒的侵入半径大大增加并"镶嵌"在孔隙之中而无法清除,从而造成永久性的损害。压裂过程中煤层实际受到双重的损害,即高压差对煤层的损害和大比例的固相成分对煤层的损害。

另外,流体在煤层中的浸泡时间也会导致煤储层损害半径增大,从而加剧对煤储层的损害程度,如压裂完井后长期不能及时排采,将致使煤层中的固相颗粒一直在高压差作用下向煤层更远处运移,此时又不能及时卸压返排,将加剧外来流体对煤储层的损害。

二、液相的滤失和毛细管自吸对储层的潜在损害

1. 液相滤失

煤层压裂液滤失对煤层割理渗透率损害很大,损害机理包括以下 3 种:全滤失、仅水滤失、破胶聚合物的滤失。用 100 目的砂可以控制压裂液向割理的滤失,只有用到合适的破胶剂才能防止割理和充填层损害,滤饼所控制的水的滤失对割理的损害性最小。胍胶和胍胶压裂液破胶剂的滤失都会对地层造成损害,这主要是由于聚合物吸附到煤颗粒表面,实验表明改良的胍胶吸附变弱,损害性变小。

在压裂过程中,压裂液滤液在作业正压差的作用下快速进入与井筒相交的裂缝中,在正压差、毛细管力的作用下压裂液滤液进入近井带的基块,同时将裂缝和基块中的水驱替到井筒或离井筒更远的地层深处。同样,进入裂缝中的压裂液滤液在毛细管自吸作用下进入基块,将基块中的水驱替到裂缝中或离裂缝面更远的地方(图 2 - 19)。因此,当储层中存在弱胶结面(裂缝)时,压裂液滤液侵入储层主要经历 3 个过程:井筒—裂缝中的渗吸;裂缝—基块孔隙的渗吸;基块孔隙—基块孔隙渗吸。

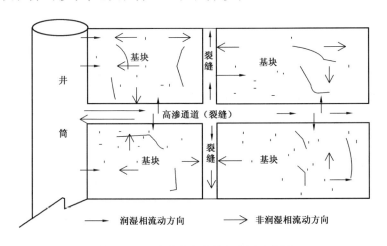

图 2 - 19　压裂液滤液侵入油层示意图

每个储层都有不同的滤失机理和不同的控制滤失的方法。每种滤失机理都有不同的滤饼和滤液,所以损害程度各异。在裂缝型和割理型储层中,比如与一般储层相比,煤层

温度偏低,压裂液不是滤失到煤层的基质表面,而是滤失到割理。在有些情况下,煤层压裂可能会用到线性凝胶液和交联酸,将这些液体注入到低温的煤层中需要加入活化过硫酸盐破胶剂,以保证压裂液顺利返排,不污染煤层,返排过早会导致滤失增加。如果割理和裂缝相交,压裂液到割理中的滤失量会大大增加,滤失到割理的压裂液对割理的渗透率损害极大。实验表明胶液滤失到割理是煤层损害的主要原因。不少研究表明在裂缝性砂岩和碳酸盐岩储层中,用破胶剂加入100目的砂是一种有效控制滤失方法,通过形成滤饼阻止流体流过裂缝,减少对渗透率和导流能力的损害。

1)正压差作用下裂缝张开压裂液漏失损害

在煤层压裂施工过程中,正压差是形成压裂缝的关键要素,在形成压裂缝的同时,也会引起主裂缝旁边的微裂缝的开启。图2-20是煤岩储层压裂液正压差条件下微裂缝宽度变化计算机预测模型。

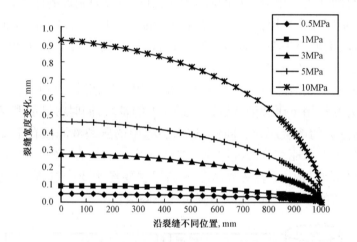

图2-20 不同压裂液正压差条件下沿裂缝位置裂缝宽度预测曲线(缝长1m)

从图2-20中可以看出,随着压裂液正压差的增加,裂缝的宽度也逐渐增加,在正压差作用下,压裂液经由裂缝通道旁边的微裂缝向地层深处滤失,煤层本身的微小裂缝中的压裂液固、液相更容易造成滞留,对煤岩储层的渗透能力造成损害。

宏观上,由于孔隙度、渗透率随着地层压力的增加而降低,同时煤层裂缝和割理在高围压下闭合,并且有时是不可恢复的。试验表明,煤经过多次加压—卸压周期性的试验,测定不同压力下的渗透率:加压使渗透率降低,但卸压时渗透率只能得到一定程度的恢复。在压裂施工过程中,压裂液液柱压力大于煤层压力,使作用在井筒附近的纯应力增加,从而引起渗透率降低,完井后渗透率也不可能完全恢复。在正压差作用下,钻井液中的胶体颗粒和其他细微颗粒被吸附堵塞在煤层气的孔隙喉道上,压裂液滤液的侵入又有可能发生各类敏感性反应,从而生成各类不溶性沉淀物。

2)压裂液静态滤失

静态滤失试验是在高温高压静态滤失仪上进行的,用滤纸来模拟岩心,对于油井其试验数据具有可靠性。而对于煤层气井压裂来讲,由于煤层的裂缝网络极其发育,其试验数据具有相对可比性,其可靠性还有待进一步证明。这一实验的条件为温度30℃,过硫酸铵加量0.8%/方,试验结果见表2-5和表2-6。

表2-5　羟丙基胍胶交联压裂液静态滤失试验结果

时间,min	0	1	4	9	16	25	36
累积滤失量,mL	4.5	5.80	8.20	14.0	19.0	25.0	30.0
滤失系数 $C_{\mathrm{III}} = 9.93 \times 10^{-4}\,\mathrm{m}/\sqrt{\mathrm{min}}$							
静态初滤失量 $Q = 7.73 \times 10^{-4}\,\mathrm{m^3/m^2}$							
滤失速率 $V = 1.66 \times 10^{-4}\,\mathrm{m/min}$							

表2-6　超级胍胶交联压裂液静态滤失实验

时间,min	0	1	4	9	16	25	36
累积滤失量,mL	2	3.5	6.0	10.0	15.0	21.0	25.0
滤失系数 $C_{\mathrm{III}} = 8.93 \times 10^{-4}\,\mathrm{m}/\sqrt{\mathrm{min}}$							
静态初滤失量 $Q = 1.42 \times 10^{-4}\,\mathrm{m^3/m^2}$							
滤失速率 $V = 1.49 \times 10^{-4}\,\mathrm{m/min}$							

2. 毛细管自吸

压裂作业过程中,水基工作液滤液接触到岩石表面后,在毛细管力作用下,自吸进入煤层,会逐步达到与毛细管力相平衡状态,导致近井地带或裂缝面水饱和度增加,相应的煤层孔喉和裂缝通道变窄,严重降低气相渗透率,这就是水相圈闭损害。煤岩气藏基块与裂缝之间的质能传递也是通过毛细管自吸作用进行的,两者之间的质能传递速度决定了煤层气产量。

储集岩中存在有大小不一的孔喉,构成半径不等的毛细管,且相互交错构成孔隙网,成为储集油气水的空间。在附着张力作用下,润湿相能自发地沿储集岩的毛细管孔隙吸入,占据岩石内部空间,并排出非润湿相流体,这个过程称为毛细管吸入过程,也称为毛细管自吸过程。岩石流体系统总是表现为向系统自由能减小的方向发展,当岩石—油气界面的自由能超过岩石—水界面的自由能时,水自吸入岩石孔隙或喉道驱替出油气。当毛细管力被一个外力(如重力等)平衡时,毛细管自吸作用停止。

自吸分为顺流自吸和逆流自吸。顺流自吸是指当在基块的同一面上,非润湿相流动方向与润湿相吸渗的方向相同的自吸过程。逆流自吸是当在基块的同一面上,非润湿相流动方向与润湿相吸渗的方向相反的自吸过程。顺流渗吸和逆流渗吸在油气藏中都会发生,这取决于裂缝网络和注水速度。自吸时润湿相由于毛细管吮吸作用渗吸入岩石,而非润湿相被驱替出。自吸的速度和程度主要依赖于润湿相和非润湿相的粘度、界面张力(IFT)、孔隙结构、初始含水饱和度和相对渗透率。

由于孔隙介质不混相流体的多相干扰作用,流体低饱和度区间的气—水相对渗透率

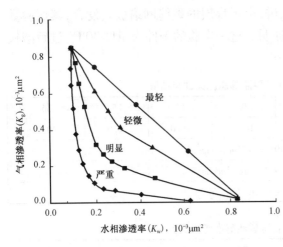

图 2-21 气水相渗曲线反应水锁伤害程度示意图

曲线越陡,说明水饱和度增加对气相渗透率的下降作用越明显。岩石的孔渗性影响相对渗透率曲线形态,岩石越致密,曲线越陡(图 2-21)。

三、聚合物的吸附滞留

煤具有很强的吸附作用,在压裂过程中,各种聚合物体系的工作液中含有大量的聚合物分子,在正压差的作用下聚合物会侵入储层,聚合物的分子链吸附在煤的表面,会在不同程度上对储层造成损害。用岩心流动实验可进一步证实,大多数聚合物会堵塞割理和提高剩余水饱和度,其损害程度与聚合物的结构、相对分子量及吸附量等因素有关。侵入储层的聚合物分子链刚性越强,相对分子量和吸附量越大,则对渗透率的损害越严重。聚合物分子在多孔介质中滞留。有以下两种机理。

1. 聚合物吸附

吸附作用指的是聚合物分子同煤层表面之间的相互作用,这种相互作用是聚合物分子主要以物理吸附键和在固体颗粒表面(即范德华力和氢键的作用,而不是化学吸附)。柔性聚合物在低渗多孔介质中的吸附作用,聚合物分子在多孔介质中的吸附以层吸附和桥式吸附为主。聚合物吸附在煤层表面后,将减小流体渗流的通道,降低储层的绝对渗透率,由于聚合物具有很强的亲水性,当聚合物分子在煤层表面吸附后,将增大水湿煤层的含水饱和度,导致储层气相渗透率下降,造成损害。

2. 机械捕集滞留

机械捕集滞留作用是聚合物分子滞留在狭窄的流动孔道所致。当聚合物分子流经多孔介质中的狭窄孔道时,分子要占据大量的孔道,某些分子被捕集在窄喉道处,于是发生堵塞效应,流动作用减弱,进而可能捕集更多的分子。

在钻井、完井过程中,聚合物分子在储层中的滞留机理是以聚合物吸附为主,聚合物在储层中的吸附量和吸附性质主要取决于:聚合物自身的性质,如相对分子量大小、分子尺寸大小、水解度等;溶剂的性质,包括 pH 值、矿化度、硬度等;煤的表面,主要包括表面的面积和类型(粘土等),表面电荷也是影响聚合物吸附量的一个重要因素。

第三节 煤层应力敏感损害评价

岩石所受净应力改变时,孔喉通道变形、裂缝闭合或张开,导致岩石渗流能力发生变化。岩石应力敏感性研究的目的在于准确地评价储层,通过围压测定孔隙度、渗透率,可以将常规孔隙度值、渗透率转换成原地条件下的真实值,有助于评价储层,计算储量;随着煤层气的开采,有效应力发生变化时,岩石应力敏感性研究能够准确的预知地下渗流能力的变化,有利于指导生产,提高煤层气产量。

一、产生机理

煤层储层通常受外应力和内应力的共同作用。当内、外应力发生变化时,渗透率也随之变化,岩石的这种性质称作应力敏感性。它反映了岩石孔隙几何学及裂缝壁面形态对应力变化的响应。

对于煤岩储层,Somerton 的实验研究发现的有效应力(σ)与渗透率 k_f 存在如下关系:

$$k_f = 1.03 \times 10^{-0.31\sigma} \tag{2-1}$$

McKee 等给出了更为完善的关系式:

$$k_f = k_{ft}\exp(-3C_p\Delta\sigma) \tag{2-2}$$

以上两式中　　k_f——绝对渗透率,$10^{-3}\mu m^2$;

　　　　　　　k_{ft}——初始绝对渗透率,$10^{-3}\mu m^2$;

　　　　　　　$\Delta\sigma$——有效应力的增量,MPa;

　　　　　　　C_p——孔隙体积压缩系数,MPa^{-1}。

由式(2-2)可知,随应力增量的增加,渗透率相应减小。

Harpalani 的实验室研究结果证明,在高压阶段,有效应力的影响起主导作用。随着压力的下降,在有效应力的作用下,煤储层裂缝闭合,使煤层气储层的渗透率下降(图2-22)。

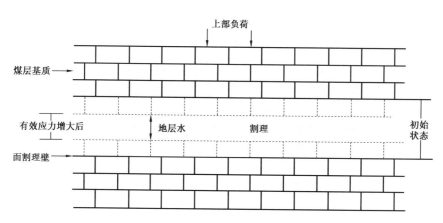

图 2-22　有效应力对煤层割理宽度的影响

一般来说,变形介质的渗透率随地层压力变化的程度是孔隙度的 5~15 倍。因此,在高压作用下,渗透率的变化是非常大的。在实际生产过程中,随着开发的进行,地层压力逐渐下降,导致有效应力增加,岩石中微小孔道闭合,从而引起渗透率的降低。渗透率的下降必然会影响地下渗流能力的变化,进而影响煤层气井的产能。

二、煤储层受力分析

由于煤岩气藏开发过程中通常具有较高的含水饱和度,排采过程中,煤层中流体不断产出,流体压力下降,引起煤层应力的持续变化,必然对煤层结构产生影响,导致煤储层物性发生改变,更重要的是,煤层中流体饱和度的变化极大地影响煤层渗透性和气/水流动。因此有必要开展综合研究,并深入研究水相对煤样压敏的影响。

煤层在水平方向上受水平压力,该压力是由于煤层在水平方向上受压而产生的,一般小于垂向压力,由于构造应力的影响,水平压力在各方向上的大小会有所差异。在煤层中任意选择一个水平面,该平面垂向上,煤层受 3 个力:向下的上覆地层压力 p_z、向上的煤基质承受的力 p_s、向上的裂缝系统内水的压力 p_w。

上覆地层压力主要由地层自身重力引起,其大小可以通过计算上覆地层重力的加权平均而得,具体计算用公式:$p_z = \sum r_i h_i$(r_i 为单位厚度地层的自重压力,单位是 MPa/m,数值上等于单位体积地层重量除以受力面积;h_i 为单位地层垂向高度,单位是 m)。因为受力分析所选择的平面是静止的,所以在垂向上的 3 个力受力平衡,即:

$$p_z = p_s + p_w \qquad (2-3)$$

因此,根据式(2-3)解得此时煤基质承受的力 p_s:

$$p_s = p_z - p_w \qquad (2-4)$$

排水降压,p_w 急剧降低,p_z 基本维持恒定,导致 p_s 增加,即作用在煤层基质上的有效压力增大。

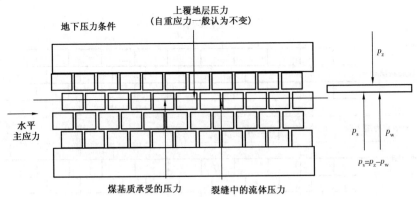

图 2-23 煤储层原地受力分析示意图(据陈振宏,2007)

三、煤层应力对孔隙度及渗透率的影响模型

Somerton(1975)等人提出了煤层渗透率随围压变化的情况。该模型描述如下:

$$K = 1.013 x 10^{-0.31\sigma} \qquad (2-5)$$

式中　K——干燥条件下的渗透率,$10^{-3}\mu m^2$;

　　　σ——有效三轴限制压力,MPa;

　　　x——初始渗透率,$10^{-3}\mu m^2$。

Gray(1987)模型首次提出了煤岩基质收缩,并量化了其对煤层渗透率的影响。该模型能提供有效水平应力变化:

$$\sigma - \sigma_o = -\frac{\nu}{1-\nu}(p-p_o) + \frac{E}{1-\nu}\frac{\Delta\xi_s}{\Delta p_s}\Delta p_s \qquad (2-6)$$

式中　ν——泊松比;

　　　σ——有效压力,MPa;

　　　p_s——等效吸附压力,MPa;

　　　p_o——煤层气初始储层压力,MPa;

　　　E——煤的杨氏模量,MPa;

　　　p——煤层气储层压力,MPa;

　　　$\Delta\xi_s$——为吸附压力变化导致的体积应变,m^3。

Gray 模型表明煤岩基质收缩与吸附压力变化时呈线性关系。由于压力递减会导致煤岩渗透率单调增加或减小。

McKee(1988)等人得出了渗透率、孔隙度和密度与有效应力之间的函数关系,该关系即适用于孔隙压力不变情况,又适用于孔隙压力变化情况,该方程表达如下:

$$\varphi = \varphi_0 \frac{e^{-C_p\Delta\sigma}}{1-\varphi_0(1-e^{-C_p\Lambda\sigma})} \qquad (2-7)$$

式中　φ——孔隙度,%;

　　　φ_0——初始孔隙度,%;

　　　C_p——孔隙压缩系数,MPa^{-1}。

$$K = K_0 \frac{e^{-3C_p\Delta\sigma}}{1-\varphi_0(1-e^{-C_p\Lambda\sigma})} \qquad (2-8)$$

式中　K_0——煤样初始渗透率,$10^{-3}\mu m^2$。

$$\rho = \frac{\rho_g(1-\varphi_0)}{1-\varphi_0(1-e^{-C_p\Delta\sigma})} \qquad (2-9)$$

式中　ρ——密度,g/cm^3;

　　　ρ_g——气体密度,g/cm^3。

假设颗粒不可压缩,总孔隙的变化与孔隙压力和有效应力变化呈线性关系。McKee等人发现假定的恒定孔隙压缩率与实际有效应力下的渗透率数值十分吻合。因此,本文假定孔隙压缩率恒定,为 $1.87 \times 10^{-3}psi^{-1}$($1psi = 6.894 \times 10^3 Pa$)。本文同样确定了有效应力和煤层深度之间的相关关系;

$$\sigma = 0.572D \qquad (2-10)$$

岩石静压条件下煤层有效压力梯度为 0.572psi/ft。

Palmer 和 Mansoori 于 1988 年提出了 Palmer 和 Mansoori 模型（P&M 模型），该模型假定天然裂缝储层的孔隙度和渗透率为三次方关系。

$$\frac{K}{K_0} = \frac{\varphi^3}{\varphi_0^3} \tag{2 - 11}$$

假设基质收缩可由兰格缪尔解释图版描述，并忽略颗粒的可压缩性，P&M 模型可描述如下：

$$\varphi - \varphi_0 = \frac{1}{M}(p - p_o) - \left(1 - \frac{K}{M}\right)\xi_1\left(\frac{p}{p_\xi + p} - \frac{p_o}{p_o + p_\xi}\right) \tag{2 - 12}$$

式中　M——束缚轴向模量，$10^{-3}\mu m^2$。

Shi 和 Durucan 于 2005 年提出了 Shi 和 Durucan 模型 Shi&Durucan，该模型用绑定的火柴杆模仿煤层（图 2 - 24），描述一次采气阶段煤层气渗透率变化情况，同时提出了适合强化开采煤层气模型。

$$K = K_0 EXP\{-3C_f(\sigma - \sigma_0)\} \tag{2 - 13}$$

$$\sigma - \sigma_0 = -\frac{v}{1 - v}(p - p_o) + \frac{E}{1 - v}\frac{\Delta\xi_s}{\Delta p_s}\Delta p_s \tag{2 - 14}$$

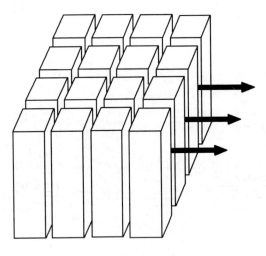

图 2 - 24　火柴杆几何模型

C_f 为割理体积压缩系数，可由实验测得。

比较 P&M 模型和 Shi&Durucan 模型，可以看出这两个模型在假设和推导上都十分相似，只是 Shi&Durucan 模型基质收缩比 P&M 模型大 1.5 ~ 3 倍，这是由于泊松比不同。另外，两种模型假定孔隙度和渗透率的关系都为立方关系。

在生产阶段，煤岩的孔隙度和渗透率都在减小，导致有效应力增加。

四、实验结果评价

1. 有效围压变化时煤岩渗透率的变化

图 2 - 25 是煤岩渗透率随有效围压的变化关系曲线，实验表明：随着有效围压增大，煤岩渗透率明显减小；随着有效围压减小，渗透率缓慢增大。增压过程中，在有效围压的作用下，煤岩孔喉开始变窄，裂缝与割理开始发生闭合，造成开始时渗透率快速递减，在 5MPa 左右，渗透率下降了 70% ~ 85%。随后，渗透率递减趋势减缓，15MPa 之后渗透率几乎没有变化，孔喉基本完全被压缩，裂缝与割理

完全闭合,渗流能力几乎为零。降压过程中,随着有效围压的减小,煤岩产生的变形在缓慢恢复,渗透率缓慢增加,当有效围压降到初始值时,渗透率只恢复到原来的 5% ~ 25%,渗透率不能完全恢复,只能部分恢复。不能恢复的部分发生了所谓的塑性变形,对渗透率造成永久的伤害。

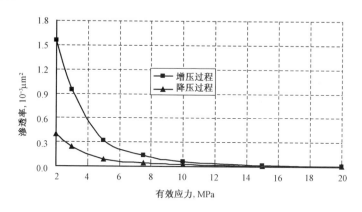

图 2 - 25 煤岩渗透率随有效围压变化规律

2. 煤岩变形的滞后效应

为了研究有效应力作用下时间对渗透率的影响,设计完成了受力时间对煤岩渗透率的影响实验。由表 2 - 7 可以看出:在一定有效围压的作用下,煤岩孔喉及割理是逐渐被压缩,渗透率逐渐变小,在时间足够的情况下,渗透率保持稳定,煤岩不再发生形变。有效围压越大,煤岩越能快速被压缩,变形时间越短,渗透率越能快速保持稳定。在实验中,有效围压为 3MPa 及 5MPa 时,渗透率随时间变化不大,只存在轻微的变化,在 90min 之后,渗透率不再变化,变形结束。

表 2 - 7　受力时间对煤岩渗透率的影响(增压过程)

$100 - \dfrac{K_{i+1}}{K_i}$, % / σ, MPa	时 间								
	20min	40min	60min	80min	100min	120min	140min	160min	180min
2	1.746	1.661	1.700	1.664	1.637	1.034	0.523	0.000	0.000
3	1.104	1.031	0.718	0.344	0.017	0.000	0.000	0.000	0.000
5	2.134	1.441	0.277	0.158	0.159	0.000	0.000	0.000	0.000
10	1.425	2.410	1.481	1.253	0.000	0.000	0.000	0.000	0.000
15	2.941	1.212	0.613	0.000	0.000	0.000	0.000	0.000	0.000
20	6.329	1.351	1.370	0.000	0.000	0.000	0.000	0.000	0.000

注:K_i 与 K_{i+1} 代表同一有效围压下煤样在 20min 前和后测得的渗透率值,σ 代表有效围压。

3. 煤岩基块与人造裂缝煤样敏感性的对比

从图 2 - 26 可以看出:煤岩在增压过程中,人造裂缝与基质煤样的 K/K_0 与有效应力成幂指数关系,变化趋势一致。但是人造裂缝煤样 J82 的下降幅度相对要小,说明在有一定裂缝存在时,随有效应力增大,渗透率降低速率相对要慢。人造裂缝煤样在造缝作用下,承受了很大的应力,使得煤样受到很好的压实作用,在有效应力再次作用下,应力敏感有所减弱。

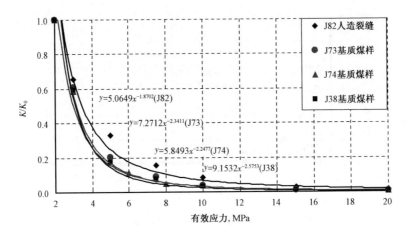

图 2 - 26　煤岩基块与人造裂缝煤样的对比

4　煤岩与砂岩岩心应力敏感性对比

从图 2 - 27 可以看出,砂岩比煤岩应力敏感弱,在外力作用下渗透率下降趋势较缓,在 10MPa 左右,渗透率保持在原来的 45% ~ 90%,随后渗透率下降趋势变弱。用式(2 - 15)来比较砂岩和煤岩的应力敏感强弱:

$$S_s = \frac{\left[1 - \left(\dfrac{K}{K_0}\right)^{1/3}\right]}{\lg \dfrac{\sigma}{\sigma_0}} \qquad (2 - 15)$$

式中　S_s——应力敏感性系数;

　　　　σ——有效应力,MPa;

　　　　K——有效应力点的渗透率,$10^{-3}\ \mu m^2$;

　　　　σ_0——初始测点的有效应力,MPa;

　　　　K_0——渗透率,$10^{-3}\ \mu m^2$。

前人研究表明,常规和致密砂岩储层的 S_s 值分别为 0.1 ~ 0.2 和 0.3 ~ 0.6,实验中的煤岩 S_s 为 0.75 ~ 0.85,表现为强应力敏感,煤岩与砂岩应力敏感之间存在差距主要是有其机械力学性质,孔隙结构,埋藏深度,压实作用等所决定的。

煤岩的机械力学性质为:性脆、易碎、机械强度低、割理发育、易受压缩、杨氏模量低、泊松比高(表 2 - 8)。

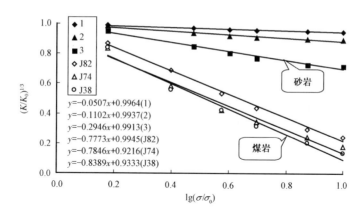

图 2 – 27 砂岩与煤岩应力敏感对比

1、2、3 曲线为砂岩应力敏感归一化曲线；J82、J74、J38 为煤岩应力敏感归一化曲线

表 2 – 8 煤岩与常规储层机械性质对比

参 数	煤 岩	砂 岩	页 岩
杨氏模量，$10^6\,lb/in^2$	0.3 ~ 0.9	1.5 ~ 6	1.6 ~ 6
泊松比	0.27 ~ 0.4	< 0.2	0.2 ~ 0.3

注：$1lb/in^2 = 7.030 \times 10^2\,kg/m^2$。

煤的孔隙主要由基质孔隙和割理（微裂缝）组成，属于典型的双孔隙多孔介质。微裂缝作为渗流通道，很容易在受外来压力的情况下发生闭合，且微裂缝中的支撑部分易被破坏，造成渗透率永久性损害。砂岩为孔隙结构，在外力作用下，基质受到压缩，颗粒排列方式发生变化，孔喉变窄，渗透率降低；外力撤除后，基质在弹性作用下大部分恢复到原来状态，对渗透率造成的伤害不大。

煤埋藏较浅，没有受到很好的压实作用，微裂缝非常发育，对外来应力非常敏感，容易被压实，造成渗透率降低。

5. 含水饱和度对应力敏感性的影响

煤层气藏在开发过程中储层始终有较高的含水饱和度，为了探讨煤层气藏含水岩心的压敏性，选用 3 块樊庄区块的岩心，采取与前面相似的办法，测量岩样的渗透率随有效压力的变化。样品 4、样品 5 与样品 6 的含水饱和度（S_w）分别为 37.5%、45.2% 及 50.5%。

实验结果表明，含水岩心的应力敏感性更明显（图 2 – 28）。与前面干岩心的实验结果对比表明含水岩心的渗透率随有效压力的增加下降更快，应力敏感性更明显，即应力造成的渗透率降低幅度更大、伤害程度更大。围压从 2MPa 增大到 3MPa 时，3 块煤岩样品的渗透率分别降低了 66.0%、50.4% 和 58.5%。前面干岩心的实验结果，渗透率降低幅度均低于 50%。

同时，实验结果表现出含水饱和度越高应力敏感性越强的趋势（图 2 – 29）。对比样

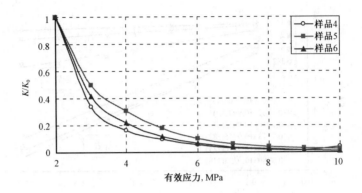

图2-28　围压增加过程中湿样渗透率变化特征

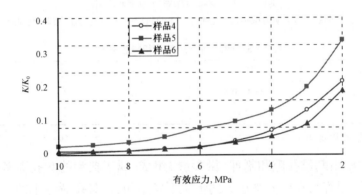

图2-29　围压恢复(降低)过程中湿样渗透率变化特征

品5与样品6,由于样品6的含水饱和度高于样品5,导致样品6受伤害程度更大。

五、应力敏感性的主要影响因素

储层岩石的应力敏感性是客观存在的,并且对储层的渗透率有不可忽视的影响,因此,在实际的生产过程中应该加以重视。岩石应力敏感性的影响因素主要有以下几个方面:

(1)储层原始渗透率大小。一般来说,储层原始渗透率越高,应力敏感性损害程度就越低;原始渗透率越低,则应力敏感性损害程度就越高。当然,对一些特殊岩石来说并非如此。比如某些泥质含量较高的疏松砂岩,原始渗透率一般很高,气测渗透率大于 $500 \times 10^{-3} \mu m^2$,但其应力敏感性程度也高,而且应力敏感性损害后恢复程度低。

(2)储层岩石泥质含量。岩石中的泥质指沉积成因和自生的粘土矿物,包括高岭石、伊利石、蒙皂石、绿泥石和伊/蒙间层等,是由硅氧四面体和铝氧八面体晶片构成的层状硅酸盐矿物。随着有效应力的增加,泥质发生塑性变形,导致岩石孔隙和喉道减小,影响岩石的渗流能力,造成不可恢复的应力敏感性损害。泥质含量越高,应力敏感性损害程度则越强,反之则越弱。

(3)储层含水饱和度(特指气层)。一般来说,气层含水饱和度越高,其对应力的敏感程度就越高。其原因是当储层岩石所受有效应力增加后岩石颗粒发生变形,使岩石孔隙和喉道缩小,这种结果就间接导致了岩石含水饱和度的升高,从而降低了岩石的气相渗透率。储层岩石含水饱和度越高,随着有效应力的增加,其气相渗透率就下降的就越多,应力敏感性损害就越强。

六、应力敏感损害对生产的指导

应力敏感的压力过程如同岩石在成岩阶段或后期上覆压力增加过程,随着有效应力的增加,当岩石颗粒不可压缩时,颗粒之间越来越紧密,孔隙空间越来越小,孔隙之间的连通性越来越差,渗透率也显而易见的减小。

煤岩具有其本身的特性:易脆,埋藏浅,不像常规储层经过长期的成岩、压实作用。在有效应力作用下很容易使支撑裂缝发生塑性变形,产生煤粉,使渗透率大幅度的降低,比常规储层更敏感。

研究储层应力敏感性至少有以下两个方面的意义。

(1)应力敏感对气井产能及工作制度的影响。

目前普遍认为煤层气产出的过程为解吸→扩散→渗流,其生产过程为排水、降压、采气,典型煤层气井产量历史如图2-30所示。研究认为,引起产量下降的原因是多方面的,一方面气体采出引起能量下降,另一方面储层渗透率的降低也是导致产量下降的原因。储层渗透率的降低,也是导致产量下降的原因。

随着排采的进行,气产量不断上升,当压力下降到一定值时,气产量达到峰

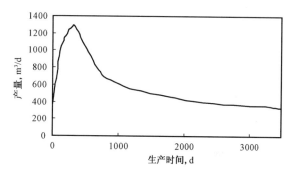

图2-30 典型煤层气井产量随时间变化曲线

值。当压力继续下降,气产量急剧下降,这时煤层的特性表现出来。因为这时的压力下降使得煤层近井筒处压差过大,在井筒附近渗透率下降较快,裂缝的传导能力也下降,导致无法将压力传递到更远处。

煤层气储层的应力敏感性不仅对产能有很大的影响,甚至会影响到现场生产制度的确定。因此,不论是室内实验、理论研究还是现场开采过程中都要充分考虑应力敏感性效应的影响。

(2)应力敏感对压裂产能的影响。

由于水力压裂时在人工裂缝周围形成高应力区,该高应力区的存在降低了裂缝周围煤体的渗透率,尽管裂缝形成了一条较好的渗流通道,但裂缝面基质中反而形成一个低渗透率层。

水力压裂旨在建立具有较高导流能力的主支撑裂缝,同时使煤层中的众多微裂缝相互连通并部分支撑,在煤层中形成复杂的连通网络体系,从而达到改善煤层的裂缝系统,

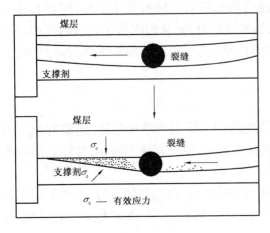

图 2-31　裂缝趋于闭合（据李金海）

提高渗透性，实现增产的效果。然而煤层在上覆静岩压力和构造应力作用下有压密煤层使裂缝闭合之势，抵抗这种闭合作用的有裂缝接触点（或面）上的支撑剂支撑应力和裂缝流体压力（图 2-31）。若排采速率过快，流体快速产出，流体压力降低，有效应力快速增加，裂缝支撑点压力增加，再加上煤的抗压强度较低，将发生支撑剂颗粒镶嵌煤层现象。闭合压力越大，镶嵌越强烈。煤体强度、闭合压力、支撑剂强度都是不可改变的；要延缓裂缝闭合时间，尽可能扩大排采降压范围，就必须严格控制，缓慢降压，尽可能在裂缝闭合之前抽采最大范围内的煤层气。这也正是埋深较大的煤层气藏开发的技术屏障，是目前亟待解决的工艺难题。

第四节　煤层气的敏感性损害评价

工作液中的滤液、聚合物和固相微粒等侵入煤岩的裂缝和孔隙中，会造成煤岩的各种敏感性损害，造成煤岩储层的渗透率下降。工作液注入速度过快，会造成颗粒运移，堵塞吼道并引起速敏损害；水在毛细管力的作用下吸附在煤岩表面、微裂缝和孔隙中，引起水敏性矿物膨胀、分散和运移等，会对煤岩储层造成水敏损害；工作液的 pH 值过高，会对煤岩储层造成碱敏损害；此外，工作液中滤液浸入煤岩的裂缝和孔隙中还有可能引起其他损害的发生，如产生沉淀等，这些损害将难以恢复。

煤层敏感性评价主要包括速敏、水敏和碱敏等敏感性评价，敏感性对煤岩储层造成损害的程度可用岩心渗透率的变化程度来确定。

一、速敏损害评价

煤岩储层粘土矿物有一定程度的发育，加之在外界作业措施或工作液的冲击下煤岩很容易破碎成煤粉。在钻井、采油、增产作业和注水等作业或生产过程中，煤层中的矿物或颗粒脱落下来，分散运移，堵塞孔隙喉道，会造成煤岩渗透率降低，进行速敏评价能够找出由于流速作用导致微粒运移从而发生损害的临界流速，并找出由速度敏感引起的油气层损害程度，为煤岩储层气的生产确定合理的开采速度提供依据。

1. 产生机理

从力学的角度，微粒从砂岩表面释放的条件取决于范德华引力 F_A、双电层斥力 F_R 和水动力 F_H 的相对大小。若

$$F_R + F_A < 0 \tag{2-16}$$

因为 F_R 总为负值,故亦即

$$|F_R| \geqslant |F_A| \tag{2-17}$$

时,则在没有水动力的情况下,微粒在分子热运动的作用下便可脱离砂粒表面。若不满足式(2-16)或式(2-17),但满足

$$F_H \geqslant F_R + F_A \tag{2-18}$$

则微粒可在水动力的作用下脱离砂粒表面。式(2-17)和式(2-18)取等号,可分别作为水敏和速敏的临界条件。

2. 影响因素

Muecke 用微模型研究了速敏机理,用玻璃做成多孔介质,粒径 $2\sim15\mu m$ 的碳酸钙颗粒作微粒,用显微镜观察液体流动时微粒运移的情况,得到了如下结论:

(1)单相流体仅能带动润湿性微粒运移,在流速足以带动较多微粒一起运移时,可在孔隙喉道形成桥堵。流速越大,桥堵越牢固。

(2)单相流动形成桥堵易在反向流动或压力波动时遭到破坏。多相流动因存在局部压力波动,不易形成牢固的桥堵。

这项研究揭示了流速和润湿性对微粒运移的影响,为正确分析和解释微粒运移损害奠定了基础。

上述认识解释了流速和润湿性对微粒运移的影响。流速对微粒运移的影响如图2-32所示。

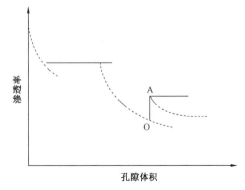

图2-32　速敏示意图
实线—流速小于临界流速;
虚线—流速大于临界流速;OA—反向流动

Sharma 等在玻璃微模型中通过流动和离心试验,进一步研究了粒径小于 $5\mu m$ 的玻璃球从基质表面上释放和运移的定量规律。他们将临界流速定义为微粒释放量达到10%时液体的流速,发现临界流速随 pH 值增加和盐度降低而降低(图2-33,F 为水动力),并发现临界流速随微粒粒度增加而降低。

3. 实验结果评价

由图2-34可以看出:随着煤样流速增加,渗透率不但不下降,反而呈明显上升趋势。其原因可能由于 J22 煤岩颗粒较小,孔喉较大,当流速增大时,煤样中的颗粒被高速流体带出,渗流通道变好,渗透率增大。

从图2-35可以看出:在流速较小时,由于煤岩疏水,水不是润湿性流体,不能使疏水的微粒脱落和运移。由于 J2 煤样本身的颗粒较小,不足以堵塞渗流的通道,被高速流体

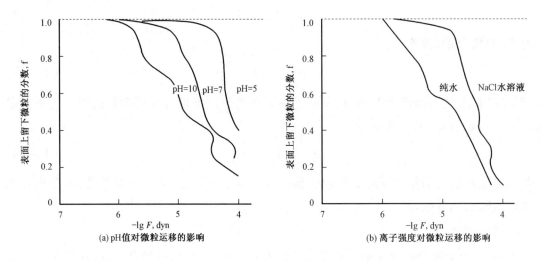

图 2-33　pH 值和离子强度对微粒运移的影响

从岩样中带出,反而使煤岩渗透性增加。在流速大时,颗粒脱落、开始运移,堵塞在吼道处,导致渗流能力变差,渗透率突然变小。

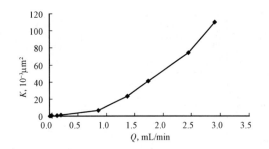

图 2-34　煤样 J22 地层水速敏试验曲线

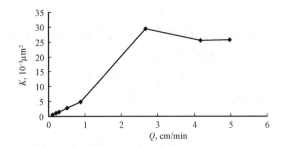

图 2-35　煤样 J2 地层水速敏试验曲线

4. 损害机理分析及生产指导

储层的速度敏感性是指在采气过程中,当煤层气在储层中流动时,由于流体流动速度变化引起地层微粒运移、堵塞孔隙喉道,造成储层渗透率发生变化的现象。实践证明,微粒运移在各作业环节中都可能发生,而且在各种损害的可能性原因中是最主要的一种。微粒运移主要取决于流体动力的大小,流速过大或压力波动过大都会促使微粒运移。地层微粒主要有以下几个来源:地层中原有的自由颗粒和可自由运移的粘土颗粒;受气体冲击脱落的颗粒;粘土矿物在地层水中水化膨胀、分散、脱落并参与运移的颗粒。它们将随流体运动而运移至孔喉处,有单个颗粒堵塞孔隙,也有几个颗粒同时通过孔喉时桥架在孔喉处形成桥堵,并拦截后来的颗粒造成堵塞性损害。

在排采过程中,井筒附近地层流体压力逐渐降低,与外边界形成压力差,驱使远处的气和水向井筒运移。流体在裂缝中的流动势必携带一定量的固体颗粒(煤粉或支撑剂),

流速越大,携带能力越强。排采速率过快将造成单位距离内流体压差过高,从而造成裂缝内流体流速加快。高速流动的流体携带大量的煤粉及支撑剂快速向井筒运移。如果这些煤粉或支撑剂运移到了井筒,还可通过冲洗排出;如果堆积在近井地带,将堵塞裂缝,产生速敏效应(图2-36)。速敏效应的发生使得储层渗透性严重降低,致使煤层气井既不产水,也不产气。速敏效应可通过控制液面下降速率得以最大限度的消除,从某种程度上分析,是可以避免的。

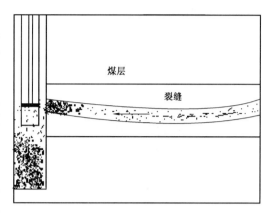

图2-36 速敏效应(据李金海,2009)

煤层气井的排采速率过大将引起速敏效应,而排采速率过小,使排采周期延长,增加生产成本。因此,在排采过程中,应根据不同的地质条件控制排采速率,制定合理的降压制度,使有效应力缓慢的增加,延缓裂缝的闭合,以扩大解吸半径,延长产气高峰期,提高煤层气井的产气量。

二、水敏损害评价

油气层中的粘土矿物在原始的地层条件下处于一定矿化度的环境中,当淡水进入地层时,某些粘土矿物就会发生膨胀、分散、运移,从而减小或堵塞地层孔隙和喉道,造成渗透率的降低。水敏实验旨在了解粘土矿物遇淡水后的膨胀、分散、运移过程,找出发生水敏的条件及水敏引起的油气层损害程度,为各类工作液的设计提供依据。

1. 产生机理

很早以前,人们在进行注水采油时就已经认识到水敏效应,并将其归结为蒙皂石的膨胀,就地堵塞孔隙。直到20世纪50年代中期人们才认识到,没有膨胀性质的高岭石在淡水中容易分散、运移,堵塞孔隙喉道,同样会造成严重的地层损害。由于高岭石在油气层中分布远较蒙皂石广泛,所以近期有关水敏机理的研究工作大多针对高岭石矿物进行的。

可以认为,高岭石与砂粒表面之间存在着范德华引力和双电层斥力,在地层盐水中,范德华引力大于双电层斥力,高岭石能稳定地粘附于砂粒表面。当地层盐水被淡水或低盐度水置换时,由于双电层扩展,高岭石颗粒与砂粒表面双电层斥力增加,而使高岭石从砂粒表面释放下来。

高岭石与砂粒表面之间的势能曲线随盐浓度变化情况如图2-37所示。由该图

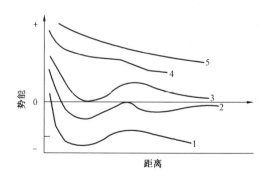

图2-37 微粒—基质表面势能曲线示意图

可以看出势能曲线的位置随着盐浓度的降低由 1 至 5 而逐渐升高,即高岭石与砂粒表面由吸引而逐渐变为排斥,从而使高岭石微粒从砂粒表面脱落运移。

2. 影响因素

1) 盐度递减速率的影响

Jones,Mungan 和 Khilar 等先后指出,在用淡水置换地层盐水时,若降低盐度递减速率,可使水敏减弱,甚至消失。Mungan 的实验(表 2-9)说明了这一现象。Khilar 由此提出了临界盐度递减率的概念,认为只要盐度递减率低于此值,水敏可明显被抑制。

表 2-9　盐度递减速率对渗透率的影响

时间 h	实验 1		实验 2	
	盐度,10^8 mg/kg	渗透率,10^{-3} μm^2	盐度,10^8 mg/kg	渗透率,10^{-3} μm^2
0	30.000	190	30.000	190
1	18.200	180	28.500	187
2	11.200	175	27.100	187
4	4.050	170	24.500	188
8	0.550	100	20.100	188
10	0.200	50	18.200	187
20	0.001	25	11.000	186
40	—	—	4.050	183
60	—	—	1.500	180
80	—	—	0.550	180
100	—	—	0.200	179
150	—	—	0.017	178
210	—	—	0.001	177

注:注入速度为 120mL/h。

2) pH 的影响

Kia 等的研究表明,pH < 2.6 时可抑制淡水的水敏效应,结果如图 2-38 所示;Greefield 等指出,pH 值由 3 增至 9 时,对基质损害很小;Simon 等则通过电镜观察表明,pH 值在 4~6 时损害最小。

3) 粘土稳定剂

粘土稳定剂可抑制粘土矿物水化膨胀和分散运移,并大致可分为无机盐、无机聚合物、表面活性剂和有机阳离子聚合物。

(1) 无机盐:常用的无机盐粘土稳定剂主要有氯化钠、氯化钾、氯化氨、氯化钙和氯化铝。他们主要通过 Na^+、K^+、NH_4^+、Ca^{2+} 和 Al^{3+} 的离子交换作用进入粘土表面的双电层中,压缩双电层,使粘土微粒之间以及粘土微粒和砂粒之间的排斥作用减小,抑制粘土矿物中蒙皂石水化膨胀和高岭石分散运移,从而减少这些粘土矿物产生的水敏效应。

（2）无机聚合物：常用的无机聚合物有羟基铝 $Al_6(OH)_{12}Cl_6$ 和氯氧化锆 $ZrOCl_2$。它们在水中分解为高价、多核无机聚合物，这些多核离子具有很高的正电荷，同带负电荷的粘土表面之间有很强的静电引力，且由于平面形状的多核离子与粘土晶格相似，金属离子可嵌入晶层之间，加强了彼此的吸引力，而且每个多核离子可结合多个粘土晶片，因此它对稳定水敏性粘土的作用比简单的阳离子要有效的多。

（3）表面活性剂：常用的表面活性剂为有机胺类阳离子表面活性剂和石油黄酸盐阴离子表面活性剂。前者可通过离子交换作用吸附于粘土颗粒表面，阻止粘土与其他离子进行交换而起稳定作用；后者可使酸化后大块絮凝状粘土分散开来，然后被洗井液带出地面。

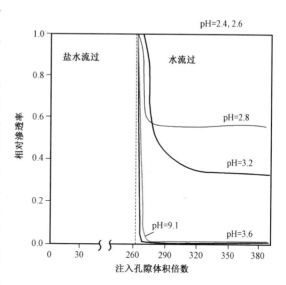

图 2-38 pH 值对淡水渗透率的影响

（4）有机阳离子聚合物：有机阳离子聚合物主要为聚胺和聚季胺类聚合物，因胺基所处位置不同而有不同的结构。有机阳离子聚合物主要靠静电作用迅速与粘土矿物表面上的低价离子进行不可逆交换吸附，通过胺基在其表面上的多点吸附，有效地抑制粘土矿物水化膨胀和分散运移。由于聚合物与表面活性剂分子两亲结构的差异，它在粘土矿物表面上的吸附不但比表面活性剂强，而且不会造成油层润湿反转。

3. 实验结果评价

1）国内煤的水敏实验

通过对晋城晋样的实验，测得的各岩样的渗透率见图 2-39 至图 2-42，K_i/K_f 为不同矿化度水测得的渗透率与地层水测得的渗透率的比值。

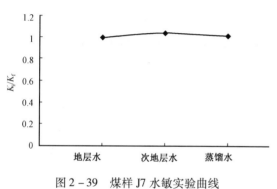

图 2-39 煤样 J7 水敏实验曲线

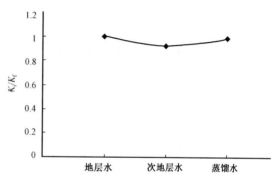

图 2-40 煤样 J15 水敏实验曲线

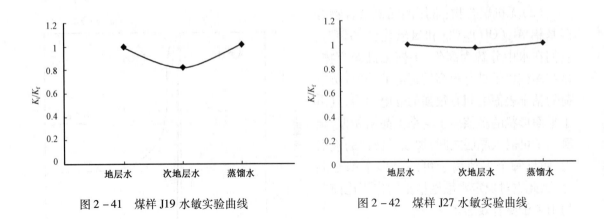

图 2 – 41　煤样 J19 水敏实验曲线　　　　　图 2 – 42　煤样 J27 水敏实验曲线

通过公式 $I_w = \dfrac{K_f - K_i}{K_f} \times 100\%$ 我们可以计算出样品 J7，J15，J19，J27 的水敏指数，如表 2 – 10 所示。

表 2 – 10　晋城煤样的水敏测试结果

样品号	地层水渗透率 K_f，$10^{-3}\mu m^2$	次地层水渗透率 K_{sf}，$10^{-3}\mu m^2$	蒸馏水渗透率 K_w，$10^{-3}\mu m^2$	水敏指数 I_w，%	水敏程度
J7	0.0473	0.0491	0.0480	− 1.48	无水敏
J15	0.0366	0.0338	0.0360	1.64	无水敏
J19	0.1104	0.0904	0.1123	− 1.72	无水敏
J27	0.0447	0.0432	0.0451	− 0.89	无水敏

从图 2 – 39 至图 2 – 42 和表 2 – 10 可以看出：该区域煤样无水敏性，分别用地层水、次地层水、蒸馏水测得的渗透率没有多大的变化，可能是煤样的中水敏性粘土矿物含量较小，不能引起明显的水敏损害现象。

2）国外煤的岩水敏分析

煤样在真空条件下被浓度为 5% KCl 溶液饱和。KCl 浓度依次递减（4% KCl、2% KCl、1% KCl、0% KCl），测定在不同 KCl 浓度时的渗透率，实验结果如图 2 – 43 所示。

从图 2 – 43 中可以看出，随着 KCl 浓度的减小，样品的渗透率也随之减小。0% KCl 时，渗透率曲线降低，呈递减趋势，在注入体积达到孔隙体积 1.3 倍左右后，渗透率保持稳定。当 KCl 浓度提高到 4%（回注）时，渗透率略有升高，但上升幅度不大，比 1% KCl 时的渗透率还低。说明粘土膨胀造成的渗透性损害是完全不可逆的。

煤层储层通常包括一定的粘土成分，包括蒙皂石、伊利石、高岭石、方解石、绿泥石等，这些矿物能够被侵入的不配伍的水基压裂液滤失液所影响，导致煤岩基质膨胀，结果造成相对渗透率大幅度地降低。KCl 具有抑制粘土膨胀的作用，KCl 浓度降低，防膨效果降低，粘土部分发生膨胀，导致渗流能力降低。

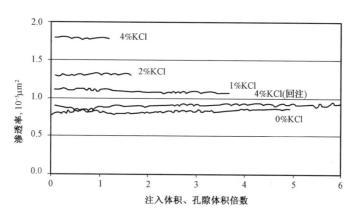

图 2 - 43　水的敏感性分析

4　损害机理分析

水敏性造成渗透率降低的机理有两种:晶格膨胀、分散或运移。

在地层被钻开之前,粘土矿物与地层水达到膨胀平衡,当盐水的化学成分改变或矿化度浓度改变时都可能破坏这种平衡而引起粘土膨胀、分散或运移。煤层的孔隙以微孔、过渡孔为主,粘土矿物的粒径 2 ~ 5μm,所以多出现单粒子堵塞孔喉损害方式。总体而言,由于孔喉尺寸与粘土粒径接近,微粒在孔喉内移动困难,从而粘土矿物的就地膨胀成为水敏性损害的主要原因。

煤岩粘土含量很低,煤岩水化膨胀量微弱,水敏性较弱。由于紊流、高剪切速率或压力波动,使地层微粒脱落和移动,微粒滞留在喉道中而造成损害。评价速敏性用两个参数,一个是临界流速,另一个是发生微粒运移后渗透率降低程度。临界流速反映粘土微结构破坏的难易程度,临界流速越高,说明粘土微结构越稳定。微粒运移对渗透率降低程度的影响,反映出孔隙喉道堵塞的难易程度,喉道越小,渗透率降低越大。

扫描电镜观察揭示,孔隙中常见高岭石,裂缝中多有方解石等充填物。煤岩储层中,裂缝是渗流的主要通道,裂缝通常属于大中孔级别,微粒运移主要在裂缝中发生。

三、碱敏损害评价

地层水分析数据显示,地层水 pH 值小于 7.0,表现为弱酸性。一般钻井液的 pH 值为 8 ~ 11,固井水泥浆 pH 值可达 13 ~ 14。碱敏实验是用地层水加入一定量的 NaOH,配成不同 pH 值的实验流体进行评价,观察岩心渗透率随 pH 变化而变化的响应。不同 pH 值的实验流体进行评价,观察岩心渗透率随 pH 变化后的响应。当进入储层的工作液 pH 值发生变化时,地层中的粘土等矿物会与之发生反应,破坏粘土等矿物的稳定性。此外,工作液 pH 值升高还有可能使储层生成无机垢,这也会引起储层的损害。

通过实验测得的各岩样的渗透率见表 2 - 11。

表 2 − 11 碱敏实验数据表

样品号 ＼ 渗透率,$10^{-3}\mu m^2$	pH = 7	pH = 9	pH = 11	pH = 13	碱敏指数 I_b %	损害程度
J2	4.05	5.02	4.31	3.765	7.037	弱碱敏
J13	0.31	0.114	0.136	0.124	63.226	中等碱敏

根据表 2 − 11 中的数据,以 pH 值为横坐标,以不同 pH 值碱液测定的岩样渗透率为纵坐标,做碱度曲线图,见图 2 − 44。

图 2 − 44 表明煤样 J2 具有碱敏的特征,前两个点随着 pH 值的增加,渗透率变大。当 pH 值增加到 9 时,渗透率开始递减。所以 9 为临界 pH 值。渗透率损害范围在 12.65% ~ 14.14%,说明碱敏损害较弱。

图 2 − 45 中,当 pH 值过了 7 后渗透率急剧下降,从 0.31 到 0.114。此后随着 pH 值的增加,渗透率的变化较为平缓,趋于稳定。说明后期没有出现敏感伤害,伤害出现在前期,即 pH 值在 7 ~ 9 之间。整个实验过程中渗透率损害范围为 8.82% ~ 63.23%,说明碱敏损害为中等。

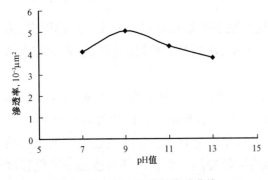

图 2 − 44 煤样 J2 碱敏实验曲线

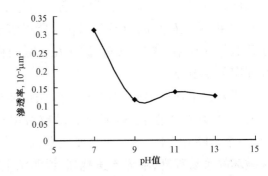

图 2 − 45 煤样 J13 碱敏实验曲线

四、水锁损害评价

1. 水锁(水相圈闭)的基本原理

水相圈闭是相圈闭的主要类型。在油气井压裂作业过程中,由于水基工作液侵入或生产中水的聚集,使井筒附近储层含水饱和度(S_w)从初始含水饱和度(S_{wi})到束缚水饱和度(S_{wirr})再到接近 100% 含水饱和度之间变化,从而导致储层油相或油相渗透率降低的作用或现象,称为水相圈闭损害。也有人认为,"传统的水锁是指储层开发过程中含水饱和度是从束缚水饱和度开始,而水相圈闭损害认为吸水是从初始含水饱和度开始,在后期气藏环境保存完好的情况下,低渗致密气藏初始含水饱和度应当低于束缚水饱和度(张浩,2005)"。从工程完井工程角度来看,重视气藏吸水是非常必要的。

水锁在作业过程中具有如下的特点:

(1)作业过程包括从钻井完井、射孔、压井、增产改造、修井及开发作业;

（2）井筒附近储层中渗流通道可以是孔喉、天然裂缝，还可以是人工水力裂缝；

（3）水可以是工作液滤液，也可以是油藏的凝析水、边水、底水、夹层水；

（4）自然返排时，井筒附近的含水饱和度仅能降至束缚水饱和度 S_{wirr}，无法恢复到初始含水饱和度 S_{wi}。

经过分析认为，引起水锁的重要原因主要有以下几点：

（1）毛细管力自吸作用。

在低渗低孔砂岩油藏中，初始含水饱和度（S_{wi}）低于束缚水饱和度（S_{wirr}）是一种很常见的现象。当 S_{wi} 低于 S_{wirr} 时，储层处于亚束缚水状态。因此，有过剩的毛细管压力存在，当外来流体进入时，就很容易被吸入到孔隙空间中。一般把毛细管中弯液面两侧润湿相和非润湿相之间的压力差定义为毛细管压力，其大小可由任意界面的拉普拉斯方程表示：

$$p_c = \sigma \left(\frac{1}{R_1} + \frac{1}{R_2} \right) \qquad (2-19)$$

式中 p_c——毛细管压力，mN；

   σ——界面张力，mN/m；

   R_1——垂直面切油水界面得到的曲率半径，m；

   R_2——水平面切油水界面得到的曲率半径，m。

（2）液相滞留聚集作用。

稠油储层在各作业过程中产生水的滞留效应称为液相的聚集作用效应。液相的滞留和聚集，是造成水相圈闭损害又一重要因素。侵入储层的外来流体返排缓慢，或返排困难，甚至不能返排，会进一步加重水相圈闭损害。根据 Paiseuille 定律，毛细管排出液柱的体积 Q 为：

$$Q = \frac{\pi r^4 \left(p - \dfrac{2\sigma\cos\theta}{r} \right)}{8\mu L} \qquad (2-20)$$

式中 r——毛细管半径，m；

   L——液柱长度，m；

   p——驱动压力，MPa；

   μ——外来流体的粘度，mPa·s。

若换算为线速率，则式（2-20）可变为：

$$\frac{dL}{dt} = \frac{r^2 \left(p - \dfrac{2\sigma\cos\theta}{r} \right)}{8\mu L} \qquad (2-21)$$

由式（2-21）积分，得到从半径为 r 的毛细管中排出长为 L 的液柱所需时间 t 为：

$$t = \frac{4\mu L^2}{pr^2 - 2r\sigma\cos\theta} \qquad (2-22)$$

由式(2-23)可以看出,毛细管半径 r 越小,排液时间越长。随着排液过程的进行,液体逐渐由大到小的毛细管排出,排液速率随之减小。稠油油藏的喉道半径中值小于 $10\mu m$,故排液较困难。

对水锁效应(微孔毛细管捕集水相(自吸入并滞留)作用)的严重程度进行了定量评价:

$$APJ = 0.25\lg K + 2.2S - 0.5 \qquad (2-23)$$

式中　APJ——水相捕集指数;

　　　K——气相渗透率,mD;

　　　S——储层初始水饱和度,%。

水相捕集作用程度评价标准为:

(1)$APJ > 1.0$ 时,水相捕集作用不明显;

(2)$0.8 < APJ < 1.0$ 时,潜在水相捕集作用;

(3)$APJ < 0.8$ 时,水相捕集作用明显;

(4)APJ 值越小,水相捕集作用越强。

2. 水饱和度在储层保护中的意义

(1)气藏初始含水饱和度(S_{wi})与束缚水饱和度(S_{wirr})的差异。这一差值越大,不利的相对渗透率效应也就越明显,水相圈闭渗透率损害的潜力就越高。S_{wirr} 与孔隙系统毛细管压力曲线几何形态有直接关系。岩石越致密,孔喉尺寸越小,S_{wirr} 越高。利用岩石的毛细管压力曲线中的进汞和退汞曲线可以反映 S_{wirr} 值的大小。致密砂岩储层水相圈闭损害是相当严重的,尤其当岩样的初始水饱和度较低时,水相圈闭损害引起岩样渗透率下降的程度更为明显。

(2)滤液侵入深度。漏失量越多,侵入深度越大,返排越困难。这是因为在同样的压差下,水饱和段长度越长,相应的压力梯度越小,水的流动越困难,水相圈闭问题越严重。

(3)流体饱和度与施加在该体系毛细管压力梯度直接相关,压差越大,产生的毛细管压力梯度就越高,最终剩余水的饱和度就越低。

(4)在水湿地层中,如果初始含水饱和度比较低,那么就容易出现自吸和水锁效应。如果气藏中初始含水饱和度较高,则不易出现严重的水相圈闭损害,但水饱和度高会导致油相相对渗透率低。水湿性气藏,若具有异常低的初始含水饱和度,则水的自吸和相圈闭效应非常明显。

(5)致密气藏的喉道半径小,毛细管压力大,产生的自吸和滞留作用明显。气水的界面张力越大,侵入流体的粘度越大,排液需要的时间越长,水相圈闭的损害就越严重。

(6)当排液压差小于毛细管压力的时候,工作液将无法排出,造成永久性损害。

3. 毛细管自吸水相圈闭损害实验评价

1）毛细管自吸实验装置和实验方法

图 2 - 46 所示为垂向毛细管自吸实验装置示意图。实验利用精度为 0.1mg 的电子天平悬吊测量自吸岩样重量变化,用智能 LCR 测量仪测量自吸过程中岩样电阻率。

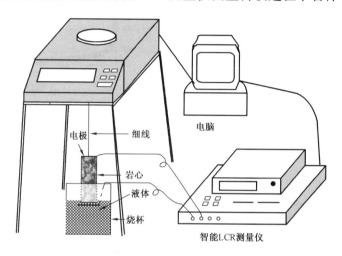

图 2 - 46　毛细管自吸实验装置示意图(据游利军,2006)

　　实验方法如下:选样,模拟地层水建立初始含水饱和度;用细线将岩样悬挂在垂向自吸实验装置中的电子天平下面的挂钩上,连接两电极引线和智能 LCR 测量仪;天平校正和清零,启动智能 LCR 测量仪,记录岩样吸水前重量和电阻;逐渐调节烧杯高度直到岩样在自吸液中浸泡长度在 2～3mm,并开始采集数据;直到岩样重量不再发生变化(至少 5h),停止实验。

2）毛细管自吸实验结果

煤微裂缝发育,具有很大的比表面,容易吸附液体,对渗透率造成损害。图 2 - 47 和图 2 - 48 为煤在毛细管力作用下产生自吸现象的实验结果(PV 表示孔隙体积倍数),可以看出煤的自吸能力随自吸时间的延长,而逐渐减弱。在煤层气开采过程中,煤与工作液接触,引起的毛细管自吸会导致水锁损害,造成气相渗透率下降,严重影响煤层气产量。

3）渗透率损害(看返排渗透率恢复率)

煤样抽真空饱和地层水后,裂缝及孔隙中被地层水所饱和,为了模拟煤层气气开采过程中地层水对渗透率的影响,因此进行了氮气返排渗透率恢复实验。

图 2 - 49、图 2 - 50 为煤样饱和地层水后气测渗透率恢复率与时间的关系曲线图,从图中可以看出,在同一驱替压力作用下,随着时间的变化,渗透率恢复率开始逐渐增大,最后保持不变。随着驱替压力的增大,毛细管中的地层水被缓慢的排除,气相渗透率逐渐增大,恢复率提高。

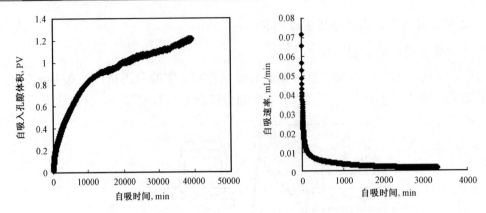

图 2 – 47   3% KCl 自吸结果

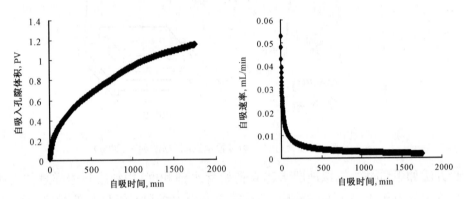

图 2 – 48   清洁压裂液自吸结果

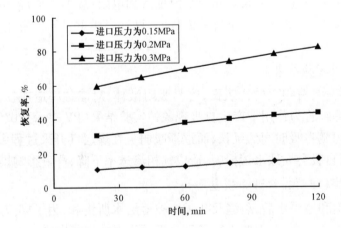

图 2 – 49   煤样 J57 饱和地层水后的渗透率恢复率

4. 水锁损害机理

1) 水锁成因

根据水锁的成因将水锁分为热力学水锁和动力学水锁两大类。

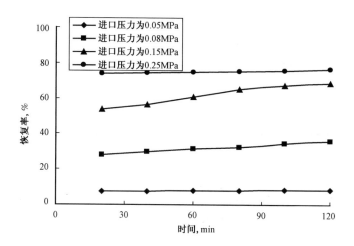

图 2 - 50　煤样 J37 饱和地层水后渗透率恢复率

（1）热力学水锁效应。

假设储层孔隙可视为毛细管束，按 Laplace 公式，当驱动压力 p 与毛细管压力平衡时，储层中未被水充满的毛细管半径 r_k 应为：

$$r_k = 2\sigma\cos\theta/p \qquad (2-24)$$

式中　σ——水的表面张力，dyn/cm；

　　　θ——水的接触角，$(°)$。

按 Purcell 公式，气相渗透率 k 可表示为：

$$k = \frac{\varphi}{2}\sum_{r_i}^{r_{max}} r_i S_i \qquad (2-25)$$

式中　φ——孔隙度，%；

　　　r_i——第 i 组毛细管的半径，m；

　　　S_i——第 i 组毛细管的体积分数，%；

　　　r_{max}——最大孔隙半径，m。

由式（2-24）可见，液体的界面张力 $\sigma\cdot\cos\theta$ 越大，r_k 越大；因此式（2-25）中求和下限越高，油气相渗透率越低。由此可见，排液过程达到平衡时的水锁效应取决于外来流体和地层水表面张力的相对大小，若前者大于后者，则产生水锁效应；若两者相等则无水锁效应；若前者小于后者，不但无水锁效应而且会使油气增产。由于这是以排液过程中达到热力学平衡为前提的，所以就称作热力学水锁效应。

（2）动力学水锁效应。

假设气驱水符合毛细管束模型，由渗流理论，按照 Poiseuille 公式，在驱动压差 p 作用下，从半径为 r 的毛管中克服毛细管力 p_c 排出液体的流量 q 为：

$$q = \frac{\pi r^4 (p - p_c)}{8\mu l} \qquad (2-26)$$

式中 μ——液体的粘度,mPa·s;

  l——液柱的长度,m;

  p_c——毛细管压力,MPa。

将流量转换为线速度,再对时间积分,就得到从半径为 r 的毛细管中排出长为 l 的液柱所需时间 t 的表达式为:

$$t = \frac{4\mu l^2}{r^2 (p - p_c)} \qquad (2-27)$$

毛细管压力 p_c 为:

$$p_c = \frac{2\sigma\cos\theta}{r} \qquad (2-28)$$

从式(2-26)看出,只有当驱动压力 $p > p_c$ 时,毛细管中液体才可能被排出;其次由式(2-27)可知,毛细管半径越小,排液时间越长;再次由式(2-28)知,当毛细管半径 r 变小时,毛细管压力变大,故对某一驱动压力 p_1 就有一相应的毛细管半径 r_1,使得 $p_1 = p_c$,此时高于 r_1 毛细管中的液体将被排出,而低于 r_1 毛细管中的液体只有进一步提高驱替压力,使 $p > p_1$ 时,才能将其中的液体排出;在驱动力 $p = p_1$ 时,低于 r_1 毛细管中的液体则很难被排出,形成水锁;在驱动力足够大时,岩心中液体将逐渐从由大至小的毛细管中排空,岩心渗透率将逐渐得到恢复。由式(2-27)、式(2-28)还可以看出,排液时间 t 随着液柱长度 l、液体粘度 μ 及粘附张力 $\sigma\cos\theta$ 增加而增加,随着压差 p 及毛细管半径增加而减小。因此,外来流体侵入深度大,粘度高及粘附张力高,水锁效应就越大,地层渗透率越高,水锁效应就越小。在低渗、低压的致密储层中,排液过程十分缓慢,即使外来流体在储层中的毛细管力小于地层水在地层中的毛细管力时,仍然会产生水锁。

2) 水锁损害影响因素

水锁效应是造成低渗透气藏产能下降的重要因素,目前普遍认为的影响因素有:气藏初始含水饱和度、滞留水的有效气藏压力、水相物理侵入深度、流动压差、岩石润湿性。

(1) 气藏初始含水饱和度。气藏初始含水饱和度与束缚水饱和度存在差异。差值越大,不利的相对渗透率效应也就越明显,水相圈闭渗透率造成损害的可能性就越大。在相同驱替压力梯度下,气藏含水饱和度上升后,其气体渗透率下降越大,水锁效应伤害越严重。水锁效应所造成的伤害程度与含水饱和度之间呈非线性关系,主要表现为:随含水饱和度的增加,水锁效应所造成的伤害程度上升并逐渐趋于平缓(图2-51)。

(2) 滞留水的有效气藏压力。由于残余流体饱和度是毛细管压力梯度的一个直接函数参数,一般情况下,有效气藏压力越大,有效毛细管压力梯度就越大,最终形成的束缚水饱和度越低。

（3）水相物理侵入深度。水相物理侵入深度严格制约着有效储层压力排出滞留水的能力。一般来讲，侵入深度越深，排出滞留水就越困难，水锁造成的渗透率降低量越大。

（4）流动压差。流体饱和度与施加在该体系中的毛细管压力梯度直接相关，流动压差越大，产生的毛细管压力梯度就越高，最终束缚水的饱和度就越低。

（5）岩石润湿性。对于水湿气藏，若具有异常低的初始含水饱和度，则水的自吸和水锁效应将非常明显。

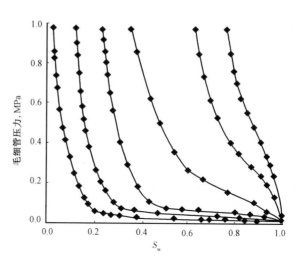

图 2-51　毛细管压力与含水饱和度关系曲线

水锁损害的影响因素还有气测渗透率大小、界面张力、注入流体粘度、驱动压力、孔隙结构、粘土矿物种类及含量等。

3）水锁机理分析

气层中水锁效应产生的原因如图 4-52 所示。图中用气、水相渗透率与岩样的气测渗透率比值作为相对渗透率。AB' 为气体的相对渗透率曲线；BA' 为水的相对渗透率曲线。气驱水时，当岩石中含水饱和度降至 A' 点时，水相失去连续性，便不再减少，此时，A' 点对应的含水饱和度 S_{wirr} 被称为不可降低水饱和度或束缚水饱和度，亦称临界水饱和度。水驱气时，当岩石中含气饱和度降至 B' 点时，气相失去连续性，也不再减少，B' 点对应的含气饱和度被称为残余气饱和度 S_{gr}。

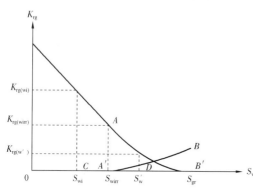

图 2-52　用相渗透率曲线说明水锁机理

早期研究认为，开发前的地层中储层流体驱替已达到平衡，原生水处于束缚状态。近年来的研究发现，地层的原生水饱和度与束缚水饱和度可能相等，也可能不相等。它们的形成机理不尽一致。如果原生水饱和度低于束缚水饱和度，则油、气驱替外来水时最多只能将含水饱和度降至束缚水饱和度，必然出现水锁效应。设原生水饱和度为 S_{wi}（如图 4-52 中 C 所示），束缚水饱和度为 S_{wirr}（A'），它们分别对应的气体相对渗透率为 $K_{rg(wi)}$ 和 $K_{rg(wirr)}$，其水锁损害率 DR 为：

$$DR = \frac{K_{rg(wi)} - K_{rg(wirr)}}{K_{rg(wi)}} \qquad (2-29)$$

造成水锁效应的另一原因是对外来水返排缓慢，在有限时间内含水饱和度降不到束缚水饱和度的数值。由图中水相渗透率曲线 BA' 可以看出,气体排驱水时,水相渗透率随着含水饱和度而接近于零,含水饱和度却在有限时间内达不到束缚水饱和度,设此时含水饱和度为 $S_{w'}$ (如图 2-52 中 D 所示),对应的气体相对渗透率为 $K_{rg(w')}$,则水锁损害率 DR 为:

$$DR = \frac{K_{rg(wi)} - K_{rg(w')}}{K_{rg(wi)}} \qquad (2-30)$$

原生水饱和度低于束缚水饱和度造成的水锁效应和外来水返排缓慢造成的水锁效应相比较,前者的损害率总是小于后者,但前者的损害率对一定储层为一定值,后者的损害率则总是随着时间的增加而逐渐降低,只是降低速度随储层的孔隙结构和外来水的性质及多少而有所不同。

由以上理论分析可知,水锁损害不仅与储集空间的孔喉半径有关,同时也与储集层能量、侵入液的深度、侵入液粘度等有关。由储集层本身特性确定的水锁损害为储层原生水锁损害,是产生水锁损害的根本因素,而储层打开过程等使流体侵入储集层是产生水锁损害的动态因素。

当外来的水相流体渗入油气层孔道后,会将储层中的油气推向储层深部,并在油气/水界面形成一个凹向油相的弯液面。由于表面张力的作用,任何弯液面都存在一个附加压力,即产生毛细管阻力,其大小等于弯液面两侧水相压力和油气相压力之差,并且可由任意曲界面的拉普拉斯方程确定。欲使其流向井筒,就必须克服这一毛细管阻力和流体流动的摩擦阻力。若储层能量不能克服这一附加的毛细管压力,就不能把水的堵塞消除,最终影响储层的采收率,这种损害称为"水锁损害"。水锁损害严重影响气藏开发效果:妨碍气层及时发现和准确评价;增加作业成本;降低天然气采收率;减缓开发进程,资金回收期延长……水锁损害已成为低渗—致密气藏的主要损害类型之一。

水锁损害程度与储层的孔喉大小及分布、储层渗透率、外来流体与岩石的作用压力与时间、原始含水饱和度、地层压力、表面张力、接触角及流体粘度等因素有关。一般而言,渗透率高,外来流体容易进入地层,但也容易返排出来,造成的伤害程度小,所以在中、高渗透性储层一般不考虑水锁伤害。对于低渗透储层,随着渗透率的降低,虽然在同等正压差下加入储层的外来流体的量减小,但毛细管半径减小,自吸作用增加,且这部分自吸水更不容易被返排出来,如果再加上储层低压,水锁伤害程度就显著增加。但当渗透性低到一定程度后,靠自吸作用也不能使外来流体进入地层时,水锁伤害程度又会降低。

5. 防止水锁损害的对策

在实际储层钻进过程中,水锁造成的储层伤害主要是由钻井液滤液侵入引起的。侵入的滤液如果不能及时返排出来,就会导致地层损害,所以防止水锁效应应从两方面着手:一是防止钻井液中滤液侵入地层,这就要求钻井完井液具有良好的流变性能和造壁性能,以减少滤液对储层的侵入;二是由于完全避免液相侵入是不可能的,所以要求钻井液滤液在与储层有良好配伍性的基础上,应具有良好的抑制性能和返排性能。

1）预防原则

（1）尽量避免使用水基工作液。如果确认地层有严重的潜在水锁损害，就应避免将水基工作液引入地层。使用无水的气体类流体作为工作液，如空气、N_2、CO_2、气态烃。使用含水量低的泡沫也可以减轻水锁损害，压裂时采用液态 N_2、CO_2 来代替常规水基压裂液。

（2）尽量减少、甚至避免水基工作液侵入。如果由于技术或经济因素限制，不得不采用水基工作液，而地层又具有强烈的潜在水锁损害趋势，就必须尽可能地减少水基工作液的滤失。钻井完井中，通过调整钻井液性能，加入一定数量和适当级配的固相颗粒，即形成渗透率为零的泥饼来控制滤液侵入深度，达到减小水锁损害的目的。因为渗透率为零的泥饼，其毛细管压力趋于无穷大，完全能够补偿任何致密储层的自吸毛细管压力（屏蔽转向技术的又一重要功能）。如果水锁损害带的深度不超过射孔孔眼的深度，常规的射孔就可以使地层与井眼有效连通。工作液中加入增粘的聚合物，也可以控制滤失，减小滤失量。

（3）降低界面张力，促进工作液顺利返排。保护储层技术的一个基本原则就是，如果工作液不可避免的要进入储层的话，一定要确保侵入的工作液能够顺利返排。通过降低气－液界面张力，实现侵入滤液最大程度的返排，减少单位孔隙体积内滤液的滞留量，削弱水锁损害的不利影响。加入表面活性剂或互溶剂可以起到降低界面张力的作用，若同时注入 CO_2，它的增能作用及膨胀还会局部增大压力梯度，促进滤液反排。

（4）选择合适的工作液基液。作业中正确地选择工作液基液十分重要，借此途径可以防止水锁损害的发生。例如，当在具有潜在水锁损害的地层进行欠平衡钻井时，改用充氮气的烃基钻井液代替充氮气的水基钻井液，就可以消除水相的逆流自吸作用。因为此时对于非润湿相而言，逆流自吸的动力已经从根本上消除了。即使在欠平衡条件下，水相的侵入和圈闭也不能发生。地层为水润湿时，非润湿的烃相侵入地层后，一般居于孔隙的中央，在压差作用下易于返排。水相进入地层则不同，水倾向于吸附、滞留在孔隙壁面，返排十分困难。但是，对于凝析气藏，特别是当地层压力低于露点压力后，井壁附近存在凝析油积液时，使用烷基工作液会引起烃相圈闭，同样可以损害气层。

（5）采用欠平衡钻井作业。欠平衡钻井时，当当量循环钻井液液柱压力低于地层压力时，地层流体源源不断地进入井筒，这时可以减缓滤液进入地层，但逆流自吸和置换性重力漏失仍不可避免。问题出在欠平衡条件下，井壁附近不能形成良好的具有保护性能的泥饼。如果不能维持连续的欠平衡状态，一旦在欠平衡之后又进行过平衡作业，必然发生大量的流体滤失，造成的损害甚至是致命性的。

2）解除水锁损害的途径

（1）注入干气法。长期以来，一个错误的见解认为，形成水相圈闭后，通过长时间的采气生产，气流过损害带就可以把水蒸发掉。众所周知，在气藏温度、压力下，天然气与原生水处于热力学平衡状态，天然气已经饱和了水蒸气，不能溶解更多的水。采气生产只能将水饱和度逐步下降,趋于束缚水饱和度,进一步降低已无可能。通过较长时间的干气(已脱水)或氮气注入,使圈闭带的水蒸发掉则是可行途径。类似地下储气库井的情形,随着管线干气的不断注入,注气井的注入能力也不断增加。如果是高矿化度盐水滞留,注入干气一定要谨慎从事,防止水中盐分结晶析出。

(2)地层热处理法。应用地层热处理可以消除有限厚度气层的水相圈闭及活跃性粘土矿物产生的损害。这项技术使用特殊的井下柔性管传送加热工具。通过柔性管注气并在井下加热,直接处理井眼周围,将热气注入地层。井眼附近热气温度高达500℃以上,处理半径约2m,层厚1.5~2m。这样的高温可以使圈闭的水产生干燥萃取现象,使存在的活性粘土矿物去活性,破坏粘土微结构,甚至还有提高渗透率的作用。

Cimolai(1993)认为水相渗透率取决于介质中水饱和度和介质中存在水时气的分流特征,水相圈闭损害消除可以降低近井带的含水饱和度或者改变气的分流特征。Kamath 等(2003)认为水相圈闭的清除包括流动气相对水相驱替和蒸发,驱替只取决于分流特征。Kamath 水相清除模型表明,即使气相的湿度为100%,岩心中水饱和度也会随着气相的注入而降低。

(3)筛选降表面张力剂。选用合适的表面活性剂降低表面张力,有利于提高储层的渗透率恢复值。选用合适的表面活性剂还可以降低水锁过程中的界面张力,降低毛细管力,防止负压钻井过程中发生水锁,也有利于降低负压过程中的负压值。

第五节　煤层气吸附损害

煤层是由连通性极好的大分子网络和其他互不连通的大分子通道所组成。因此,与砂岩不同,煤层具有很高的吸附或吸收各类液体、气体的能力。煤层吸附液体的后果之一是造成煤层基质的膨胀,其膨胀的程度取决于有机溶剂的化学性质。

我国煤基质的渗透率普遍较低,通常小于 $0.1 \times 10^{-3} \mu m^2$,即使压裂液的吸附导致基质的极轻微的膨胀,也会导致割理孔隙度及渗透率的明显下降而造成伤害,严重影响煤层气的开发。另外,煤对液体的吸附和基质所引起的膨胀是完全不可逆的,即通过降压除掉吸附在煤层上的液体化学剂基本是不可能的。因此,评价煤层对压裂液的吸附性能,定量描述吸附量,将有助于优化压裂液配方,降低对煤储层的伤害,对煤层气资源的有效开发有一定的指导作用。

一、煤对压裂液的吸附量测定

煤对压裂液的吸附量的测定方法分以下 5 个步骤:

(1)将120℃下烘干至衡重后的煤粉充填到模拟煤层吸附管中,并记录充填煤粉的质量 M_1;

(2)将完成一定吸附后的模拟煤层管在120℃下烘干至衡重,并记录吸附压裂液后的煤粉质量 M_2,此时得到煤粉对压裂液的总吸附量(干重)Y,$Y = (M_2 - M_1)/M_1$;

（3）利用 GC/MS 分析测试技术,可测出煤粉吸附前后一些有机添加剂的含量,并计算出其相应的吸附量 Y_i;

（4）压裂液中主要无机添加剂的吸附量 W_j,可通过测定无机物含量的变化计算得到;

（5）胍胶等组分的吸附量,可通过总吸附量(Y)与($\sum Y_i + \sum W_j$)的差值计算得到。

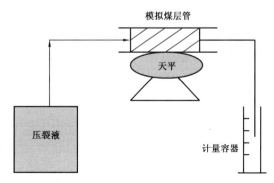

图 2 – 53　压裂液吸附评价装置示意图

二、实验结果与讨论

由于压裂液成分复杂,目前还难以对压裂液中的所有成分进行定量分析,故将这些复杂的成分简化为 3 类吸附组分,即 GC/MS 分析结果为代表的有机组分、无机物分析代表的吸附组分、胍胶及其破胶后的断链有机物组分。

1. 不同煤阶煤对压裂液的总吸附量

在常温常压条件下,以无烟煤和长焰煤为煤样,对线性胶压裂液和破胶后冻胶压裂液(清液)的吸附实验结果见图 2 – 54 和图 2 – 55。试验结果表明,随着压裂液在煤中滞留时间的增加,煤对压裂液的吸附能力增强;且不同煤阶对压裂液的吸附明显不同,总体表现为长焰煤比无烟煤的吸附量高:前者对线性胶压裂液的吸附量为后者的 2 ~ 8 倍,对破胶后压裂液清液的吸附量为后者的 3 ~ 5 倍。这主要是两种煤结构性质不同所致,煤的比表面积越大,其对相同吸附质的吸附量也越大。此外,煤的表面化学性质对吸附量也有一定影响。

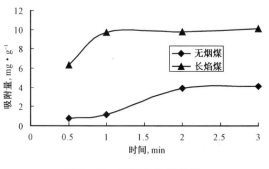

图 2 – 54　不同煤阶煤对线
性胶压裂液的吸附量

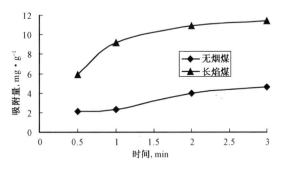

图 2 – 55　不同煤阶煤对破胶后
压裂液(清液)的吸附量

2. 不同煤阶煤对压裂液添加剂的吸附性能

使用 GC/MS 分析仪,测试煤吸附压裂液前后有机物组成的变化(表 2 – 12),结合煤样过滤压裂液的体积(均为 100mL)与煤样的质量,计算煤对压裂液有机组分的吸附量。试验样品均为吸附处理 2h 的煤样和压裂液。

表 2 – 12　煤吸附压裂液有机成分测定结果

类别	有机成分	有机成分质量浓度,mg/L					
		无烟煤吸附前	无烟煤吸附后	吸附值	长焰煤吸附前	长焰煤吸附后	吸附值
线性胶	乙醇	124.2	65.5	58.7	124.2	97.6	26.6
	三乙醇胺	986.1	68.2	917.9	986.1	121.1	865.0
	含氟氯有机物	181.6	169	12.6	181.6	97.9	83.7
破胶液	乙醇	131.0	31.7	99.3	131.0	46.8	84.2
	三乙醇胺	1231.7	25.3	1206.4	123.7	54.2	1177.5
	含氟氯有机物	162.7	140.2	22.5	67.6	67.6	95.1

结果表明,采用 GC/MS 分析仅能检测少数有机组分,对压裂液中含有的高分子化合物及其他水溶性有机物尚难以检测。从已检测的 3 种有机物吸附量变化来看,煤对这 3 种有机物的总吸附量介于 $1.5 \sim 2.5$ mg/g 之间。

根据无机离子含量的变化,可算出煤对压裂液无机成分的吸附量(表 2 – 13)。经过 2h 吸附试验表明,无烟煤对线性胶和破胶液中无机成分的吸附量分别达 0.62mg/g 和 1.09mg/g(表 2 – 14),这说明煤对无机物也有较强的吸附能力。

表 2 – 13　煤对压裂液有机成分的吸附量

类别	有机成分	无烟煤		长焰煤	
		质量,g	吸附量,mg/g	质量,g	吸附量,mg/g
线性胶	乙醇	62.9	0.1	60.4	0.04
	三乙醇胺		1.46		1.43
	含氟氯有机物		0.02		0.14
	总计		1.58		1.61
破胶液	乙醇	60.2	0.16	60.8	0.14
	三乙醇胺		2.0		1.94
	含氟氯有机物		0.04		0.16
	总计		2.2		2.24

表 2 – 14　无烟煤对压裂液无机成分的吸附量　　　　　单位:mg/g

无机成分	线性胶	破胶液
KCl	0.15	0.28
NaOH	0.47	0.81
总计	0.62	1.09

从上述试验结果,得到无烟煤吸附压裂液(或破胶液)中其他有机物(主要为胍胶或其破胶后的断链有机物,后经 IR 分析结果证实)的吸附量:线性胶为 1.7mg/g,破胶液为 0.71mg/g。可见,煤样对有机成分有更强的吸附性能。

从表 2-15 的数据可以看出,用活性水破胶和用 OP 破胶清洁压裂液,所得破胶液的吸附性质有一定区别,煤片对用 OP 破胶的破胶液的吸附量大,接触角小。这也从一个侧面说明 OP 这种表面活性剂对这种煤储层的吸附性比较强,不太适合在该储层使用。

表 2-15　清洁压裂液破胶液与昌试 2 井煤片的润湿吸附性能

破胶液	1# 破胶液(用活性水破胶)	1# 破胶液(用 0.2% OP 破胶)
接触角,(°)	42.5	23.6
吸附量,g	0.3890	0.8524

第六节　煤层气损害评价技术体系

煤岩是孔隙和裂缝都发育的双重孔隙介质,孔隙以吸附并储集气体为主,通常孔径较小,以微孔隙为主;而喉径较大的割理和裂缝则主要是甲烷气流的通道。煤的这种结构特征,决定了外来流体易进入煤层而造成损害。

钻井完井过程中,钻井液对煤岩储层的损害主要表现在以下几个方面:(1)钻井液固相侵入裂缝并在裂缝内沉积,降低裂缝的导流能力;(2)钻井液滤液与裂缝充填的粘土矿物作用,发生碱敏、水敏损害;(3)钻井液通过裂缝侵入煤岩基块,损害裂缝—基块的交界面,进而阻止基块中的气体顺畅地流入裂缝系统中;(4)高分子处理剂吸附与滞留是裂缝壁面的损害之一;(5)钻井液滤液中的水通过裂缝侵入基块,增加了水饱和度,降低了气相的有效渗透率,而且所吸入水难以排出,从而形成水相圈闭损害;(6)侵入的钻井液和气体会引起煤的基质膨胀,也会导致煤层的渗透率下降。

综上所述,煤岩气层潜在损害因素主要有裂缝应力敏感、固相侵入、水相圈闭、化学剂吸附和粘土矿物损害(表 2-16)。从煤岩气层孔隙结构特性和损害机理角度来说,钻井过程采用裂缝屏蔽暂堵技术可以防止工作液固相和滤液的侵入。以气为基液的工作流体与煤层流体、粘土矿物相容,因此气基欠平衡钻井、气基流体的压裂有利于保护气层。注气(N_2,CO_2)保持压力开采可完全避免水和化学剂进入煤层,防止裂缝闭合、水相圈闭、化学剂吸附及粘土矿物等损害的发生,提高单井产量和最终采收率。

表 2-16　压裂过程煤岩气层损害机理和防止措施

损害类型	损害原因和过程	预防和处理措施
水相圈闭	(1)水相饱和度增加; (2)毛细管渗透(正压差); (3)毛细管自吸作用; (4)置换性漏失; (5)亚束缚水状态; (6)煤岩孔隙表面斑状水湿	(1)避免使用水基工作液; (2)降低压差; (3)形成渗透率近于零泥饼; (4)降低毛细管压力; (5)注气(N_2,CO_2); (6)热处理; (7)气基流体压裂; (8)核爆炸

续表

损害类型	损害原因和过程	预防和处理措施
固相侵入	(1)微粒在基块孔喉内沉积； (2)微粒在裂缝内运移与沉积； (3)缝内充填； (4)缝面形成泥饼	(1)形成渗透率近于零的泥饼； (2)欠平衡钻井； (3)控制入井流体固相； (4)深穿透射孔； (5)酸化、压裂
粘土矿物损害	(1)外来流体—岩石作用； (2)碱敏(pH>9)； (3)水敏； (4)盐敏； (5)速敏； (6)酸敏	(1)形成渗透率近于零的泥饼； (2)欠平衡钻井； (3)加入粘土稳定剂； (4)降低 pH 值； (5)选择合理压差，减少波动； (6)低于临界流速开采
应力敏感	(1)基块孔喉尺寸变化； (2)裂缝宽度变化(张开与闭合)	(1)形成渗透率近于零的泥饼； (2)控制作业压差； (3)抑制邻层泥页岩水化膨胀； (4)注气(N_2,CO_2)； (5)特殊结构井
化学剂吸附	(1)高分子聚合物吸附与滞留； (2)孔喉表面； (3)裂缝表面； (4)基块吸附膨胀	(1)气基工作液； (2)使用表面改性剂； (3)合理使用小分子聚合物

参 考 文 献

[1] 郑军. 煤层气储层敏感性实验研究[D]. 成都:成都理工大学. 2006.

[2] 陈进,刘蜀知,钟双飞,等. 压裂液吸附对煤层损害的实验研究及影响因素分析[J]. 西部探矿工程. 2008,(11):62-64.

[3] 贺承祖,华明琪. 水锁效应研究[J]. 钻井液与完井液. 1996,13(6):13-15.

[4] 李前贵,康毅力,徐兴华,等. 煤岩孔隙结构特征及其对储层损害的影响[J]. 西南石油学院学报,2002,24(3):1-4.

[5] 村田逞诊著. 朱春笙,龚祯祥译. 煤的润湿研究及应用[M]. 北京:煤炭工业出版社,1992.

[6] 徐同台,赵敏,熊友明. 保护油气层技术[M]. 北京:石油工业出版社,2003.

[7] 郑军,贺承祖.冯文光,等. 煤层储气层应力敏感、速敏和水敏性研究[J]. 钻井液与完井液,2006,23(4):77-78.

[8] 李金海,苏现波,林晓英,等. 煤层气井排采速率与产能的关系[J]. 煤炭学报,2009,34(3):376-380.

[9] 李前贵,康毅力,徐兴华,等. 煤岩孔隙结构特征及其对储层损害的影响[J]. 西南石油学院学报. 2002,24(3):1-4.

[10] 王欣,杨贤友. 影响敏感性储层主要因素的确定[J]. 钻井液与完井液. 1998,15(6):7-10.

[11] 郑秀华,夏柏如. 压裂液对煤层气井导流能力的损害与保护[J]. 西部探矿工程. 2001,1:55-56.

[12] 杨建. 川中地区致密砂岩气藏损害机理及保护技术研究[D]. 成都:西南石油学院. 2005.

[13] 何汉平. 川西地区新场气田储层损害因素研究[J]. 石油钻采工艺,2002,24(2):49-51.

[15] 张绍槐,蒲春生,李琪. 储层损害机理研究[J]. 石油学报. 1994,15(4):58-65.

[16] 陈忠,张哨楠,沈明道. 粘土矿物在油田保护中的潜在危害[J]. 成都理工学院学报,1996,23(2):80-87.

[17] 陈振宏,王一兵,郭凯,等. 高煤阶煤层气藏储层应力敏感性研究[J]. 地质学报,2008,82(10):1390-1394.

[18] 叶建平,等. 中国煤储层渗透性及其主要影响因素[J]. 煤炭学报,1999,24(2):118-122.

[19] 杨胜来,杨思松,高旺来. 应力敏感性及液锁对煤层气储层伤害程度实验研究[J]. 天然气工业,2006,26(3):90-92.

[20] 单钰铭,童凯军,黄敏,等. 川西深层气藏岩石应力敏感特征及对产能影响[J]. 大庆石油地质与开发,2009,28(3):49-54.

[21] 罗平亚,孟英峰,范军,等. 低压低渗透气藏饱和煤层的应力敏感性及解吸渗流机理[J]. 中国煤层气,1999,2:34-37.

[22] 刘晓旭,胡勇,朱斌,等. 储层应力敏感性影响因素研究[J]. 特种油气藏,2006,13(3):18-20.

[23] Bennion D B,Thomas F B,Ma T. Formation Damage Processes Reducing Productivity of Low Permeability Gas Reservoirs. SPE 60325,2000.

[24] Bennion D B,Thomas F B. Bietz R F,et a1. Remeiation of water and hydrocarbon phase trapping problems in low permeability gas reservoirs. JCPT,1999;38(8):39-48.

[25] Chen Z,Khaja N,Rahman S S. Formation damage induced by fracture fluids in coalbed methane reservoirs. SPE 101127,2006.

[26] A Shedid,Doha,Khalil Rahman. Investigations of stress-dependent petrophysical properties of coalbed methane. SPE 119998,2009.

第三章 煤层压裂液

压裂液是压裂施工的工作液,其主要功能是传递能量,使煤层张开裂缝,并沿裂缝输送支撑剂,从而在煤层中形成一条高导流能力通道,以便水和气由地层远处流向井底,达到增产目的。可见,压裂液是压裂技术的重要内容和关键环节,其性能的好坏直接影响压裂施工的成败和增产效果的好坏。煤层气压裂液的选择必须基于煤层的特性、开采特点,且与储层相匹配,以及在现有施工水平下所能达到的砂液比,使形成的裂缝能够满足煤层所需要的导流能力。

压裂煤层时大多数的异常现象都是因为煤层特殊的机械特征和广泛而复杂的天然割理裂缝。煤层气井压裂的特点主要表现为:(1)煤层的施工压力较常规储层低;(2)多采用活性水、冻胶体系改造煤层,有较大的局限性;(3)煤层对外来化合物非常敏感,极易受到污染;(4)岩性脆软,形成大量的煤粉,且支撑剂容易嵌入煤层;(5)裂缝形态复杂,很难形成单一的长支撑裂缝;(6)滤失量大,极易发生砂堵。

压裂液对于煤层气井压裂具有重要作用。压裂液种类较多,主要有活性水压裂液、线性凝胶压裂液、交联凝胶压裂液、清洁压裂液及氮气泡沫压裂液等,选择用哪种压裂液要根据具体情况而定。表3-1列举了不同压裂液成本、伤害、支撑剂铺置及造缝长度等的差异,从表3-1中总结的来看交联凝胶压裂液和氮气泡沫压裂液压裂效果较好。压裂液对煤储层的伤害应该作为选择压裂液的一个重要考虑因素,因此相对于交联的凝胶而言,氮气泡沫压裂液可能更好一些。

表3-1 各种压裂液的比较

压裂液	成本	地层伤害	支撑剂铺置	支撑裂缝长度
活性水	低	低	差	短
线性凝胶	中等	高	中等	一般
交联凝胶	中等	高	较好	较长
清洁压裂液	中等	低	好	长
氮气泡沫	高	低	好	长

第一节 适应煤层的压裂液体系研究

煤层压裂与低渗透油气藏的压裂有许多不同之处。主要在于:(1)煤储层与常规油气储层的机械性质不同。与常规油气储层相比,煤层的杨氏模量低、泊松比高,且具有特殊的双孔隙结构,割理发育,以及更大的各向异性和不均质性。(2)煤层气的形成、储集、运移、产出机理与常规油气存在较大的差异。煤层气主要以吸附形式存储于微孔隙表面,我国煤层气井的含水饱和度都较高,其产出是一个降压解吸、扩散、渗流的过程。这使得用于常规油气井水力压裂的压裂液和添加剂在煤层气的压裂过程中普遍不适用,结合煤层压裂的相关特性,优化压裂液设计,专门开发针对煤层气藏特性的压裂材料,对经济有效开发煤层气具有重要意义。

另外,煤层气藏化学和机械性质的复杂性使煤层的压裂施工相对困难,而要求压裂液体系和每个气藏的特性配伍性良好,这也增大了压裂设计的难度。在特定的条件下,每种压裂液都有其优缺点。对任何煤层气藏进行优化设计时,都应考虑以下3个重要的因素:

(1)保持地层原有的润湿性,以适当的排水速率来降低煤层压力;

(2)消除煤粉的运移(煤粉的运移能对储层的渗透率、人工裂缝、射孔孔眼等造成伤害,还会影响抽水效率和地面设备运行);

(3)形成长的高导流能力的水力裂缝,使压力传递到煤层的深部并且提高有效的排水通道。

煤粉的表面除了含有大量的疏水基团外,同时含有许多羟基、羧基等强极性官能团,加之煤中掺杂着一定量的无机成分,从而使煤粉具有了一定的亲水性。在范德华力作用下,煤粉表面的烃分子和阴离子表面活性剂的烃基之间发生吸附,其吸附方向是表面活性剂分子的亲水头朝向液相,煤粉表面带负电荷,一般阴离子表面活性剂吸附小于非离子表面活性剂。阳离子表面活性剂对煤粉的吸附最大,但分散性不如阴离子和非离子表面活性剂。

鉴于煤层气储层特点,通常煤储层对压裂液的要求要考虑以下几个方面:(1)煤层储层温度普遍在 $25 \sim 30℃$ 左右,对于低温储层,植物胶压裂液体系的稠化剂用量要较小,而且还要加入低温活化剂来加快压裂液的破胶速度。(2)煤层储层压力系数偏低,不利于压后液体返排,因此要考虑添加高效助排剂来帮助返排,通常,条件允许时可借助液氮助排。(3)煤层水为 $NaHCO_3$ 型,总矿化度为 $1815 \sim 275mg/L$ 左右,平均为 $2496mg/L$,选择压裂液时要注意和地层水的矿化度相配伍,保持氯化钾的合理浓度可以最大限度地降低滤液对储层的损害。(4)煤岩割理裂缝发育且吸附性强,要求压裂液本身清洁,除配液用水应符合低渗层注入水水质要求外,压裂液破胶残渣也应较低,以避免对煤层孔隙的堵塞;(5)煤层储层低孔低渗,要求压裂液具有最大限度的低伤害特性,因此需要选用优质稠化剂,尽可能降低压裂液不溶物残渣而带来的伤害。

压裂液在压裂改造过程中起着极其关键的作用,特别在对有关煤层与含有聚合物、表面活性剂以及其它化学添加剂的压裂液之间吸附、伤害等的研究上,高效能、低伤害的煤层压裂液体系更加具有重要的实际意义。

一、常规压裂液与煤层压裂液的区别

与常规油气储层改造相比,煤层压裂存在自身特殊的一面,主要表现在:(1)同一井孔揭露多煤层,各煤层之间的距离可极小,亦可极大。压裂时可将距离较近的煤层合并处理,较远的则分别处理。因此,在同一井孔要实施多次压裂。(2)压裂后储层中裂缝的分布多种多样(如浅部煤层中形成的水平缝,贯穿多煤层的单条垂直缝,限于单一煤层内的复杂裂缝且可延伸入围岩)。(3)凝胶对储层的伤害较严重。(4)处理压力异常高,伴随 T 型裂缝出现。这些特殊性决定了煤层压裂工艺的复杂性,也决定了煤层气压裂液与油气田压裂液存在着差异,具体主要表现在以下几个方面。

1. 煤比表面积因素引起的区别

煤层与常规的油气储层不同,煤由成分复杂的有机物构成。煤的有机大分子是由许多结构相似但又不同的结构单元组成。结构单元的核心是缩合程度不同的芳环,还存在一些脂环及杂环,结构单元之间由氧桥及亚甲基桥联结,他们还带有侧链和官能团,主要是烷基、羟基、羧基及某些煤中的甲氧基。大分子在三维空间交联成为网状结构。

煤的大分子结构特征决定吸附孔隙的发育程度,吸附孔隙的发育程度可以通过比表面积来表征。低煤级煤结构单元的芳构化程度较低,侧链和官能团发育,分子半径大,大分子的堆积较为疏松,结构单元间的结合也不够紧密,吸附孔隙和吸收孔隙均很发育,表现为煤的比表面积大、吸收孔隙比表面积比小;高煤级煤的结构单元的芳构化程度高,侧链和官能团大量脱落,分子半径变小,大分子的堆积变得致密,同时结构单元排列的有序化加强,随煤化作用程度增高,吸附孔隙变小,部分吸附孔隙变为吸收孔隙,表现为煤的比表面积比低煤级煤要低,但吸收孔隙比表面积比低煤级煤要高,镜质组反射率超过 4.5% 时,煤大分子结构单元因拼叠作用发生"晶化",吸附孔隙和吸收孔隙锐减导致比表面积陡降。煤中有机质并非全部为大分子,在大分子网络结构中一些小分子以氢键及范德华力与其相连,小分子因占吸附位或充填而对吸附和吸收孔隙发育不利。中煤级煤有机质中小分子最多,吸附孔隙和吸收孔隙的发育较高煤级还要差,吸收孔隙的比表面积比也最小。

因此,据本书第二章所述,由于煤岩的比表面积非常巨大,吸收孔隙比表面积小,具有较强的吸附能力,所以要求压裂液同煤层及煤层流体完全配伍,不发生不良的吸附和反应。

2. 煤孔隙结构因素引起的区别

煤(基质)的渗流通道与常规油气储层渗流通道不同,煤(基质)的渗流孔隙主要源于与煤的凝胶化作用、成岩作用有关的胞腔孔、粒间孔、矿物间孔等原生孔隙,还有与煤的沥青化作用、变质作用有关的气孔等次生孔。同时,煤的沥青化作用和变质作用对煤的原生孔隙也有显著的影响和改变。褐煤、长焰煤等低煤级煤的渗流孔隙发育,表现为渗流孔隙的孔容高,一般随成岩作用(压实作用)强度的增加,渗流孔隙(原生孔隙)变小;同时叠加早期煤化作用的凝胶化作用的影响,随凝胶化程度的增高,渗流孔隙(原生孔隙)发育变差,对胞腔孔的影响最为显著。

气煤、肥煤、焦煤、瘦煤等中煤级煤的渗流孔隙发育差,其中焦煤渗流孔隙发育最差,原因可能有三:其一,沥青化作用和生烃作用造成沥青质和液态烃充填和堵塞煤原生孔隙,从可溶物抽提后孔隙明显改善得到证实;其二,高静岩压力使煤原生孔隙发育变差(已证实),深成热变质煤比区域热变质煤(同煤级)的孔容发育要差;其三,煤变质作用形成的气孔尚未大量发育,而瘦煤渗流孔隙的恢复与变质气孔的生成有关。贫煤、无烟煤等高煤级煤的渗流孔隙发育显著恢复,应该与变质气孔大量生成有关,有资料显示,镜质组反射率超过4.5%以后,渗流孔隙的发育又急剧变差。

因此,考虑所述特征,煤基质渗透率发育差,要求压裂液本身清洁,除配液用水应符合低渗层注入水水质要求外,压裂液破胶残渣也应较低,以避免对煤层孔隙的堵塞。

3. 煤层地质因素引起的区别

煤层气的生成、储集和保存有别于常规天然气,这就使两者在成藏条件上有很大差异。因此,对煤层气藏的定义也有不同的观点。煤层气藏边界为边界断层、煤层尖灭线、煤层气风化带下限、含气量下限、埋深上下限等。煤层气富集为具有开采价值的气藏则需要一些地质条件的共同作用,这些地质条件包括构造和成煤环境、生储性良好的煤层、上覆有效厚度、较高的地层压力、稳定封闭的水文地质条件等。我国煤级展布在地域和层域上展现出明显的规律性,这种规律性受控于我国的大地构造特征及其演化,并与成煤时代相关。大地构造活动旋回控制了聚煤作用,从根本上控制了煤层气生成和聚集的空间展布,聚煤期后的构造变动对煤层气的形成和聚集也同样有重要影响。

煤储层主要有以下特点:(1)煤层埋深适中,煤层厚,分布稳定,一般埋深 300 ~ 850m,储层温度较低。(2)煤割理发育,煤基质孔隙度 2.9% ~ 10.5%,连通孔隙中值半径 53 ~ 94μm,以微孔为主,这类煤孔隙特征可使煤比表面增大、吸附能力增强。更重要的是次生割理发育,密度达 530 ~ 580 条/m,宽约 1μm,割理无明显充填。由于煤层中还含有少量的粘土矿物,易发生储层水敏等一系列伤害。

综上所述,煤层气与常规砂岩基岩中天然气不同,煤层气是吸附在煤层内表面上,在砂岩系统中,孔隙压力降低到 500psi($1psi = 6.894 \times 10^{3}Pa$)时,通常所有被捕集的气体都被释放出来了,而在煤层气藏,压力通常要降到 100psi,低生产压差使煤层气藏对流动中的任何阻力都很敏感,压裂液引起的地层损害进一步使产能降低。

渗透率是煤层气藏开采的最关键因素之一,在没有进行压裂改造时,流体和压力传播主要是依靠煤层割理和相关的天然煤层裂缝系统。当煤层与压裂液接触时,煤层会因为吸附水或者压裂液发生膨胀,导致煤层割理孔隙度和渗透率的严重降低,降低程度达到 $\frac{4}{5}$

$\sim \dfrac{9}{10}$,并且不可恢复。如果压裂液的稠化剂或者压裂液的滤饼不能从天然微裂缝中排出,渗透率还会进一步降低。压裂后要清除这些残胶,就要产生一个压降将这些流体从煤层中排出,而煤层气藏压力本身就很低,可能没有足够的能量来有效清除残留的聚合物。煤层压裂液对环境的影响也得充分的考虑,煤层气基于浅层、可能与地下饮用水接触的流体要慎重。因此,压裂液应满足煤层防膨、降滤、返排、降阻、携砂等要求。对于交联冻胶压裂液,尤其要求其快速彻底破胶。

二、煤层对压裂液的要求

我国煤储层渗透率一般均小于 $1 \times 10^{-3} \mu m^2$,杨氏模量低(1990 ~ 4210MPa),外来液体易对煤层产生伤害。煤层和上下隔层的应力(测井曲线的解释、测试压裂)的差别、近井筒压力的反应(煤层破裂机理、射孔方位选择、层位的封隔)、复杂的裂缝形态、液体滤失(煤层隔理、受压力控制的滤失机理)、孔隙弹性效应等难点对煤层压裂提出了一系列的挑战。

压裂液技术关键是解决对煤层的伤害,传统压裂液能够改变煤层基质的润湿性,不利于煤层脱水;为煤层气生产开发的添加剂具有增加水相有效渗透率、保持地层亲水性不变的特性;保持煤表面的润湿性,还能减少微粒运移(微粒运移会降低产液量,堵塞井筒,损坏生产设备)。但煤层气井用压裂液在造缝、携砂能力、返排效率、煤储层配伍性、低成本等指标之间往往存在相互矛盾的关系,很难做到各个指标都兼顾优异的压裂液。

1. 压裂液对煤层的损害

渗透率是煤层气藏开采的关键因素之一,流体和压力传播主要依靠煤层割理和相关的天然煤层裂缝系统。压裂液对储层的伤害表现在常规压裂液的残渣堵塞微裂缝,返排时又会造成煤粉运移。煤粉的运移能堵塞割理、裂缝充填层和射孔眼,也会给人工举升和地面设备带来严重问题。煤粉及煤碎屑也会堵塞裂缝,并聚集起来阻挡压裂液前缘,改变裂缝的延伸方向。因此,降低因煤层割理吸附而导致的损害,产生较长且导流能力较好的人工裂缝,可以延长压力降到储层的更深处,从而有效提高导流能力。

压裂液的吸附作用引起煤基质膨胀和堵塞割理,堵塞的割理系统会限制煤层气的解吸,损害包括以下4个方面。

第一,割理的堵塞而导致的渗透率伤害。煤层是包括微孔隙基质及割理这类天然裂缝网络的双孔隙储层岩石。当割理与水力裂缝相交时,大量压裂液将进入割理,由于压裂液滤饼未必沿整个裂缝壁面到处形成,割理被压裂液堵塞较容易,因此由于割理堵塞所产生的渗透率伤害较砂岩地层严重。若煤层为薄的、低割理孔隙度和高渗透率,压裂液在煤层中侵入将更深,因此伤害的潜在危险比预想的严重。

第二,液体吸附所造成的渗透率伤害。煤层是由连通性极好的大分子网络和其它互不连通的大分子通道所组成。因此,与砂岩不同,煤层具有很高的吸附或吸收各类液体和气体的能力。煤层吸附液体的后果之一是造成煤层基质的膨胀,其膨胀的程度取决于有机溶剂的化学性质。由于煤层总的割理孔隙度仅为1% ~ 2%,即使压裂液(破胶的或未破胶的）的吸附导致基质的极轻微的膨胀，也会使割理孔隙度以及渗透率有较大的下降。且煤对液体的吸附和基质所引起的膨胀是完全不可逆的，即通过降压除掉吸附在煤层上的液体化学剂基本上是不可能的。因此，煤与液体化学剂接触，对于煤层渗透率及割理的孔隙度将造成严重的伤害。

第三，由于煤的易碎性压裂过程中还会产生很多的微粒。在后续的煤层气开采过程中微粒还会继续产生，从而降低裂缝的导流能力。而不像常规的油藏，微粒与粉末大小差不多或成块状堵塞射孔孔眼。携砂的压裂液流过煤层表面产生的摩擦也会产生煤粉。实验用砂浓度为 8lb/gal（1lb = 0.45395kg，1gal = 0.0038m³）的羟丙基瓜尔胶通过典型裂缝。模拟煤层裂缝产生的煤粉与时间成线性关系，见图 3 – 1。

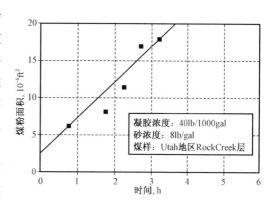

图 3 – 1　实验室流动测试的
压裂液摩擦产生的煤粉

第四，压裂液在割理裂缝中的滞留所造成的伤害。压裂液经垂直裂缝向薄煤层侵入的距离较长以及单流阀效应引起的孔隙压力下降和割理闭合，导致侵入的压裂液滞留其中，会加重对煤层的伤害。

一般情况下，煤层压裂时压裂液的滤失是相当严重的。其危害有限制裂缝的延伸、降低压裂液的效率、极易伤害煤储层、增大脱砂的可能性。控制压裂液滤失的有效措施有以下三种。

第一，前置液中加入 100 目的粉砂，有助于形成滤饼和堵塞微裂缝，从而保证主裂缝的延伸和降低压裂液的滤失量；

第二，正确选择支撑剂尺寸及合理的泵注程序，对限制复杂裂缝扩张及滤失现象非常重要；

第三，泡沫有良好的滤失控制性能，对煤层伤害程度小，可采用泡沫压裂。

因此，煤层压裂所用的压裂液应具有防膨效果好、破乳率高、低残渣、返排率高、流变剪切性能好等特点。

2. 煤层对压裂液的要求

煤层压裂设计之前，应认清压裂措施与煤层深度、厚度和储层特性之间的关系。根据实践经验，Holditch 等人将煤层压裂方案分为 4 种类型：

（1）浅煤层，会产生水平裂缝；

（2）薄煤层序列，会产生一条平面垂直裂缝；

（3）单一厚煤层，压裂裂缝完全被限制在煤层内，同时可能产生复杂裂缝系统；

（4）压裂初期，裂缝被限制在煤层内，到压裂后期，裂缝开始垂直向界外扩张。

煤层在压裂改造过程中势必引起高注入压力、复杂的裂缝系统、砂堵、支撑剂的嵌入、压裂液的返排及煤粉堵塞等问题。因此,在压裂液和压裂工艺的选择与处理上应考虑到煤层储层特点,选择合适的压裂液类型及配方。压裂过程中为控制液体的滤失及堵塞微裂缝保证主裂缝的延伸,要采用适宜的桥堵类降滤失剂(如 100 目的粉砂)。前置液的体积约占总压裂液体积的 40% ~ 50%,以保证压开储层及造缝(表 3 - 2)。

表 3 - 2　压裂液的选择

煤层特点	筛选的压裂液
浅煤层,会产生水平裂缝	线性凝胶或活性水,$1.0 > n' > 0.5$,$0.01 > k' > 0.001$
薄煤层序列,会产生一条平面垂直裂缝	交联凝胶或泡沫,$0.8 > n' > 0.5$,$0.2 > k' > 0.01$
单一厚煤层,压裂裂缝完全被限制的煤层内,同时可能产生复杂裂缝系统	交联凝胶或泡沫,$0.8 > n' > 0.5$,$0.2 > k' > 0.01$
压裂初期,裂缝被限制的煤层内,到压裂后期,裂缝开始垂直向界外	交联凝胶或泡沫,$0.8 > n' > 0.5$,$0.2 > k' > 0.1$

注:n' 为流性指数;k 为稠度系数,$Pa \cdot s^n$。

第二节　煤层压裂液体系

国内外煤层气井应用较多的压裂液类型主要有活性水压裂液、线性胶压裂液、交联冻胶压裂液、泡沫压裂液以及最新出现的表面活性剂清洁压裂液等。国内主要采用活性水压裂液及冻胶压裂液进行压裂施工。

一、活性水压裂液体系

活性水压裂液主要由水、表面活性剂、降阻剂等组成,表面张力在 25 ~ 30mN/m 之间。活性水压裂液由于配制简单,对煤层的伤害较小,在煤层压裂中得到了广泛的应用,但活性水受其自身流变性的影响,压裂改造的规模受到了限制。同时,利用活性水进行压裂,为了保证顺利加砂,通常施工排量较高,裂缝的纵向延伸不易控制,很难形成横向上支撑长度大的裂缝,不利于提高煤层气井单井改造的效果。

1. 加砂水压裂液体系

加砂水压裂采用减阻水或活性水作为压裂液,其优点是成本低,对煤层伤害程度小,但是支撑剂充填效果差、支撑长度短。

1987 年以前,黑勇士盆地进行的水压裂约占总数的 50% 左右,但以后被凝胶压裂所取代。圣胡安盆地采用减阻水进行重复压裂,收到良好的效果,使原来采用凝胶压裂的气井产量提高了 2 ~ 3 倍,在黑勇士盆地进行的一项水压裂与凝胶压裂效果比较的先导性实验,初期(生产时间超过 1.5a)结果表明,水压裂的效果($3256.5m^3/d$)优于凝胶压裂($2265.4m^3/d$),且其成本仅为后者的一半。模拟压裂研究表明,进行水压裂后,并非所有的煤层均被有效地支撑,但由于对煤层伤害程度小,因而压裂效果仍较好。

2. 不加砂水压裂液体系

不加砂水压裂具有成本低、可避免支撑剂回流等特点,适用于现场应力相对较低(如:浅煤层)和诱生裂缝能在自支撑作用下保持敞开状态的地区,且压裂效果相当好。

1990 年 Amoco 公司在黑勇士盆地的主要气田——Oak Grove 气田进行了清水(不加砂)压裂并采用了封隔球,成本仅为加砂水压裂的一半。使用该项技术重复压裂以前进行过凝胶压裂的井,结果产量提高了 2 倍,说明凝胶压裂的确会伤害煤层,且使用封隔球可以打开更多的煤层。

3. 煤粉悬浮剂活性水压裂液体系

目前,煤粉治理已成为煤层气开发过程中的重要问题,合理控制煤粉产出成为煤层气井高产稳产的关键。煤粉是从煤岩表面脱落下来的细小颗粒,颗粒粒径变化范围较大,从 1 ~ 2mm 到约 74μm 不等,大部分甚至更细。煤粉的产生原因比较复杂,首先,煤粉的产生与煤岩性质密切相关,煤岩性质差别很大,特别是软煤,其结构更易破碎,形成的煤粉远远多于原生结构煤。其次,钻具研磨及压裂支撑剂打磨也是煤粉产生的重要原因。另外,应力状态改变也可能导致煤基质破裂,产生煤粉。在煤层气田改造过程中,煤粉很容易被液体带入裂缝的端部,由于表面上含有大量的脂肪烃和芳香烃等憎水的非极性基团,使煤粉表面具有较强的疏水性,在水中分散性很差,从而堆积在裂缝端部起到堵塞作用,这种作用影响了裂缝端部的扩展,从而迫使裂缝改道而重新破裂另一方向的煤层,从而造成裂缝的复杂、弯曲不规则,并使裂缝内压力(或地面施工压力)升高。在煤层气井建成投产后,煤粉迁移直接堵塞煤层天然裂缝系统或堵塞支撑剂充填层孔隙,进一步降低煤层渗透率,干扰煤层气的正常生产,现场生产中会表现出水产量明显降低、煤层气几乎不解吸或少解吸的特点。煤粉还会堵塞泵的吸入口,造成凡尔关闭不严,大幅度降低水泵功效。进入井筒的细微煤粉逐渐堆积呈粘稠状,进入泵内极易造成卡泵现象,在生产过程中需要频繁检泵。

针对煤层物性,为了有效防止煤岩破碎形成的细小煤粉滞留在裂缝端部影响裂缝扩展,或堵塞煤层天然裂缝系统及支撑剂充填层孔隙,降低煤层渗透率,干扰煤层气的正常生产,特研发了一种改善煤粉润湿性能的添加剂,利用其具有的分散作用,改善煤粉的表面活性,促进煤粉在水中更好的分散,使其随着返排液返排到地面,以减少对裂缝及井筒的堵塞,提高煤层气产量。

实验表明该煤粉悬浮剂能有效悬浮煤粉,防止煤粉结块堵塞裂缝及井筒。研制的煤粉悬浮剂 FYXF-3 为黄色液体,属于非离子类表面活性剂,其中的添加剂在煤粉表面的吸附状态是头部伸向水层,尾部伸向煤粉表面,在煤粉表面形成一定的吸附层,外层分散剂极性端与水有较强亲合力,将低能的煤粉表面变为高能表面,使煤粉表面由疏水状态转化为亲水状态,增加了煤粉被水润湿的程度,固体颗粒之间因静电斥力而远离,使体系均匀,悬浮性能增加,不沉淀,随着液体排出地面。该体系性能评价结果如下。

1)煤粉悬浮剂的悬浮性能

向 100mL 水中加入 5g 煤粉,A 量筒中未加煤粉悬浮剂,B 量筒中加入 0.5% 煤粉悬浮剂,5s 分散均匀[图 3 - 2(a)],放置 24h 没有明显分层现象[图 3 - 2(b)],表明该煤粉悬浮剂具有良好的分散悬浮煤粉性能,可有效降低煤粉对井筒及裂缝的堵塞,随着返排液能够顺利返排至地面。

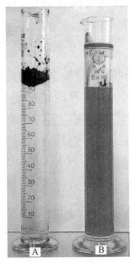
(a) 放置 5s 后的情况

(b) 放置 24h 后的情况

图 3 - 2　煤粉悬浮剂的悬浮性能

2)煤粉悬浮剂的润湿反转性能

针对韩城煤层和以往活性水压裂液特点,重点研究煤粉悬浮活性水压裂液的润湿和吸附性能,由于韩城煤层粘土含量较少,因此活性水压裂液配方中暂未加入 KCl,基本配方为:清水 + 悬浮剂 + 助排剂。

煤粉悬浮剂具有在低浓度时能吸附在煤层表面,降低两种互不相溶的物质(煤和水)之间的作用力的作用。煤粉悬浮剂能有效悬浮煤粉,再加上助排剂协同作用,使压裂液容易返排且更彻底,以减少对储层的伤害。不同液体配方条件下的表面张力见表 3 - 3。由表 3 - 3 可知,煤粉悬浮剂的加入可有效降低水的表面张力,如 0.5% 悬浮剂时,表面张力值 28.54mN/m,助排剂的加入可使表面张力进一步降低到 25.57mN/m,随着悬浮剂浓度的进一步加大,表面张力降低较少,可见 0.5% 悬浮剂是一个比较合适的浓度。

表 3 - 3　煤粉悬浮剂对表面张力的影响

配　方	表面张力报出值,mN/m
水	73.75
水 + 0.5% 悬浮剂	28.54
水 + 0.3% 悬浮剂 + 0.5% 助排剂	27.91

续表

配　方	表面张力报出值,mN/m^{-1}
水 + 0.5% 悬浮剂 + 0.5% 助排剂	25.57
水 + 1.0% 悬浮剂 + 0.5% 助排剂	25.13
水 + 1.5% 悬浮剂 + 0.5% 助排剂	27.06

3)煤粉悬浮剂的吸附性能

对于煤粉悬浮活性水压裂液体系,不单要考查其表、界面张力,特别重要的是要考察其吸附润湿性能,以确定其是否起到了润湿反转的作用。煤粉悬浮剂的吸附性能见表3-4。由表可知,水与韩城煤粉的接触角为72.82°,加入0.5%悬浮剂后,接触角减小为25.62°,进一步加大浓度,接触角变化不大,结合吸附量数值可知,煤粉悬浮剂的最佳用量为0.5%。针对韩城煤样,粘土含量低,煤粉悬浮剂在煤粉上的吸附不但不会造成太大的膨胀伤害,而且可有效改善煤粉表面的润湿性能,防止煤粉结块,利于返排。

表3-4　不同煤粉悬浮剂水溶液与韩城3#煤片的润湿吸附性能

悬浮剂浓度,%	0	0.2	0.5	0.8	1.0
吸附量,g	0.101	0.114	0.151	0.153	0.1429
接触角,(°)	72.82	42.15	25.62	23.34	22.43

4)煤粉悬浮活性水压裂液的伤害评价

压裂液伤害试验结果反映了该液体对地层的伤害程度,是衡量液体配方是否适合地层的一个重要依据。煤粉悬浮活性水压裂液和常规活性水压裂液对韩城3#煤的伤害试验结果见图3-3、图3-4。煤粉悬浮活性水压裂液对韩城3#煤心伤害率小于10%,低于常规活性水(10%~30%),并且返排液能携带出大量煤粉,伤害率更低。

活性水压裂液的缺点:由于煤层的易受伤害性,目前煤层气水力压裂主要是以活性水作为压裂液、活性水伤害小,但粘度低,为了防止煤层割理滤失砂堵,并且增大加砂规模,需要低砂比、高排量。一般砂比低于15%,排量大于5m³/min以上。这样的工艺有以下弊端:(1)施工排量大、摩阻大,工作压力高,施工危险性大。煤岩地层由于泊松比值高,本身施工压力就高,一般要高于相近

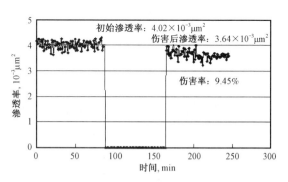

图3-3　0.5%悬浮剂伤害率

井段的砂岩。在大排量的工作条件下,致使摩阻增加,井口压力迅速提高,增加了施工的危险性。(2)进入地层的液量太多,反排时间长及对地层的伤害程度加深。(3)铺砂剖面

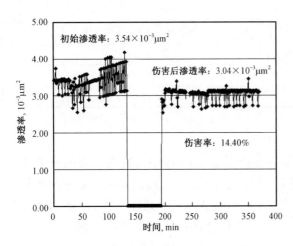

图 3 - 4　2% KCl + 助排剂伤害率

不好控制,难以形成设计的铺砂剖面。(4)裂缝高度不好控制,对裂缝的形态不好控制。

二、植物胶压裂液体系

植物胶压裂液体系主要应用胍胶及其改性产品、香豆胶、纤维素等做稠化剂。水溶性 HPG 聚合物起源于瓜尔胶,可用环氧丙烷合成该聚合物,具有较少残渣和较高温度稳定性的特点。HPG 的分子结构如图 3 - 5 所示。两个甘露糖中间连接一个半乳糖是聚合物链的基本重复单元。

通过交联可以使较少的聚合物达到较高粘度。硼酸盐是煤层压裂中运用最普遍的交联剂。交联后的聚合物结构如图 3 - 6 所示。

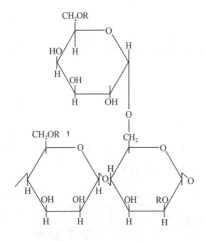

图 3 - 5　HPG 聚合物结构

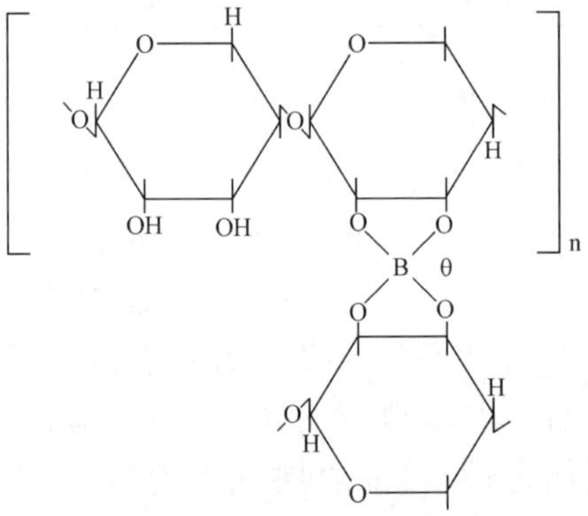

图 3 - 6　HPG 聚合物硼交联结构

稠化剂是压裂液体系中性能参数最重要、成本较高的添加剂。它的选择不仅影响着压裂液的成本,更直接影响压裂工艺实施的成败。由于煤层温度一般都比较低,而且极易受到污染伤害,所以稠化剂的合理选择对压裂成功起着重要作用。稠化剂性能主要以其增粘能力、交联能力和残渣含量表征。对具有相同增粘能力和交联能力的稠化剂,其残渣含量应以重点考虑,据前人研究,稠化剂的残渣将严重影响支撑裂缝导流能力;同时含水率的高低也影响粉剂的用量。在煤层储层温度较低这一特征条件下,选择适当的稠化剂,不但要满足煤层储层的特点、压裂工艺和成本的要求,而且要考虑其残渣对煤层储层的伤害。在国外,煤层气井压裂中一般选择胍胶和羟丙基胍胶为稠化剂。在国内,现有的稠化剂中,各种稠化剂性能差异较大,其性能指标见表3-5。

表3-5 压裂用稠化剂性能对比

稠化剂名称	水分,%	水不溶物,%	1%溶液粘度,mPa·s	pH 值
改性胍尔胶	7.31	10.51	310.0	7.0
羟丙基胍尔胶	8.02	4.82	248.0	7.0
羟丙基胍尔胶	7.94	5.21	241.0	7.0
低浓度胍胶	7.01	4.78	218.0	7.0
羧甲基羟丙级胍胶	7.33	4.39	203.0	7.0

由此可见,羟丙基胍胶及羧甲基羟丙级胍胶具有良好的综合性能,特别是降低煤层污染方面,低水不溶物特性,对煤层储层裂缝网络的伤害,均会大大地减少。同时,在达到相同的基液粘度条件上,增粘能力强的稠化剂势必可降低其用量,也就相对减少了残渣,降低了伤害。在煤层气压裂中,现在应用较多的是羟丙基胍胶,虽然羧甲基羟丙级胍胶也具有良好的性能,但受成本因素制约,使用较少。

1. 线性胶压裂液

由于加入了稠化剂,线性胶压裂液具有一定的粘度。粘度的升高有利于提高其造缝、携砂能力,但也带来了破胶的问题,同时稠化剂的用量直接影响着线性胶压裂液的成本。线性胶压裂液体系的分子结构不同于常规冻胶压裂液体系,线性胶分子是一种线型结构,而交联胍胶为立体网状结构。压裂液体系的流变性能与分子结构有着密切的联系,是评价压裂液体系的主要指标,是影响压裂施工成败的主要因素之一。

这种稠化剂是羟乙基纤维素的一种非离子型衍生物,它是由氯代醇与棉浆粕或漂白木浆制成的碱纤维作用后得到的产物,将难溶于水的纤维素分子结构中引入亲水集团,取代度1.2~2.0。其为白色粉末,吸湿性强,无毒无嗅。不溶于大多数有机溶剂,易溶于冷水和热水中。水溶液粘度200~400mPa·s。对电解质有异常优良的溶解性,做为增稠剂粉剂用量为0.4%~0.6%。它具有较低的水不溶物,基本上为0,相对分子量大于30万,其结构式见图3-7。

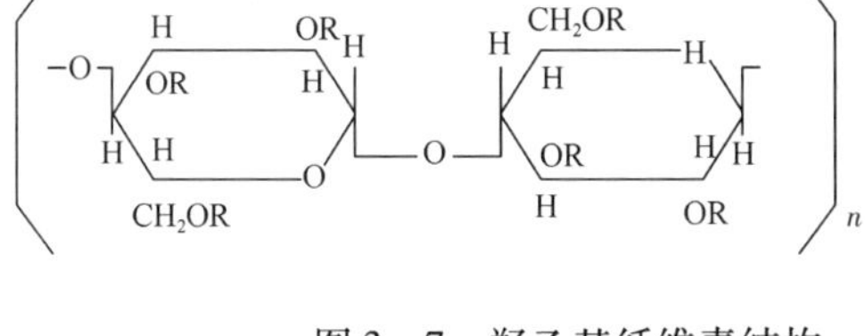

图3-7 羟乙基纤维素结构

线性胶压裂液体系的流变性能见图3-8和图3-9。

稠化剂的线性胶压裂液体系的耐温耐剪切性能,分别进行了浓度为0.4%、40℃条件下的流变实验,具有较好的耐温性能和很强的抗剪切能力。具有线性压裂液的特点,粘度

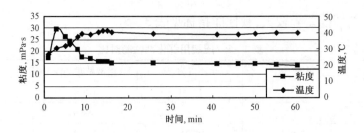

图 3-8　40℃条件下的流变实验

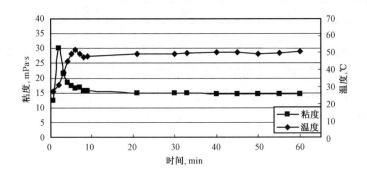

图 3-9　50℃条件下的流变实验

不随着剪切时间延长而下降。

　　煤层气压裂液不但要有较高的粘度以保证造缝及携砂,而且要在所需的时间内破胶,以便返排,减少对煤层的伤害。由于压裂液在不同阶段(前置液、携砂液和顶替液)所起的作用以及所处的位置均不相同,因此为了压后使压裂液快速并彻底破胶,尽快返排,以降低压裂液对煤储层造成的伤害,针对压裂实施的不同阶段,追加不同浓度的破胶剂。从试验结果可见,线性胶压裂液不同配方在 1h 耐温耐剪切试验条件下,既能满足压裂工艺的要求(也就是达到压裂施工所需的造缝及携砂能力),又有使压后压裂液快速破胶的可能。

　　2. 低浓度胍胶压裂液体系

　　压裂液中有许多添加剂,主要有两个功能,一个功能是强化裂缝生成和携带支撑剂,另一个功能就是降低压裂液对地层的伤害。稠化剂、交联剂、温度稳定剂、pH 控制剂和降滤失剂属于前者。粘土稳定剂、破胶剂、杀菌剂、表面活性剂等属于后者。低浓度胍胶压裂液部分或全部由这些添加剂组成,但是所用的稠化剂不是通常使用的羟丙基胍胶,而是经过多次改性的、分子结构上带有疏水基团的改性产品,所用的交联剂也不全部是硼砂或有机硼交联剂,形成高温使用的压裂液冻胶还必须使用温度稳定剂。压裂液配方中的添加剂相互之间也必须满足配伍性的要求。该体系性能评价如下。

　　1)耐温耐剪切性能

　　压裂液耐温耐剪切性能是压裂液的重要性能指标,直接影响压裂液的造缝和携砂性能,使用 RS600 型粘度计,对压裂液进行耐温耐剪切性能和流变性能评价,试验结果如图3-10所示,压裂液有较高粘度,可以满足压裂施工高砂比性能要求。

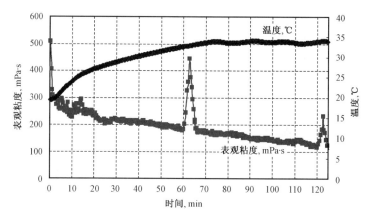

图 3-10　0.25% 低浓度胍胶压裂液流变曲线

2）滤失试验

滤失性能是压裂液的综合性能之一，滤失系数越低，不仅反映压裂液的效率越高，易形成长而宽的裂缝、提高支撑裂缝的导流能力，而且还容易返排，减少滤液对储层的损害。使用美国 Baroid 公司高温高压静态滤失仪，在压差为 3.5MPa 的条件下，测定了该压裂液配方体系的静态滤失性能，其静态滤失系数为 $9.5 \times 10^{-4} \mathrm{m/min}^{1/2}$。

3）润湿吸附试验

润湿吸附性能是衡量交联冻胶压裂液破胶液的一个重要的指标。破胶液进入煤层以后，它与煤层的润湿性在很大程度上影响着压裂液的返排问题。压裂液破胶液、滤液与煤芯片的吸附润湿试验结果见表 3-6。通过以下数据表明，冻胶压裂液破胶液以及滤液将降低水溶液与煤基质的接触角，即改善了煤基质与破胶液的润湿性，煤基质对破胶液中分子的吸附能力增强，因此，其对煤基质的伤害程度随之增大。

表 3-6　压裂液破胶液、滤液表面张力与煤心吸附性能

吸附介质	表面张力，mN/m	接触角，(°)	吸附量，g	吸附速率，g^2/s
清水	72.28	88.4	0.0258	2.158×10^{-8}
破胶液	24.67	74.6	0.0844	4.626×10^{-8}
滤液	25.88	69.2	0.0799	5.379×10^{-8}

4）伤害试验

用煤层煤块制成煤心，进行了不同配方动态伤害试验。伤害率在 60% 左右。

按煤层水化验结果配制模拟煤层盐水，测定伤害前后渗透率，基液中加入 15 万的 APS，交联后在 30℃ 下彻底破胶，取破胶液作为伤害介质。

第一种情况（表 3-7，图 3-11）。基液：0.25% HPG + 2.0% KCl + 0.3% DL-12 + 0.3% LTB-6，交联剂：1.0% 硼砂，交联比：100:3。

表3－7　压裂液破胶液对煤心伤害实验结果之一

伤害前渗透率，$\times 10^{-3} \mu m^2$	5.44
伤害后渗透率，$\times 10^{-3} \mu m^2$	1.95
伤害率，%	64.15

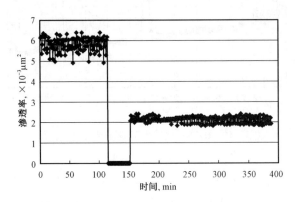

图3－11　压裂液破胶液对煤心伤害实验结果之一

第二种情况(表3－8、图3－12)。基液:0.25% HPG + 2.0% KCl + 0.3% BZP － 2 + 0.3% LTB － 6,交联剂:1.0%硼砂,交联比:100:3。

表3－8　压裂液破胶液对煤心伤害实验结果之二

伤害前渗透率，$\times 10^{-3} \mu m^2$	5.45
伤害后渗透率，$\times 10^{-3} \mu m^2$	2.38
伤害率，%	56.33

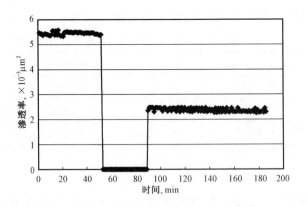

图3－12　压裂液破胶液对煤心伤害实验结果之二

5)破胶实验

水力压裂是煤层气的主要增产措施之一。压裂液是压裂过程中使煤层形成有足够长度和宽度的裂缝并将支撑剂(细砂)顺利带入其中的介质,它是压裂成败的重要因素。交联冻胶压裂液因具有较高的造缝效率和携砂能力,一直受到人们的青睐,但实验表明,其对煤层渗透率伤害达50%~90%,主要原因是煤层温度低(大多处于20~60℃),用常规氧化破胶剂破胶不彻底,交联冻胶压裂液在裂缝壁表面形成滤饼及缝内残胶且难以解除所造成的。常用的氧化破胶剂如APS,由于其活性和温度有关,一般当温度低于49℃时,反应的速度就很慢,需要加入活化剂和提高使用浓度,实验表明,当APS的使用浓度超过0.15%时,基液交联性能受到影响,不能形成可挑挂的冻胶,仅有增稠感,携砂性能大大降低(表3-9)。因此,在低温下APS的使用受到限制,又开发了低温生物酶破胶剂,而这种破胶剂具有良好的低温破胶性能(表3-10)。

表3-9　APS破胶实验结果

	过硫酸铵加量 %	破胶液粘度,mPa·s				
		1h	2h	4h	6h	8h
试验温度30℃	0.09	变稀	10.34	5.88	3.91	—
	0.11	变稀	10.06	4.96	3.19	—
	0.15	变稀	8.09	3.33	—	—
	0.19	变稀	6.81	2.48	—	—

注:(1)基液:0.25% HPG + 2.0% KCl + 0.3% LTB-6;
　　(2)过硫酸铵用量大于15%时,交联不好,基液稍微增稠一些。

表3-10　APS与生物酶复配破胶实验结果

	过硫酸铵加量 %	破胶液粘度,mPa·s				
		1h	2h	4h	6h	8h
试验温度30℃	0.02	—	变稀	—	—	—
	0.05	6.82	4.8	—	—	—
	0.07	5.39	3.92	—	—	—
	0.10	3.59	2.87	—	—	—

注:(1)基液:0.25% HPG + 2.0% KCl + 0.1% LTB-6 + 5ppm酶;
　　(2)基液交联好,可挑挂。

过硫酸铵与低温生物酶复配后不影响基液的交联性能,而且破胶更彻底,更适合煤层用植物胶压裂液体系破胶使用。

三、泡沫压裂液体系

泡沫压裂液是一种液包气乳状液,是大量气体在少量液体中的均匀分散体。泡沫压裂液由液相、气相和起泡剂组成。液相包括线性胶、交联胶、烃类化合物及酒精;气相包括N_2、CO_2等;起泡剂包括阳离子表面活性剂、阴离子表面活性剂,非离子表面活性剂、混合型表面活性剂等。起泡剂的性能对泡沫压裂液的性能影响较大,因此,泡沫压裂液对于起泡剂主要有以下要求:

(1)起泡性能好,泡沫基液与气体接触后可产生大量泡沫,即泡沫体积膨胀倍数高;

(2)泡沫具有较好稳定性;

（3）抗污染能力强，与其它流体配伍性好；

（4）用量少、成本低；

（5）起泡剂制造原料充分、供应货源广泛。

泡沫压裂液根据其组成的不同可分为稳定泡沫、高级泡沫、酒精泡沫和稳定油基泡沫等几个类，特性见表3-11。

表3-11　常用泡沫压裂液特性表（据李玉魁,2003）

名称	液相	特点
稳定泡沫	水或线性聚合物溶液	容易配制,流变性好,控制滤失性好,稳定性好
高级泡沫	交联聚合物溶液	粘度高,在高支撑剂浓度和高水力压力下稳定性好
酒精泡沫	20%～40%酒精	适用于干层、低含水层和水敏性地层
稳定油基泡沫	烃类化合物	不含水和水敏性地层使用

压裂液泡沫体按气体含量的多少分为两种体系，泡沫质量低于60%的为增能体系，一般用作常规压裂后的尾追液（后置液）帮助返排；泡沫质量60%～90%的称为泡沫体系。通常施工所用的泡沫压裂液，泡沫质量（井底温度压力条件下）多在65%～85%之间。泡沫压裂液的优点有以下几个方面：

（1）注入泡沫压裂液到裂缝中，增加了排液的能量，从而易于排液。

（2）泡沫压裂液自身具有良好的防滤失作用，因为气液两相滤失于地层后，任何一相的渗透率都会降低。泡沫中的液相又相对较少，二者共同的作用将大大减少对地层的伤害。

（3）泡沫压裂液有足够的造缝能力。

（4）泡沫压裂液的摩阻比水要低40%～66%。

尽管如此，泡沫压裂液也有一些缺点：

（1）由于井筒气—液柱的压力低，压裂工程中需要较高的注入压力；

（2）使用泡沫压裂液的砂比不能过高，在需要注入高砂比的情况下，可先用泡沫压裂液将较低砂比的支撑剂带入，然后在泵入可携带高砂比支撑剂的常规压裂液。

泡沫质量为65%的泡沫压裂液与常规水基压裂液滤失性能进行对比试验，结果见表3-12。由表3-12可知，由于泡沫是气液两相体系，泡沫流体较水基压裂液具有显著的降滤失作用，而交联泡沫压裂液则具有更低的滤失量。

表3-12　不同泡沫压裂液体系静态滤失性能对比（据刘晓明,2004）

配方	温度(T),℃	滤失系数(C_m),10^{-4}m/$\sqrt{min}$
线性泡沫	80	5.875
交联泡沫	60	3.032
	80	3.821
	100	4.703
水基冻胶	80	7.562

1. 泡沫压裂液性能评价

1)泡沫压裂液的流变性能

泡沫是一种既典型又复杂的非牛顿流体,具有剪切变稀的特征。泡沫的流变模式一般以假塑性为主,其次为宾汉模式,当泡沫质量较低时,则可表现为牛顿流体特点。研究表明,泡沫流变性与下列因素有关:

(1)在高剪切速率下泡沫表观粘度只与泡沫质量有关;

(2)剪切速率一定时,泡沫表观粘度随泡沫质量的增加而增加;

(3)泡沫质量低于54%时,泡沫具有牛顿流体的性质,此时泡沫的流变性类似于基液,当泡沫质量大于96%时就变成雾状。

(4)当泡沫质量在54%~96%时,泡沫表现为非牛顿流体,具有剪切变稀的性质。

David 等人的研究结果表明,静止的泡沫具有适度的静切力,并随泡沫质量的增加而增加,如图3-13所示。

随着温度升高,泡沫压裂液的流动指数 n 随之增大,稠度系数 K 减小,即泡沫压裂液越接近牛顿流体;泡沫质量增加,泡沫压裂液的流动指数 n 随之减小,稠度系数 K 随之增大,见表3-13。

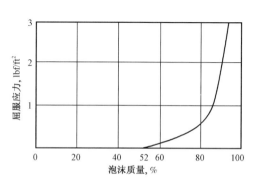

图3-13 泡沫的屈服应力

表3-13 交联泡沫压裂液的流变参数

温度	泡沫质量55%		泡沫质量65%	
	稠度系数,$Pa \cdot s^n$	流性指数,n	稠度系数,$Pa \cdot s^n$	流性指数,n
40℃	2.012	0.4215	2.267	0.3987
60℃	1.765	0.4406	1.924	0.4112

2)泡沫压裂液的滤失性能

压裂液向煤层内的渗透性决定了压裂液的压裂效率,通常情况下用滤失系数来衡量压裂液在裂缝内的滤失量。压裂液滤失系数与压裂液特性、煤层特性以及煤层内流体特性密切相关。泡沫质量为55%的氮气泡沫压裂液在60℃、3.5MPa 条件下的滤失系数为 $2.5 \times 10^{-4} m/min^{1/2}$,明显小于常规冻胶压裂液的滤失系数。由于泡沫压裂液的液相很少,仅占10%~50%,氮气在压裂液中形成泡沫,液体粘度增大,也增加了毛细管力,使液相在地层的有效渗透性降低,减少了压裂液的滤失,使滤入地层的液相减小。在施工时,对泡沫压裂液采取快速破胶技术,关井裂缝闭合后,氮气以高速携带水化液返排至地面,滤液与地层接触时间很短,且有部分残渣会被泡沫排出,使裂缝导流能力提高,因而泡沫压裂液对地层伤害很小。

3）泡沫压裂液的耐温抗剪切性能

压裂液在管道中流动和通过孔眼进入地层的过程中，随着温度升高的同时受到机械剪切降解、热降解等作用，聚合物中的高聚物分子链发生断裂，使压裂液的表观粘度有所下降。由于压裂液的表观粘度直接影响到施工过程中压裂液的携砂性和流变性等，所以需要对压裂液的耐温抗剪切性进行测试研究，如表 3 – 14。

表 3 – 14　泡沫压裂液的耐温抗剪切性能

时间, min	温度, ℃	表现粘度 η, mPa·s
1	19.8	185.2
5	29.4	213.3
10	48.7	187.8
20	60.2	177.3
30	60.3	161.7
40	59.8	151.5
50	60.5	144.7
60	60.1	132.3
70	60.3	89.2

由表 3 – 14 可以看出：泡沫压裂液体系的表观粘度先随剪切时间的增加而增大，然后再随时间减小。在最高温度 60℃ 条件下，剪切 60min 后表观粘度仍大于 120mPa.s，说明该泡沫压裂液体系能够较好的适用于煤层气井的压裂施工，在 60min 的施工时间内压裂液体系仍具有较好的粘度悬浮支撑剂。

煤层气与石油天然气相比，不仅生成和赋存状态不同，产出机制也不一样，国外已于 20 世纪 90 年代将 CO_2 泡沫压裂技术成功地应用到了煤层气的储层改造中。我国的煤层气储层多为低压低渗储层，且含有一定的粘土矿物，经过近几年的探索和研究，认为煤层中利用 CO_2 泡沫压裂工艺技术和 CO_2 吞吐工艺技术可以有效地改善煤层的原始结构，提高煤层的有效渗透率，促进 CH_4 的解吸，增加煤层气井的产能。提高煤层气开发的经济和社会效益。

由于 CO_2 的相态变化特征，还应该研究 CO_2 泡沫压裂液在煤层中的适应性。CO_2 泡沫压裂技术的关键是 CO_2 泡沫的质量，事实上，CO_2 在不同的条件下以气、液、固三种相态存在。正如 CO_2 相态图（图 3 – 14）所示，在三相点（ – 56.6℃ 和 0.531MPa），CO_2 以气、液、固三种相态同时存在；而在 CO_2 气态临界温度点（31.04℃）以上，CO_2 在任何压力下均以气态方式存在。

因此，为确保 CO_2 泡沫压裂作业能够形成高质量的 CO_2 泡沫，被压裂煤层的原始温度应高于 40℃，以保证使液态 CO_2 变成气态和形成泡沫。而对于低温煤储层而言，针对其原始压力，要想实施 CO_2 泡沫压裂，地面泵注 CO_2 与压裂液的比例将高达 50% 以上，在地面

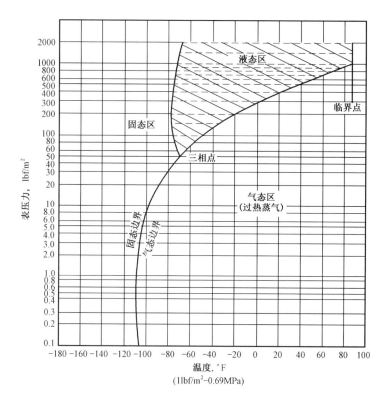

图 3-14　CO_2 相态分布曲线

如此高比例的注入 CO_2，对 CO_2 进行加热使其气化，其难度较大。即使加热使其气化，在井筒形成 CO_2 泡沫压裂液，井筒静压将增加一倍以上，势必提高施工泵压。

2. 泡沫压裂液应用实例

在美国圣胡安盆地，1988 年以前的多数煤层气井打在北部的超压区中，因此很少使用泡沫压裂处理。近几年，在盆地南部欠压与欠饱和地层中也钻了一些煤层气井，其中90%的压裂作业使用了氮泡沫压裂方法。在黑勇士盆地，因煤层压力较高或略微欠压，所以没有大量开展泡沫压裂处理。利用氮泡沫作为压裂液具有便于通过诱生裂缝排液、不会滞留未破胶的压裂液、对煤层伤害程度轻、可加快煤层气解吸速度、携带支撑剂能力强、滤失量小等优点。不足之处是成本高、质量难以控制以及很难用流变特性来描述等。

四、清洁压裂液体系

1997 年，随着粘弹性表面活性剂技术的发展，压裂液的研制和开发取得了突破性进展。一种无聚合物的新型压裂液被研制出来，它的出现解决了油气田压裂中常规水基压裂液破胶、返排不彻底及在地层中形成滤饼等问题。一般认为，清洁压裂液遇石油及天然气可以破胶，因为当清压裂液与地层原油、天然气接触时，由于胶束的内部是亲油的，烃分子钻入到胶束的内部使胶束膨胀，相互缠结的棒状胶束就会松开，棒状胶束向球状胶束转变,使液体粘度降低,最终变成单个分子,溶于烃中。当清洁压裂液被地层水稀释时,也会因表面活性剂的胶束破坏而失去粘度,在油井或天然气井中,都会含有游离状态的烃类物质,因此不需要加入破胶剂。但在煤层中,由于煤层气大都以吸附方式附存于煤层孔隙中,有时基本上没有游离气。考虑到煤层中没有游离气而且水量很少的情况,煤层清洁压裂液就必须加入破胶剂,使其返排彻底。

1. 清洁压裂液的成胶机理

清洁压裂液主要成分包括长链的表面活性剂和有机盐。首先将表面活性剂的液体注入水里,不断搅拌,使表面活性剂完全分散,实现压裂液的充分稠化。此类表面活性剂是一类具有特殊性质——粘弹性的表面活性剂,其在水中形成一种表面活性剂的疏水基向里、亲水基向外的胶束结构,此结构称为微胞。随浓度的增大,微胞变得像杆状或蠕虫状。加入有机盐平衡了粘弹性表面活性剂阳离子间的电荷斥力,使表面活性剂分子排列得更为紧密,如果粘弹性表面活性剂的浓度超过临界胶束浓度(CMC),这些蠕虫状的微胞胶束便缠绕在一起,形成一种处于动态平衡之中的三维网络结构,阻止液体流动,网状胶束结构使表面活性剂胶束溶液具有了凝胶性质,溶液粘度大幅度增加并具有了一定的弹性。

针对煤层特点,研发了一种具有形成粘弹体功能的双生阳离子表面活性剂 SF 系列,该剂较常用季铵盐阳离子表面活性剂多一个阳离子基团,具有较高的表面活性,低使用浓度,且具更低的表面张力(0.1% 浓度表面张力 26mN/m),有利于液体返排,其形成的网状结构更长,耐剪切,在低粘下有较好的携砂性能,且没有造壁性,不形成滤饼和残渣,减小了对储层的伤害。表面活性剂相对分子量小于 500,分子体积仅为聚合物的 1/1000,所以该体系和聚合物压裂液相比更易清除,提高造缝能力并有效控制缝宽和缝高,更低的结晶点(4℃),适宜在低温下使用,无残渣,降低对地层的伤害。

清洁压裂液是由阳离子表面活性剂与有机酸反离子作用形成的具有粘弹性质的体系,对成胶机理模型图的验证实验包括以下两种:

(1)流变仪测定粘性模量和弹性模量验证体系为粘弹体系。

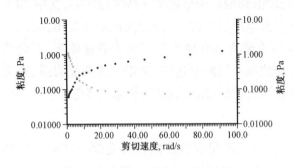

图 3 – 15　粘弹性压裂液粘弹性

从实验结果(图 3 – 15)看该体系弹性远远大于粘性,属于弹性体系。

(2)扫描电镜测定交结缠绕形成的网状结构。

将清洁压裂液样品在低温下进行制样,在环境扫描电镜下观察其结构形态。实验结果见图 3 – 16 至图 3 – 17。图中分别是高浓度和低浓度的 FNT 粘弹压裂液放大了相同倍数的网状结构。从图中

可以看出表面活性剂与有机盐作用后,形成了网状结构。压裂液性质与这种网状结构基本骨架的粗细、疏密程度紧密相关,不同浓度的表面活性剂形成的网状结构有明显的区

别。表面活性剂浓度高的压裂液,形成的网状结构比较粗,有更好的携砂性。从某种角度讲,电镜实验可以作为优化配方的一个辅助手段。

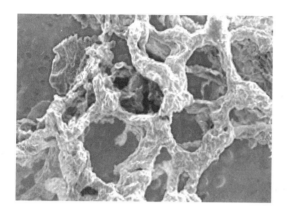

图 3 - 16 高浓度粘弹压裂液网状结构

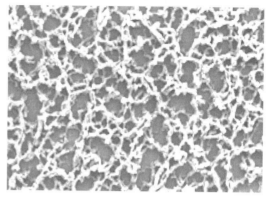

图 3 - 17 低浓度粘弹压裂液网状结构

2. 清洁压裂液性能评价

1)流变实验评价

利用 RS600 流变仪测试清洁压裂液(配方:1% 表面活性剂 FYBS + 0.5% 有机盐 FYGB)的流变性能,实验曲线见图 3 - 18。在 30℃下 170s^{-1} 剪切 1h,压裂液粘度保持在 40mPa·s 左右,能满足施工携砂要求。

2)动态线性膨胀实验

将清洁压裂液中加入 0.02% 的 OP - 10,彻底破胶制得破胶液,破胶液粘度为 3.26mPa·s。用 150 - 80 动态线性膨胀仪测试晋城 3$^{#}$ 煤与不同实验液体的动态线性膨胀率,见表 3 - 15。

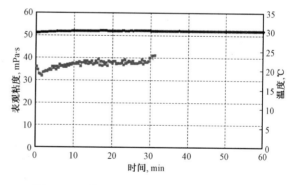

图 3 - 18 粘弹性表面活性剂压裂液流变曲线

表 3 - 15 实验液体与晋城 3$^{#}$ 煤粉膨胀实验数据

实验液体	膨胀量,mm									膨胀率 %
	10min	20min	30min	40min	50min	60min	70min	90min	120min	
蒸馏水	0.61	1.12	1.42	1.62	1.79	1.91	1.99	2.08	2.09	—
2% KCl	0.78	1.03	1.18	1.29	1.29	1.31	1.32	1.33	1.33	36.89
清洁压裂液破胶液	0.37	0.49	0.58	0.69	0.73	0.80	0.85	0.94	0.99	53.39
煤油	0.01	0.01	0.01	0.02	0.02	0.02	0.02	0.03	0.03	—

从实验数据可知,清洁压裂液破胶液对煤粉有很好的防止其膨胀的性能。由于清洁压裂液破胶液中主要成分为阳离子表面活性剂,本身具有较好的稳定粘土的作用,在压裂施工过程中能有效防止粘土的膨胀,减小粘弹压裂液对煤层的伤害。

3) 润湿吸附实验

煤的多孔结构不仅增大了其比表面,同时还提供了吸附物凝聚所需要的空间。在压裂过程中,压裂液与煤基质相接触,使得煤基质对压裂液的吸附成为可能。利用全自动张力仪的吸附测量模块,测得实验液体与煤粉的接触角及吸附量结果见表3-16。从实验结果看,压裂液破胶液与煤粉的接触角和吸附量与煤层水比较变化不大,没有改变煤粉的润湿性能,有助于压裂液的返排,减少对煤层的伤害;而另外两种添加剂对煤粉的接触角变小,吸附量变大,对储层潜在的伤害较大。

表3-16 不同表面活性剂水溶液与晋城3#煤的润湿吸附性能

添加剂	韩城水		清洁压裂液破胶液	OP		DL-10	
	地下水	地表水					
浓度,%	—	—		0.10	0.30	0.10	0.30
接触角,(°)	66.4	63.2	58.44	37.8	28.8	42.1	43.3
吸附量,g	0.00489	0.00523	0.00664	0.01265	0.02548	0.00896	0.00785

4) 动态伤害实验评价

由于煤的脆性很强,取标准煤芯困难,实验采取人工充填模型方式,在岩心夹持器中装入一定量的煤粉,在一定压力下制成煤芯柱,在动态滤失仪上测试煤芯柱通过标准盐水后的初始的渗透率,再将待测液体反向注入煤芯柱中,直至流出10g液体,关闭实验2h,然后再用标准盐水测定用实验液体伤害后煤芯柱的渗透率,结果见表3-17、图3-19至图3-20。可以看出,清洁压裂液对煤层伤害比交联冻胶压裂液小,但比活性水的还是大一些。清洁压裂液破胶后几乎没有残渣,不会堵塞缝隙,造成伤害较大的主要原因应该是清洁压裂液在煤粉上的吸附。

表3-17 不同煤粉伤害实验评价结果

实验液体	伤害前渗透率,$\times 10^{-3} \mu m^2$	伤害后渗透率,$\times 10^{-3} \mu m^2$	伤害率,%
1% KCl	4.29	3.57	16.78
羟丙级瓜胶压裂液破胶液	9.69	3.29	66.05
清洁压裂液破胶液	3.29	2.42	26.44

注:(1) 羟丙级瓜胶压裂液破胶液:0.3% GRJ+0.4% BS+15/万 APS,彻底破胶,破胶液粘度4.27mPa·s。
(2) 清洁压裂液破胶液:1% 表面活性剂 FYBS+0.5% 有机盐 FYGB。

5) 悬砂性能评价

清洁压裂液是一种具有黏弹特性的流体,胶束之间的作用形成三维立体网络结构,对支撑剂的沉降速度有一定影响。将压裂液装入200mL量筒中,加入60g兰州石英砂,沉降速度为6.72×10^{-4}mm/s,而国外报道的为$8 \times 10^{-3} \sim 8 \times 10^{-4}$mm/s,因此压裂液体系可以满足悬砂的需要。

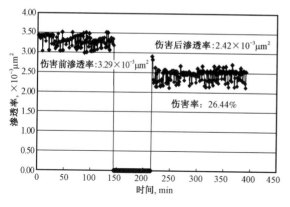

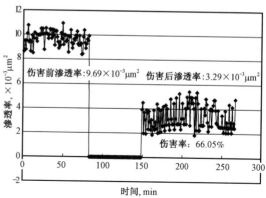

图 3 - 19 清洁压裂液破胶液伤害曲线 图 3 - 20 羟丙基胍胶压裂液破胶液伤害曲线

6）破胶性能实验

清洁压裂液有几种方式可使压裂液的粘度降低,与破胶剂、地层水或者液态烃接触后,胶束会失去杆状外形变成球形,一旦出现这种情况,胶束就不再相互缠绕,粘度降低而且一般不可恢复。

通常认为清洁压裂液在地层中遇烃类自动破胶或被地层水稀释破胶,但当烃类浓度不能达到一定值时,不能完全破胶,浓度达到一定浓度时,又迅速破胶,破胶时间不可控制。为此清洁压裂液破胶用破胶剂 SF－C 被研制出来,实现了清洁压裂液可控连续破胶。破胶剂 SF－C 随时间变化的破胶效果如图 3－21。

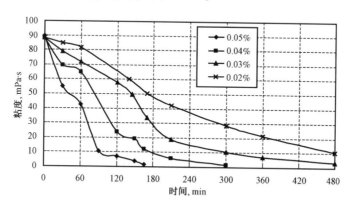

图 3 - 21 破胶实验(25℃)曲线

3. 清洁压裂液应用实例

在 2005 年 6 月至 8 月,中联煤公司与华北石油管理局井下作业公司合作,在韩城地区使用清洁压裂液压裂 3 口井 8 层,施工成功率为 100%。清洁压裂液在现场施工时,表现出了良好的特性。施工排量能够控制在 2.5~3.5m³/min 左右(活性水一般在 7m³/min 左右),压后放喷排采显示,没有压穿 11# 煤层下的水层;压裂液配制粘度在 25~40mPa·s 之间,携砂时显示出了良好的携砂能力,平均砂比均在30%以上(活性水压裂一般为15%)。

WL12001井11#煤层加砂63.55m³,平均砂比为32%,最高砂比达到55%;压后放喷液显示清洁压裂液已完全破胶(未添加任何破胶剂),放喷初期粘度一般低于10mPa·s,放喷4hr后粘度均低于5mPa·s。该井取得了良好的压裂效果,压后初期的火把高度为2~3m(折合日产气1000~2000m³),清洁压裂液压裂井(平均单井日产气量为900~1000m³)的日产气量是活性水压裂井(平均单井日产气量为400~500m³)的2倍以上。

参 考 文 献

[1] 曹朋青.压裂液体系研究的进展与展望[J].内江科技,2008,11:216.

[2] 吴信荣,彭裕生,等.压裂液、破胶剂技术及其应用[M].北京:石油工业出版社,2003.

[3] 桑树勋,朱炎铭,张井,等.煤吸附气体的固气作用机理[J].天然气工业,2005,25(1):17-20.

[4] 潘敏.煤层气用泡沫压裂液的研究[D].成都:西南石油大学,2008.

[5] 崔永君,张庆玲,杨锡禄.不同煤的吸附性能及等量吸附热的变化规律[J].天然气工业,2003,23(4):130-13.

[6] 赵阳升,杨栋,等.低渗透煤储层煤层气开采有效技术途径的研究[J]煤炭学报,2001,26(5):586-591.

[7] 张力,何学秋,聂百胜.煤吸附瓦斯过程的研究[J].矿业安全与环保,2000;27(6):1-2,4.

[8] 赵庆波,等.中国煤层气地质特征及勘探新领域[J].天然气工业,2004,24(5):4-7.

[9] 丛连铸.煤层气井用高效低伤害压裂液研究[D].北京:中国地质大学.2002.

[10] 丛连铸,吴庆红,赵波.煤层气储层压裂液添加剂的优选[J].油田化学,2004,21(3):221-222.

[11] 罗彤彤,卢亚平,潘英民.高温交联剂合成工艺研究[J].矿冶,2006,15(3):56-57.

[12] 刘洪升,王俊英,王稳桃,等.高温延缓型有机硼交联剂OB-200合成研究[J].油田化学,2003,20(2):121-122.

[13] 草艳燕.粘土稳定剂的研究进展[J].化学工程师.2007,140(5):33-35.

[14] 韩志昌.粘土稳定剂合成技术研究[D].浙江:浙江大学材料与化工学院,2003:7-9.

[15] 欧成华.储层孔隙介质多组分气体吸附机理理论模拟研究[J].天然气工业,2003,23(3):82-84.

[16] 黄霞,郭丽梅,姚培正,等.煤层气井清洁压裂液破胶剂的筛选[J].煤田地质与勘探,2009,37(2):26-28.

[17] 赵波,贺承祖.粘弹性表面活性剂压裂液的破胶作用[J].新疆石油地质,2007,28(1):82-84.

[18] 崔会杰,王国强,冯三利,等.清洁压裂液在煤层气井压裂中的应用[J].钻井液与完井液,2006,4(23):58-610.

[19] 陈馥,王安培,李凤霞,等.国外清洁压裂液的研究进展[J].西南石油学院学报,2002,5(24):65-67.

[20] 刘嘉.新型无破胶剂压裂液技术[J],国外油田工程,2003,19(7):10-12.

[21] 庄照锋,张士诚,张劲,等.硼交联羟丙基瓜尔胶压裂液回收再用可行性研究[J].油田化学,2003,23(2):120-123.

[22] 李静群,王俊旭,李武平,等.pH值对水基交联冻胶压裂液体系的影响分析[J].油气井测试,2004,13(1):42-43.

[23] 张红,李国锋,刘洪升,等.表面活性剂在水基压裂液中的应用[J].钻井液与完井液,2003,20(1):24-26.

[24] 李伟娜,刘志红,谢皓雪.表面活性剂的结构特点及应用研究进展[J].长春医学,2008,6(2):68-70.

[25] 崔元臣,周大鹏,李德亮.田菁胶的化学改性及应用研究进展[J].河南大学学报(自然科学版),2004,34(4):30-33.

［26］刘晓明,蔡明哲,蔡长宇. CO_2 泡沫压裂液性能评价［J］,钻井液与完井液,2004,21(3):1-3.

［27］梁利,丛连铸,卢拥军. 煤层气井用压裂液研究及应用［J］,钻井液与完井液,2001,18(2):23-25.

［28］李玉魁,刘长延,黄圣祥. 中国煤层气井压裂工艺技术发展现状及趋势［M］. 北京:煤炭工业出版社,2003.

［29］黄元海,王方林,蔡彩霞. 凝胶压裂液的研究及在煤层改造中的应用［J］. 煤田地质与勘探,2000,28(5):20-23.

［30］王国强,冯三利,崔会杰. 清洁压裂液在煤层气井压裂中的应用［J］. 天然气工业,2006,26(11):103-109.

第四章　煤层水力压裂技术

我国多数地区煤层的渗透率较低，有的甚至在$(0.1 \sim 0.001) \times 10^{-3} \mu m^2$之间，按油气藏渗透率划分储层的标准，煤层属于特低渗透或致密储层，所以仅仅靠井眼圆柱侧面作为排气面是远远不够的，必须采取人工强化增产措施，如煤层水力压裂、钻水平排泄孔和洞穴应力释放等等。

由于常规储层水力压裂技术较为完善，所以利用以水力压裂为关键技术的一整套工艺过程对煤层气进行开发，是当今世界开发煤层气所用的主要核心技术。煤层压裂能取得显著效果的原因在于：压裂消除了井筒附近储层在钻井、固井、完井过程中造成的储层伤害；压裂能更有效地连通井孔与煤储层的裂隙系统；压裂可加速脱水、加大气体解吸速率、增加产量；压裂可更广泛地分配井孔附近的压降，降低煤粉产出量。

我国已在各煤区施工了千余口煤层气井、10余个井组，大部分都实施了压裂增产措施。仅2005年中联煤公司自营项目和国际合作项目共钻井248口，压裂158口井，排采139口井，增产效果明显。

第一节　煤层气井完井工艺方法

煤层气井完井技术是由常规油气井完井实践演化而来的，是继钻井之后的一项重要作业技术。如果完井方法恰当，既可以进一步保护产层、稳定产量，又可以延长开采寿命。虽然常规完井技术可直接应用于煤层，但个别技术仍需改进，以适应煤层的特殊性能。

煤层气井完井的基本目的是在钻井和目的层之间建立联系，有效地进入地层，这对钻井成功的井的增产是至关重要的。

一、煤层气井完井的特殊性

尽管煤层气井的完井方式常常类似于常规油气井的完井，但就储层而言，煤层在完井方面与常规储层还是存在着一些特殊性。

1. 生产压力低且开采寿命长

煤层气井的开采，需要排水降压，使煤层压力降到临界解吸压力以下，才能实现甲烷的解吸运移。吸附在煤层中的煤层气解吸压力较低,因此,其投产压力低。煤层气的生产分单向水流动、不饱和流动和两相流动3个阶段(图4-1)。只有达到第三阶段才有气体流动。在美国的生产实践表明,要进入第三阶段一般需1~2个月,甚至更长。

生产压力低加上排水时间长,容易引起井壁的不稳定。另外,甲烷在煤层中的扩散运移是一个十分缓慢的过程,因此,需要的开采时间很长,一般为15~25年。长期开采会给产层的稳定带来影响。

为了稳定和保护产层,应根据不同煤层及围岩地质条件、开采方式(单煤层完井或多煤层完井),选择使用裸眼完井、套管完井、套管裸眼完井和裸眼扩眼完井等不同完井方法。通过恰当的完井技术稳定产层,延长井的开采寿命。

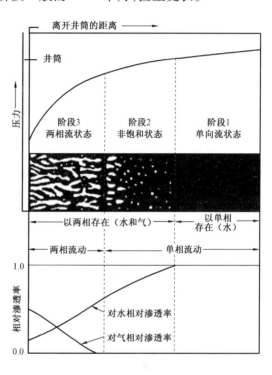

图4-1　煤层气产出的3个渗流阶段(据Terrald,1996)

2. 固井水泥的污染

水泥浆对煤层的伤害机理与钻井液对煤层的污染机理相同。其伤害主要来自两个方面:一方面是水泥浆中固相颗粒(水泥本身)对割理和裂缝的充填;另一方面是水泥浆液柱压力引起的高密度滤液侵入,与钻井液对煤层的伤害比较,其伤害程度更大。为降低固井水泥对煤层的污染,可采用低密度水泥浆,也可采用常规水泥浆,通过控制返高和分级注水泥等方法固井。

3. 固井水泥环厚

因煤层机械强度弱,一般来说其井筒的扩径情况比普通砂泥岩地层要严重,所以,煤层段固井总会产生较厚的水泥环,因而有可能导致射孔失败(射孔弹难于有效穿透过厚的水泥环)。

除了以上三方面的特殊性外,在设计一口煤层气井的完井工艺时,我们对煤层还需考虑以下一般准则。

(1)许多情况下,煤的割理系统都是含水的。因此,为使气体开始解吸并流动,必须排水以降低地层压力。产出水量的大小将影响管道和人工举升方法的选择。

(2)煤层气井常钻穿由非煤地层隔开的一组煤层。确定用单煤层完井或多煤层完井,将决定选用什么样的完井方式。

(3)由于煤层具有相对低的渗透率,因此常要水力压裂来提高产量。

(4)煤粉的产生类似于非固结砂储层中砂子的产生。煤粉流入井筒内可导致井筒和地面设备严重受损和堵塞。

二、煤层气井完井方式

1. 裸眼完井

裸眼完井是钻到煤层上方地层,下套管固井,再钻开生产层段的煤层,产气煤层保持裸眼。但强化作业时井控条件降低,煤层坍塌会导致事故。

裸眼完井法是一种最基本、最简单、最经济的煤层气井完井方法,在20世纪50年代至70年代普遍被采用,但是由于裸眼完井的井孔稳定性差,气井强化时难以控制,且这种完井方法仅适宜高渗透性的单一煤层或者距离相近的单一煤组,所以其应用范围往往受到限制。对于低渗透性的煤层,采用这种完井方式很难得到工业性的产气量。

2. 套管完井

套管完井是对产气煤层下套管,再利用射孔或压裂将井筒与煤层连通。其优点是对地层入口可实施特殊控制,维持井身稳定。

套管完井方式适用于渗透率低的煤层,采用此种完井方法可以获得高产的原因是人工煤层内形成裂缝,并用支撑剂支撑裂缝,从而增大了渗流面积,改善了渗流方式。人工形成的长裂缝有利于煤层深部的煤层气解吸并渗流到井筒中来。但是压裂液对煤层的损害往往导致压裂失败或得不到应有的产量。

我国的煤层渗透率普遍为 $10^{-5} \sim 10^{-6} \mu m^2$,一般只能采用套管完井。

3. 裸眼洞穴完井

煤储层裸眼洞穴完井技术早在40余年前就诞生了,但直到1977年Amoco公司用该方法完成了Cahnl井后,人们才真正认识到其潜在的优势。之后,许多公司相继在圣胡安荒地北部水果地组煤层采用了这一技术,并演化为更为完善的裸眼洞穴法完井技术,取得了水力压裂无法比拟的效果。

Logan系统地论述了裸眼洞穴完井的具体目的:(1)使钻孔与储层连通性加强;(2)在储层内形成多方向自我支撑的诱导裂隙;(3)使井筒及诱导裂隙切割自然裂隙系统。

完井前要解决如下问题:(1)储层是否适用该技术;(2)采用何种完井程序;(3)如何在一个裸眼井段内使多煤层同时得到强化;(4)如何进行完井、强化效果评价;(5)何时终止操作;(6)如何使完井技术最优化。

裸眼洞穴完井是在裸眼完井的基础上发展起来的一种独特的煤层气井完井方式。在较高生产压差的作用下,利用井眼不稳定性,在井壁煤岩发生破坏后允许煤块塌落在井筒中,进而形成物理洞穴(自然裸眼洞穴完井);或人工施加压力(从地面注气),使井壁煤层发生破坏,再清除井底的煤粉,进而形成物理洞穴(动力或人工裸眼洞穴完井)。从现场试验结果来看,裸眼洞穴完井的产量都较高,且远远高于压裂完井的产量,分析后认为获得高产的原因主要是：

（1）形成了物理洞穴，洞穴半径达1.5m，从而增大了渗流面积；

（2）洞穴外的剪切破坏带、张性破坏带（应力破坏带）及远场干扰带的煤块发生松动或破碎，并形成纵横交错的微裂缝，从而大大提高渗透率。同时应力的释放使煤的比表面积增加，也有利于煤层甲烷气的解吸。此外，许多微裂缝还具备自支撑的特点，在短期内不会闭合，这也有利于煤层甲烷气的解吸和渗流。

此种方法适用于高压高渗地层，根据美国经验，如果煤层渗透率大于$(5\sim10)\times10^{-3}\mu m^2$，且煤易碎，则可采用裸眼洞穴完井。此外该方式除了需要一定的储层条件外，还需要一个良好的井眼条件，包括井壁稳定性和井径大小，以此保证洞穴和采气设备在井筒内畅通无阻。裸眼洞穴完井缺点是井眼稳定性差，风险性比套管完井大。

裸眼洞穴完井作为一种新兴的完井方法，目前在国外（如美国圣胡安盆地、粉河盆地）的一些煤层气田开发应用中，取得了意想不到的良好效果。它不仅仅是单纯的完井方式，而是将完井技术和增产措施融于一体，使得在煤层的开采中取得了显著的经济效益。

三、煤层气井完井方式的选择

煤层气完井方式的选择需要考虑渗透率、孔隙度、煤层应力分布、煤层岩石力学性质（抗拉强度、抗压强度、抗剪强度、泊松比、弹性模量、内聚强度、内摩擦角等因素）、裸眼井产能大小、煤层厚度、煤层压力、煤的脆性、煤的硬度、煤层是否含水等。

（1）渗透率、孔隙度、煤层厚度、煤层压力等是衡量煤层气井产能大小和地层能量大小的重要参数，也是决定完井方式的重要参数；

（2）煤层岩石力学性质（抗拉强度、抗压强度、抗剪强度、泊松比、弹性模量、内聚强度、内摩擦角等）、煤的脆性、煤的硬度及其煤层应力分布等参数，是研究井眼稳定性、洞穴的形成机理、煤层压裂裂缝的导流能力和开展煤层压裂设计研究（包括煤层中形成水平缝、水平—垂直缝、垂直缝界限的研究，煤层中裂缝扩展、延伸的理论研究，煤层中裂缝几何尺寸的研究等）的基础；

（3）煤层是否含水也是一个决定完井方式的重要参数。因为对于不含水的煤层，任何外来流体均会极大地损害煤层的渗透率。故选择任何完井方式都要考虑这个特殊性。

针对不同的煤层特征，熊友明等做出煤层气井完井方式选择流程图，如图4-2所示。

四、地层进入方法的选择

地层进入是指在井筒与目标煤层之间提供一种实际联络通道的工艺。地层进入控制着试井、强化和生产作业效果。若与煤层间没有有效的联络通道，就不能精确确定某些储层特性（如渗透率）。强化过程中，地层进入类型控制流体或固体注入的位置和速率，控制煤层冲蚀的数量和类型，影响最后的裂缝几何形态。相反，在生产过程中，地层进入点将控制从地层流入井筒的流体（水和气）数量。

为了确定所采用的最有效的地层进入技术，必须考虑该技术如何影响储层特性鉴定、煤层压裂和气井生产方面的内容。以下将阐述这些因素。

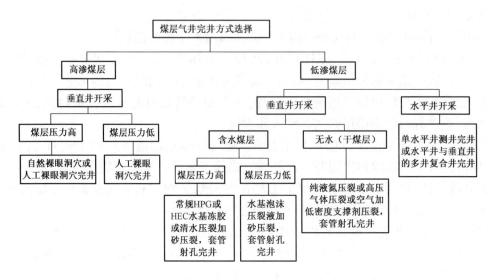

图4-2 煤层气井完井方式选择流程图(据熊友明等,1996)

1. 用于储层特性鉴定的地层进入

对那些主要是为了确定渗透率、储层压力或压裂压力的井来说,应采用喷射割缝技术。因为割缝会产生较大的流通面积,可以得到更精确的压力测量。为获得精确的储层压力,建议对所有试验井和10%~20%的开发井进行套管割缝完井。

在Black Warrior盆地,通过不稳定试井获得的渗透率普遍没有规律,常常不能与产气量联系起来。渗透率数值的不一致性可能是由于在这些试井期间地层进入不充分引起的。

2. 用于水力压裂的地层进入

在压裂期间,必须尽力降低对煤层的破坏。由于煤是脆性的,压裂液可能会严重磨蚀煤层,引起煤粉脱落,导致裂缝端部堵塞或过早的边缘充填。因此,通过选择正确的地层进入方法和进入位置,可减少煤层破坏及其它相关问题。

Black Warrior盆地的经验做法是:用装药量为16~23g的射孔枪进行套管射孔,产生直径为0.9~1cm、深度为27.9~50.8cm的孔,以得到最有效的地层进入。

3. 用于生产的地层进入

气井生产期间,地层进入必须使得钻井和目标层之间的压降最低。在气井服务年限内(常为10~20年),地层进入必须能保持这种低压差;地层进入还必须保证气井流通通道畅通无阻。

通过前文煤层完井工艺的介绍,我们可以知道理想的完井施工是后期压裂增产改造成功的保证,较好的完井施工就是压裂改造的一部分。对于气体存储和产出机理都与常规储层不同的煤岩储层,完井结束后的水力压裂是必不可少的。它能在煤的天然裂隙与井筒间产生高流动能力的通道和最有效的地层进入连通通道。此外煤层中的煤粉会使井筒和地面设备受到严重损害和堵塞,完井后的水力压裂则有助于控制煤粉。此后煤层内部的气体解吸并通过煤层割理系统进入水力裂缝流向井筒。因此,煤层的水力压裂是必不可少的。

第二节　煤层水力压裂基础理论

煤层水力压裂通常是向钻井孔眼中注入高压液体并限制其在预定井段压开煤层,形成长达数十至一百多米的夹砂裂缝,然后排水降压。当煤层压力降至解吸压力以下时,煤层气从煤的微孔表面解吸,并扩散进入煤的裂隙系统,再从裂隙系统渗流至压开的裂缝中,最后在比原井眼面积大得多的裂缝中汇集,流向井眼并被采出地面。

煤层水力压裂意义:一是补救钻井过程中对煤层产生的地层伤害。由于这种地层伤害会降低储层内部压降速度,使排水过程变得缓慢,推迟甲烷气的排放,因此用压裂方法就能及早地生产煤层气并加速开发;二是有较高导流能力的通道,可有效地连接井筒和储层。因为开采煤层气需要很快地降低整个产层的储层压力,才能有利于加快排水,所以裂缝的高导流能力在低渗透煤层中特别重要。水力压裂引发的裂缝通常平行于最大应力或沿煤层的主割理方向扩展,故采用垂直于最大渗透率方向钻水平井和水力压裂相结合的方法能够极大地改善开发效果。

一、煤层水力压裂裂缝特征

1. 煤层的裂缝启裂与展布特征

(1)煤层杨氏模量低,裂缝宽度大而缝短。

岩石中水力压裂裂缝高度与杨氏模量成反比。由于煤岩杨氏模量较小,由此形成的裂缝宽度较大,由于宽度的增加,在相同的压裂规模条件下,裂缝的长度增加将受到限制。

(2)裂缝割理发育,出现多裂缝和裂缝曲折,降低有效缝长。

煤层割理发育,如大宁—吉县地区石炭—二叠系煤层内天然裂隙密度大于 300 条/m,樊庄区块晋试 1 井和潘庄区块潘 2 井,潘 4 井岩心观察及扫描电镜观察表明,割理密度大于 500 条/m,宽度大于 1μm。

由于天然裂缝的存在,人工裂缝启裂除受到地应力的影响外,还受到天然裂缝影响。当水平应力差异较小时,裂缝会沿天然裂缝扩展;当水平应力差异较大时,裂缝会沿垂直于最小主应力方向发展,也就是说,水平应力差越大,越容易控制裂缝几何形态,人工裂缝基本不受天然裂缝的影响。

煤岩实验结果证实了裂缝性岩石的裂缝扩展方向是水平应力和天然裂缝的双重作用结果。分析认为:低围压时,煤岩的天然割理多为开启状态,有很强的渗流能力,而且是介质中强度较弱的地方,所以裂缝会沿着天然裂缝的方向发展;高围压时,煤岩的天然割理多为关闭状态,裂缝面之间的结合能力在围压作用下得到加强,相当于裂缝被粘合,水力裂缝的发展向垂直最小主应力方向接近。

（3）抗压、抗张强度低，支撑剂嵌入严重，裂缝起裂和延伸过程中产生的大量煤粉返排后堆积在裂缝中。

实验结果发现，支撑剂在裂缝中嵌入严重，程度高于砂岩，对裂缝导流能力伤害严重；由于煤层强度低，嵌入部分的煤多被压成煤粉，对裂缝内流体渗流有阻碍作用，同时使导流能力进一步下降。

压裂后的煤岩裂缝表面极不规则，裂缝或平行于煤层的割理或垂直穿越割理，裂缝面呈阶梯状态。形成裂缝的延伸压力很大，有时会大于破裂压力，一方面是由于压裂形成大量煤粉使流动阻力增加，另一方面是裂缝的不规则性和裂缝面的不光滑增加了流动阻力。

2. 煤层压裂裂缝类型

目前，国内外普遍认为煤层压裂所形成的裂缝类型主要有这样几类，水平裂缝、垂直裂缝、"T"形和"I"形裂缝，还有复杂裂缝。

1）水平裂缝

在地层单元中，当地层的垂直应力为最小主应力且垂直抗张强度较小时，形成径向扩展的水平裂缝，裂缝形状类似一个和井筒正交的铁饼。

2）垂直裂缝

（1）GDK 型裂缝：上下围岩的破裂强度明显大于煤层，但与煤层交界处胶结力弱，水平分层界面明显，裂缝虽然不能突破上下围岩，但交界面处两层面产生明显滑动，裂缝形状在平面上为椭圆形，在垂直面上为矩形[图 4 - 3（a）]。

（2）PKN 型裂缝：上下围岩的破裂强度明显大于煤层，但与煤层交界处胶结力强，水平分层界面不明显，裂缝既不能突破上下围岩，也不能在交界处产生两层滑动，在垂直于裂缝长轴的垂直平面内，裂缝剖面一般保持椭圆形[图 4 - 3（b）]。

（3）径向扩展裂缝：当煤层厚度很大，超过裂缝可延伸距离，或者上下围岩与煤层的破裂强度接近时，裂缝沿各径向放射状扩张的程度比较均一，形成圆盘形垂直裂缝[图 4 - 3（c）]。

（4）全三维裂缝：当上下围岩与煤层破裂强度的差值介于恒高裂缝（GDK 型和 PKN 型）和径向扩展裂缝之间时，裂缝高度在上下围岩之间变高度、变宽度扩展，形状类似一个扁平的椭球[图 4 - 3（d）]。

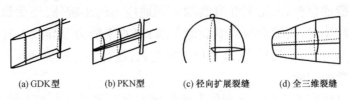

（a）GDK 型　　（b）PKN 型　　（c）径向扩展裂缝　　（d）全三维裂缝

图 4 - 3　煤层裂缝形态（据张士诚，1995）

3）"T"形和"I"形裂缝

当上下围岩的破裂强度明显大于煤层，煤层的厚度不大且在交界处胶结力弱，水平分层界面明显，裂缝虽然不能突破上下围岩，但会撑开胶结面，使裂缝在交界处的平面方向发展,形成了水平缝和垂直缝共存的一种裂缝[图4-4(a)]。这种裂缝的形成原因是水力压裂穿层过程中交界处弱胶结的结果所致。2001年郭大立在煤层压裂模型中考虑了煤层、上下遮挡层之间的地应力和岩石力学参数变化的影响,可以预测"T"形裂缝。"I"形裂缝是在煤层的上下交界处形成水力裂缝[图4-4(b)],在地层的纵向剖面上看裂缝的形状像一个"I"字。

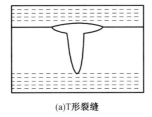
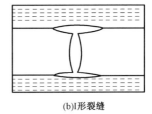

(a)T形裂缝　　　　　　　　　　(b)I形裂缝

图4-4　煤层"T"形和"I"形裂缝形态示意图(据张士诚,1995)

4)复杂形裂缝

煤层不同于常规砂岩气藏储层,煤层的天然裂缝发育,基质中存在大量割理,加之煤层弹性模量小、泊松比大,所以煤层的裂缝扩张极其复杂,呈现大量的不规则裂缝。一般煤层压裂的裂缝是沿井筒径向放射状分布,裂缝具有阶梯性、拐角性和不对称性,而且在边界可能形成"T"形和"I"形裂缝。煤层压裂后的裂缝很不规则,在裂缝的类型中没有类似于常规油藏浅层形成的水平缝以及深层形成的垂直缝的特点,裂缝形态的随机性很大。

3. 裂缝形态及方位与地应力和煤岩力学性质的关系

对于各向同性介质,水力压裂的形态取决于地应力的大小。断裂力学告诉我们,水力压裂所产生的人工垂直裂缝的方位,总是平行于最大水平主应力方向,垂直于最小主应力方向。但实验测试表明,煤岩体为非均质各向异性介质,煤岩体垂向抗张强度与水平抗张强度存在着一定的差异,水力压裂的形态还取决于煤岩体的力学性质,即由地应力和煤岩体的抗张强度共同组成的挤聚力的大小:

$$\begin{cases} p_z = \bar{r}H + p_t^z \\ p_x = \sigma_x + p_t^x \\ p_y = \sigma_y + p_t^y \end{cases} \qquad (4-1)$$

式中　p_z、p_x、p_y——垂直(z)、水平方向(x、y)上的挤聚力,MPa;

　　　p_t^z、p_t^x、p_t^y——垂直(z)、水平方向(x、y)上的抗张强度,MPa;

　　　σ_x、σ_y——水平方向(x、y)上的水平应力,MPa。

压裂时,在储层中形成何种类型的裂缝,取决于地层中垂直挤聚力和水平挤聚力的相对大小。当$p_z > p_x > p_y$和$p_z > p_y > p_x$时,会形成垂直裂缝,此时裂缝的方位取决于两个水平挤聚力p_x、p_y的大小。

（1）当 $p_z > p_x > p_y$ 时，水力压裂产生的裂缝面垂直于 p_y 而平行于 p_x 的方向[图4-5(a)]；

（2）当 $p_z > p_y > p_x$ 时，水力压裂产生的裂缝面垂直于 p_x 而平行于 p_y 的方向[图4-5(b)]；

（3）当 $p_x > p_y > p_z$ 或 $p_y > p_x > p_z$ 时，将出现水平裂缝[图4-5(c)]。

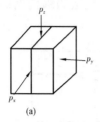 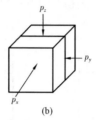 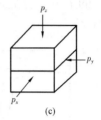

图4-5　裂缝面与最小主应力的关系图

(a) $p_z > p_x > p_y$ ，垂直缝；(b) $p_z > p_y > p_x$ ，垂直缝；(c) $p_x > p_y > p_z$ 或 $p_y > p_x > p_z$ ，水平缝

断层、褶皱和天然裂缝等因存在较大构造应力，在地应力中占有很大的比例，对裂缝的形态将产生较大的影响，在煤储层中有可能形成斜向裂缝（高角度的垂直裂缝）或复合裂缝（垂直裂缝和水平裂缝都有，或称"T"形裂缝）。因而，在对具有这些特征的煤储层进行压裂改造时，必须对应力场状态加以研究和考虑。

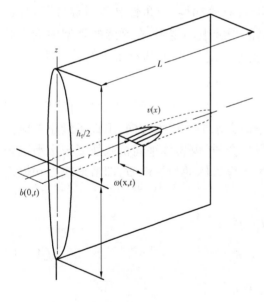

图4-6　PKN裂缝扩展模型示意图

$\omega(x,t)$ —裂缝宽度； h_f —裂缝高度； L —缝长；

$b(0,t)$ —井壁处裂缝宽度； x —裂缝长度坐标；

t —时间； $v(x)$ —流速

二、煤层水力压裂模型

1. 裂缝扩展模型

合理的压裂设计必须以裂缝扩展数学模型为基础，因此，定量描述压裂过程中裂缝扩展规律，是人们长期以来关注的焦点。从不同的角度，依据不同的假设条件，可建立不同类型的裂缝扩展模型。但是任何一个模型都将排量（ q ）、施工时间（ t ）、流体滤失量（ q_1 ）与裂缝尺寸联系起来。

1）二维裂缝扩展模型

无滤失的二维模型

（1）PKN模型（Perkins - Kern - Nordgren）。PKN模型对图4-6所示的垂直线性裂缝的扩展假设如下：

① 裂缝高度固定，且与缝长（ L ）无关。

② 与裂缝扩展方向垂直的横截面中的流体压力 p 为常数。

③ 任一垂直截面独立变形，不受临近截面的影响。

④ 椭圆形横截面中心最大宽度可由断裂力学理论导出：

$$\omega(x,t) = \frac{(1-v)h_{\mathrm{f}}(p-\sigma_{\mathrm{H}})}{G} \tag{4-2}$$

式中　$\omega(x,t)$——裂缝宽度，m；

h_{f}——裂缝高度，m；

G——剪切模量，MPa；

p——流体压力，MPa；

σ_{H}——垂直于裂缝壁面的正应力，MPa；

x——裂缝长度坐标，m；

t——时间，min；

v——流速，m/min。

⑤ 对于牛顿流体而言存在如下方程：

$$\frac{\partial(p-\sigma_{\mathrm{H}})}{\partial x} = -\frac{64}{\pi}\frac{q\mu}{\omega^3 h_{\mathrm{f}}} \tag{4-3}$$

式中　q——流量，m³/min；

μ——牛顿流体粘度，mPa·s。

⑥ 在 $x=L$ 的裂缝终端处，$q=\sigma_{\mathrm{H}}$。在无流体滤失时 $\frac{\partial q}{\partial x}=0$。

Nordgren 考虑到宽度增长对流量的影响，列出关系式如下：

$$\frac{\partial q}{\partial x} = -\frac{\pi h_{\mathrm{f}}}{4}\frac{\partial \omega}{\partial t} \tag{4-4}$$

由式（4-2）与式（4-3）可推导出

$$\frac{G}{64(1-v)h_{\mathrm{f}}\mu}\frac{\partial^2 \omega^2}{\partial x^2} - \frac{\partial \omega}{\partial t} = 0 \tag{4-5}$$

该方程满足的初始条件为，当 $t=0$ 时，$\omega(x,0)=0$；边界条件为，$x>L(t)$，$\omega(x,t)=0$；对于单翼裂缝 $q(0,t)=q_0$；对于双翼裂缝 $q(0,t)=\frac{1}{2}q_0$。

（2）GDK 模型（Geertsma – de Klerk）。

对于一条如图 4-7 所示的垂直矩形裂缝的扩展模型，有如下假设：① 裂缝高度依然固定；② 仅在水平面考虑岩石刚度，因此缝高与缝宽无关；③ 沿扩展方向的流体压力梯度对应于裂缝内流动阻力：

$$p(0,t) - p(x,t) = p_{\mathrm{f}} - p = \frac{12\mu q_0}{h_{\mathrm{f}}}\int_0^x \frac{\mathrm{d}x}{\omega^3(x,t)} \tag{4-6}$$

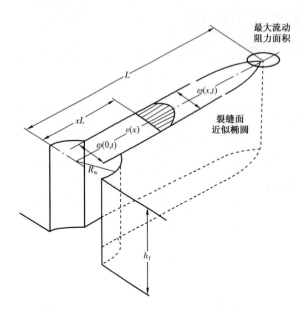

图 4 - 7   GDK 裂缝扩展模型示意图

裂缝体积为：

$$V = h_f L \omega(0,t) \int_0^1 (1 - \lambda^2)^{\frac{1}{2}} \mathrm{d}\lambda$$

$$= \frac{\pi}{4} h_f L \omega(0,t) = q_0 t \qquad (4-7)$$

式中 p_f——裂缝尖端处的破裂压力，MPa；

q_0——总排量，m^3/min；

V——裂缝体积，m^3；

L——裂缝长度，m；

λ——无因次裂缝坐标，$\lambda = x/L$。

PKN 模型与 GDK 模型参数方程见表 4 - 1 和表 4 - 2。

表 4 - 1   在常排量下裂缝长度、最大裂缝宽度和泵入压力方程

模型	裂缝长度，m	最大裂缝宽度，m	泵入压力，MPa
PKN 模型	$\dfrac{L(t)}{C_1 \left[\dfrac{Gq_0^3}{(1-v)\mu h_f^4} \right]^{1/5} t^{4/5}}$	$\dfrac{\omega(0,t)}{C_2 \left[\dfrac{(1-v)q_0^2 \mu}{Gh_f} \right]^{1/5} t^{1/5}}$	$\dfrac{p(0,t) - \sigma_H}{\dfrac{C_3}{h_f} \left[\dfrac{Gq_0^3 \mu L}{(1-v)^3} \right]^{1/4}}$
GDK 模型	$\dfrac{L(t)}{C_4 \left[\dfrac{Gq_0^3}{(1-v)\mu h_f^3} \right]^{1/6} t^{2/3}}$	$\dfrac{\omega(0,t)}{C_5 \left[\dfrac{(1-v)q_0^3 \mu}{Gh_f^3} \right]^{1/6} t^{1/5}}$	$\dfrac{p(0,t) - \sigma_H}{\dfrac{C_6}{2h_f} \left[\dfrac{Gq_0 \mu L h_f^3}{(1-v)^3 L^2} \right]^{1/4}}$

表 4 - 2   表 4 - 1 中系数的取值

系　数	单　翼	双　翼
C_1	0.68	0.45
C_2	2.50	1.89
C_3	2.75	2.31
C_4	0.68	0.48
C_5	1.87	1.32
C_6	2.27	1.19

（3）径向裂缝扩展模型。

径向裂缝扩展模型有两种：PKN 模型与 GDK 模型，二者的不同之处在于对流体压力分布的假设（图 4 - 8）。

从入口处$(r = r_w)$，由于粘性流的阻力压力开始以对数形式分布，有：

$$p = p_0 - \frac{6\mu q}{\pi \overline{\omega}^3} \ln \frac{r}{r_w} \qquad (4-8)$$

式中　r——径向坐标，m；

$\qquad r_w$——钻孔半径，m；

$\qquad \overline{\omega}$——径向扩展裂缝的平均宽度，m；

$\qquad p_0$——$r = r_w$ 处的流体压力，MPa。

PKN 模型假设裂缝终端压力与垂直于裂缝壁面的水平应力 σ_H 相等，等于 GDK 模型，假设没有流体进入的区域压力为 0，在 $r = R$ 处采用 Barenblatt 理论进行应力平衡。

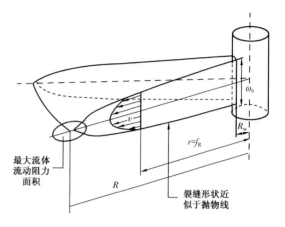

图 4 – 8　径向裂缝扩展模型示意图
R—裂缝半径；R_w—井筒半径；ω_0—缝口宽度；
v—流速；f_R—近似于抛物线形状裂缝半径

$$\int_\rho^1 \frac{\rho p(\rho)\, d\rho}{\sqrt{(1 - \rho^2)}} = \sigma_H \qquad (4-9)$$

式中　R——裂缝半径，m；

$\qquad \rho$——系数，$\rho = r/R$。

裂缝宽度为：

$$\omega_0 = C_7 \left[\frac{(1 - v)\mu q_0 R}{G} \right]^{1/4} \qquad (4-10)$$

对于 PKN 模型，C_7 取 1.4，GDK 模型，C_7 取 2.15。

PKN 模型平均裂缝宽度 $\overline{\omega}$ 为：

$$\overline{\omega} = \frac{2}{3}\omega_0$$

GDK 模型平均裂缝宽度 $\overline{\omega}$ 为：

$$\overline{\omega} = \frac{8}{15}\omega_0$$

对于 PKN 模型，径向半径 R 为：

$$R = \left[\frac{3qt}{2\pi \omega_0} \right]^{1/2}$$

对于 GDK 模型，径向半径 R 为：

$$R = \left(\frac{15qt}{8\pi\omega_0} \right)^{1/2}$$

带滤失的裂缝扩展模型有以下三种：PKN 模型、GDK 模型、径向扩展模型。

对于 PKN 模型，有考虑滤失时某点的连续方程为：

$$\frac{\partial q}{\partial x} + \frac{\pi h_f}{4} \frac{\partial \omega}{\partial t} + q_1 = 0 \tag{4-11}$$

式中　q_1——单位裂缝长上的滤失速率，m^3/min。

$$q_1 = \frac{2h_f K_1}{\sqrt{t - \tau(x)}} \tag{4-12}$$

式中　K_1——综合滤失系数，$m/\sqrt{min}$；

　　　τ——液体开始滤失的时间，min。

则有

$$\frac{G}{64(1-v)h_f\mu} \frac{\partial^2 \omega^4}{\partial x^2} \frac{\partial \omega}{\partial t} - \frac{8K_1}{\pi\sqrt{t-\tau(x)}} = 0 \tag{4-13}$$

求解该方程得

$$\omega_0 = 4 \left(\frac{2}{\pi^3} \right)^{1/4} \left[\frac{\mu(1-v)q_0^2}{Gh_f K_1} \right]^{1/4} t^{1/8} \tag{4-14}$$

$$\Delta p_0 = 4 \left(\frac{2}{\pi^3} \right)^{1/4} \left[\frac{\mu G q_0^2}{h_f^5 (1-v)^3 K_1} \right]^{1/4} t^{1/8} \tag{4-15}$$

对于 GDK 模型，质量守恒定律可表示为：

$$\frac{q_0}{h_f} = \left[\frac{3\pi}{8} \omega(0,t) + 2V_{sp} \right] \frac{dL}{dt} + 2K_1 \int_0^t \frac{dL}{d\tau} \frac{d\tau}{\sqrt{t-\tau}} \tag{4-16}$$

求解该方程得：

$$L = \frac{q_0}{16\pi h_f K_1^2} \left[\pi\omega(0,t_p) + 8V_{sp} \right] \times \left(\frac{2\alpha_L}{\sqrt{\pi}} - 1 + e^{\alpha_L^2} \mathrm{erfc}\alpha_L \right) \tag{4-17}$$

$$\omega(0,t_p) = 2.27 \left[\frac{(1-v)\mu q_0 L^2}{Gh_f} \right]^{1/4} \tag{4-18}$$

式中　t_p——泵注停止时间，min；

　　　V_{sp}——初始滤失量，m^3；

　　　$\alpha_L = \dfrac{8K_1\sqrt{\pi t}}{4\omega(0,t_p) + 15V_{sp}}$；

erfc——余误差函数。

③ 径向扩展模型

对于一条径向扩展裂缝,有如下方程:

$$q_0 = \left[\frac{3}{5} \pi \omega(0,t) + 2 \pi V_{sp} \right] \frac{dR^2}{dt} + 2 \pi K_1 \int_0^t \frac{dR^2}{d\tau} \frac{d\tau}{\sqrt{t-\tau}} \qquad (4-19)$$

求解方程,得:

$$R^2 = \frac{q_0}{30 \pi^2 K_1^2} \left[4\omega(0,t_p) + 15V_{sp} \right] \left(\frac{2\alpha_r}{\sqrt{\pi}} - 1 + e^{\alpha_r^2} \mathrm{erfc}\alpha_r \right) \qquad (4-20)$$

式中 α_r 为径向扩展裂缝,包含初滤失的无因次液体滤失参数,定义为:

$$\alpha_r^2 = \frac{15K_1 \sqrt{\pi t}}{4\omega(0,t_p) + 15V_{sp}}$$

2)三维裂缝扩展模型

二维裂缝扩展模型伴随着许多假设(如假设裂缝扩展过程中缝高恒定),这些假设在实际中显然是不现实的,更为完善的裂缝扩展模型是三维模型。三维裂缝扩展模型是将裂缝分成若干个离散单元,用一系列基本方程来表达该模型。这些方程为:① 弹性方程表征裂缝壁面上压力与缝宽关系的弹性方程;② 流动方程表征裂缝内流体流动与流体内部压力梯度关系的流体流动方程;③ 破裂准则方程,表征裂缝终端面应力强度状态与岩石破裂时所必须的临界应力强度的关系。

无论是三维模型还是准三维模型,都必须给定一组基本方程,然后讨论方程的解。

准三维模型主要有二维弹性方程模型、一维流体流动模型两种。

(1)二维弹性方程模型。

假设裂缝长度远远大于高度,顶底板岩石具有足够的韧性,对于各向同性物体,裂缝宽度与压力差的关系为:

$$\omega(x,y) = \int_{-h/2}^{h/2} \Delta p(x,y_0+y') \left\{ \frac{(1-v)}{\pi G} \ln[R_y(y,y')] \right\} dy' \qquad (4-21)$$

$$R_y(y,y') = \frac{(h/2+y')^{1/2}(h/2+y_0-y)^{1/2} + (h/2-y')^{1/2}(h/2+y-y_0)^{1/2}}{|(h/2+y')^{1/2}(h/2+y_0-y)^{1/2} - (h/2-y')^{1/2}(h/2+y-y_0)^{1/2}|}$$

式中　y——垂向上至煤层中部的距离,m;

　　　y'——垂向上至裂缝中部的距离,m;

　　　h——裂缝高度,m。

判断裂缝穿入围岩深度采用下式:

$$K_1^{(a,b)} = (p-p_c) \left(\frac{\pi h}{2} \right)^{1/2} \left[1 - \frac{2}{\pi} \left(\frac{\sigma^{(a,b)} - p_c}{p-p_c} \right) \cos^{-1} \left(\frac{H}{h} \right) \right] \qquad (4-22)$$

式中　$K_1^{(a,b)}$——上下围岩的断裂韧性，MPa；

　　　p——裂缝内流体总压力，MPa；

　　　p_c——煤层破裂压力，MPa；

　　　$\sigma^{(a,b)}$——上下围岩的破裂压力，MPa；

　　　H——储层厚度，m；

　　　h——裂缝高度，m。

（2）一维流体流动模型。

在准三维裂缝扩展模型中，压裂液的流动被假设为沿裂缝长度方向的一维流动，描述其流动的方程为排量和压力方程。

排量方程为：

$$-\frac{\partial Q(x,t)}{\partial x} = Q_L(x,t) + \frac{\pi h^2}{2E'}\frac{\partial p(x,t)}{\partial t} \qquad (4-23)$$

式中　Q——水平流量，$\mathrm{m^3/min}$；

　　　Q_L——滤失流量，$\mathrm{m^3/min}$；

　　　E'——平面应变中的弹性模量，$E' = E(1-v)$，MPa；

压力方程为：

$$\frac{\partial p}{\partial x} = \frac{\eta'[Q(x,t)]^{n'}}{\int_{-h/2}^{h/2}\omega^{[(2n'+1)/n']}\mathrm{d}y'} \qquad (4-24)$$

式中　η'——粘度系数，$\mathrm{mPa \cdot s}$；

　　　n'——幂律液体稠度指数。

滤失方程为：

$$Q_L(x,t) = \frac{2K_1 H}{\sqrt{t-\tau(x)}} \qquad (4-25)$$

全三维模型主要有弹性方程模型、二维流体流动模型、裂缝扩展模型：

（1）弹性方程模型。

裂缝壁面法向量应力与裂缝宽度的关系为：

$$\Delta p(x,y) = p(x,y) - \sigma_{zz}^0(x,y,0) = E_e \iint_A \overrightarrow{\nabla'}\omega \cdot \overrightarrow{\nabla'}\left(\frac{1}{R}\right)\mathrm{d}A' \qquad (4-26)$$

式中　E_e——等效弹性模量，$E_e = \dfrac{G}{4\pi(1-v)}$，MPa；

　　　$\overrightarrow{\nabla'}$——梯度算子，$\overrightarrow{\nabla'} = \dfrac{\partial}{\partial x'}\vec{i} + \dfrac{\partial}{\partial y'}\vec{j}$，无单位；

　　　R——被积分函数积分点(x',y')与压力作用点之间的距离，$R = [(x-x')^2 + (y-y')^2]^{1/2}$，m；

A——裂缝面积，m^2；

σ_{zz}^0——压裂前垂直于裂缝壁面的正应力，MPa。

（2）二维流体流动模型。

假设裂缝内流体的流动属不可压缩幂律流体的层流，压裂液限于大体平行的裂缝壁面间流动，则二维流体流动的连续方程为：

$$\frac{\partial q_x}{\partial x} + \frac{\partial q_y}{\partial y} = -q_L - \frac{\partial \omega}{\partial t} + q_1 \tag{4-27}$$

式中 q_x、q_y——沿 x、y 方向单位长度的体积流量，m^3/min。

压力梯度方程为：

$$\begin{cases} \dfrac{\partial p}{\partial x} + \eta'(\,|\,q\,|\,/\omega^2)^{n'-1}\dfrac{q_x}{\omega^3} = 0 \\[3mm] \dfrac{\partial p}{\partial y} + \eta'(\,|\,q\,|\,/\omega^2)^{n'-1}\dfrac{q_y}{\omega^3} = \rho F_y \end{cases} \tag{4-28}$$

式中 q——合成流量，$q = (q_x^2 + q_y^2)^{1/2}$，$m^3/min$；

q_L——裂缝单位面积上的体积滤失速率，m/min；

q_1——裂缝单位面积上的体积注入速率；

ρF_y——压裂液重力产生的单位体积上的体积力，N。

滤失量 $q_L(x,y,t)$ 为：

$$q_L(x,y,t) = \frac{2C_L(p - p_f)}{\sqrt{t - \tau(x,y)}} \tag{4-29}$$

式中 $\tau(x,y)$——裂缝壁面上某点 (x,y) 与压裂液接触的时刻，min；

C_L——滤失系数，$m/\sqrt{min}$；

p_f——储层裂隙流体压力，MPa。

（3）裂缝扩展模型。

当裂缝宽度 $\omega_a(S) < \omega_c$ 时，裂缝不扩展（ω_c 为临界裂缝宽度）；当裂缝宽度 $\omega_a(S) > \omega_c$ 时，裂缝扩展，可表示为：

$$\omega_c = \frac{2(1-v)K_{IC}}{G}\left[\frac{2a(S)}{\pi}\right]^{1/2} \tag{4-30}$$

式中 K_{IC}——裂缝扩展终端所需的弹性应力强度量度；

$a(S)$——距离裂缝前缘的微小距离，m；

S——缝端区域，m^2。

2. 裂缝滤失模型

压裂液滤失是指压裂过程中压裂液通过裂缝壁面向地层的滤失，滤失是压裂过程中

的基本现象之一,滤失量取决于储层的性质,一般可占压裂液总量的 20% ~ 70%。滤失速率用下式表达:

$$V_f = \frac{C}{\sqrt{t}} \qquad (4-31)$$

式中　V_f——滤失速率,m/min;

　　　C——综合滤失系数,m/$\sqrt{min}$;

　　　t——滤失时间,min。

某一位置的累积滤失量为:

$$dV_L = \int V_f dt dA = \int_\tau^t \frac{C}{\sqrt{t-\tau}} dt dA \qquad (4-32)$$

式中　τ——裂缝前缘到达该位置的时间,min;

　　　A——裂缝面积,m^2;

　　　V_L——滤失量,m^3。

整个裂缝的滤失量为:

$$V_L = 4 \int_0^L \int_\tau^t \frac{C}{\sqrt{t-\tau}} H dt dx \qquad (4-33)$$

三、压裂液

压裂液是油气层水力压裂改造的关键性环节,主要作用是在目的层压开裂缝并沿裂缝输送支撑剂。压裂液选择的基本依据是:对气藏的适应性强,减少压裂液对储层的伤害;满足压裂工艺的要求,达到尽可能高的支撑裂缝导流能力。

水力压裂液的历史已有半个世纪,至今压裂液研究取得了很大进展,已经有了各种类型的压裂液可供选用,适用范围由浅的低温地层到深的高温地层。最常用的压裂液体系有水基压裂液、油基压裂液、乳化液压裂液、醇基压裂液和气体增能压裂液,其中水基压裂液的应用最广泛,国外煤层气井压裂中应用最多的就是水基压裂液,此外应用较多的还有气体增能压裂液(泡沫压裂液)和醇基压裂液,其压裂效果没有明显差异。

由于煤层对环境物理化学改变具有很强的敏感性,煤层自身具有一些特殊性(如产粉煤的趋势、润湿性的改变等),所以必须根据储层的特性来筛选压裂液的配方和选择添加剂。确定压裂液主要考虑流变性能、破胶性能、基质渗透率伤害和残渣含量。对于水基压裂液,其组分包括胶凝剂、交联剂、破胶剂、表面活性剂、防膨胀剂、杀菌剂、降滤失剂、助排剂等。

对于特定的煤层,其储层性质和压裂工艺都会影响着压裂液的选择。

(1)煤储层对压裂液的要求。煤层性质不同于石灰岩和砂岩,煤层为有机质组分,双重孔隙结构,孔隙度、渗透率均较低,裂隙为独特的割理系统,非均质性强,对应力很敏感,比表面积大,且煤层中含水常阻碍气体产出。煤层的机械性质表现为易碎、易受压缩、杨氏模量低的特点,外来流体对储层的侵害较严重,需极力避免。因此,中低渗煤储层需要压裂才能投产,但压裂后也容易产生原有裂缝变宽、施工泵注压力高、裂缝系统复杂、砂堵、支撑剂嵌入煤层表面、压裂液漏失量大及受应力作用而形成的煤粉堵塞等问题。选用煤储层压裂液应着重考虑:① 储层温度25~50℃,井深300~1200m,属低温浅井范畴,要求压裂液易于低温破胶返排,满足低温压裂液体系的要求,并且考虑压裂液的降摩阻问题;② 煤层气属于低孔隙度、低渗特低渗透率储层,要求压裂液具有好的助排能力,且压裂液彻底破胶;③ 储层粘土矿物含量小、水敏弱、水化膨胀不是压裂液要面临的主要问题,但储层低渗、低孔,压裂液的破胶返排和降低压裂液的潜在二次伤害是压裂液要面临的主要问题;④ 要求压裂液滤失低,提高压裂液效率。

(2)压裂工艺对压裂液的要求。压裂工艺本身对压裂液的要求主要有:① 为了满足大排量、高砂比,要求压裂液在一定温度下具有良好的耐温、抗剪切性能,以满足造缝和携砂的要求;② 低滤失,提高压裂液效率,控制滤失量确保压裂施工成功;③ 较低的摩阻压力损耗,需要压裂液具有交联时间,以保证尽可能低的施工泵压和较大的施工排量;④ 适当的破胶剂类型及施工方案,在不影响压裂液造缝和携砂能力的条件下,满足压后快速破胶返排的需要,以降低压裂液对储层和支撑裂缝的伤害;⑤ 低的表面张力,破乳性能好,有利于压裂液返排;⑥ 压裂液在现场可操作性强,使用简便,经济有效,施工安全,满足环保要求。对压裂液更详细的阐述在本书第三章,这里不再赘述。

四、支撑剂

支撑剂在地层中产生一条具有高导流能力且足够长的填砂裂缝是使煤层气增产的最重要的因素,煤层气就是依靠这条填砂裂缝获得增产效果。可以说煤层水力压裂工程中的各个环节,都要围绕如何提高填砂裂缝的导流能力进行工作。因此,对支撑剂类型、导流能力、支撑剂沉降的研究显得非常重要。

1. 煤层水力压裂常用支撑剂类型

为了使在地层中造成的裂缝停泵后不至于闭合,则要在缝内填入支撑剂。自从出现水力压裂这种增产方法以来,首先广泛使用的支撑剂是石英砂。主要化学成分是二氧化硅(SiO_2),同时伴有少量的铝、铁、钙、镁、钾、钠等化合物及少量杂质。石英含量是衡量石英砂质量的重要指标,我国压裂用石英砂的石英含量一般在80%左右;国外优质石英砂的石英含量可达98%以上。使用石英砂作为支撑剂的优点是多方面的:比较便宜,并且在许多地区大都可以就地取材。此外砂本身还具备如下的长处:对于硬度较好的砂子,当其强度抵抗不住外来的压力时,破碎成小片,这种破碎状态仍能保持一定的或较高的渗滤能力。但缺点是强度不够高,开始破碎的压力大约为27.46MPa,在深井中不能使用。在深井中若使用石英砂作为支撑剂,其导流率可能会降低到原有的1/10或更低些,砂筛选不好或清洗不好而混入杂物时,都会降低其导流能力。

为满足高闭合压力储层压裂的要求,我们使用高强度的陶粒。它的成分是铁—钛氧化物、富铝红柱石($Al_6O_{13}Si_2$)及 α—氧化铝(αAl_2O_3),陶粒的形状不规则,圆度为 0.65,色深灰,表面光滑,相对密度为 3.8,硬度在 $1.45 \times 10^4 Pa$ 左右。陶粒具有很高的强度,在 68.64MPa 的闭合压力下,陶粒所提供的导流能力约比砂高一个数量级(但价格也较贵),因此陶粒对于深井压裂是很合适的。

还有一种是瓷土制成的支撑剂,它是由富铝红柱石及 αAl_2O_3 等矿物组成。圆度很好,可达 0.9,色灰白,表面光滑,但密度及硬度均比铝矾土烧结的陶粒而言低。

超级砂是近年来发展起来的一种支撑剂。它是在砂子或其他固体颗粒外表涂上一层塑料(这是一种热固性塑料)。进入裂缝后先软化成玻璃状,然后在地层温度下硬化(例如所用酚醛树脂的固化温度为 54.5℃,可承受 260℃ 的高温)。这种支撑剂虽在高闭合压力下破碎,但能防止破碎后所产生的微粒的移动,仍能保持一定的导流能力。

由于支撑剂在压裂中的重要性,目前支撑剂在类型及性能方面均不断地发展,近期研究比较多的是改善加工方法的陶粒及超级砂两种。分析现用陶粒的主要矛盾,表现在它的强度与重度两个方面。陶粒的理论破碎压力取决于材料的强度及弹性模量,而后者与制造方法有关。可以把陶粒制成实心型、中空型及多孔型三类,材料相同但制作方法不同,其产品的力学物理性能也有差别。

使用高纯度矾土制成的陶粒,在一定范围内增加孔隙度以降低其重度,而不太影响其强度的作法是有可能的。使用热固性塑料将相对密度为 $2.0g/cm^3$(孔隙度为 50% 左右)的陶粒包起来,可以保证其高强度和低重度的特点。

中空型陶粒的中空体积占总体积的 26% 时,其强度与实心的相比,基本上不变。中空体积达到 45%,下降不到一半。45% 的中空体积与 20% 孔隙度的两种陶粒,具有相同的强度。

陶粒的强度与矿物组成有关,三氧化二铝的含量越多,质地越纯,其强度越大。既保持一定的强度,又要降低密度,则可选择空心或多孔制作法,其中空心的优越性较大。另外,塑料涂层或包层的新型支撑剂可能有较好的发展前途。

2. 煤层支撑剂性能

支撑剂的性能是影响支撑裂缝导流能力的重要因素之一。支撑剂粒径增大则强度降低,对破碎的敏感性增强,在压裂施工中沉降速度增大,要求的裂缝宽度增加,携带的难度增大。粒径小的细砂容易引起局部堵塞,降低裂缝的渗透率,泥质和粉煤容易运移堵塞。根据煤层压裂混合裂缝的特点,我们一般选用粒径在 0.4 ~ 0.8mm、0.8 ~ 1.2mm 的支撑剂。其圆度和球度较高且数值大致相同,使颗粒上应力分布比较均匀,在破碎前可承受较大的载荷。油气井压裂常用的支撑剂有石英砂和陶粒砂。而对于煤层一般使用石英砂,其性能良好,特别适用于低温煤层气井。表 4 - 3 是选用兰州石英砂作煤层压裂支撑剂后,按照石油天然气行业标准 SY/T 5108—2006"压裂支撑剂性能指标及测试推荐作法"的规定,测定了支撑剂的性能。

表 4－3　支撑剂性能测试（据张高群，1999）

粒径规格,mm		0.3～0.5	0.4～0.8	0.8～1.2
相对密度,g/cm³		2.6	2.6	2.6
视密度,g/cm³		1.52	1.51	1.40
表面光滑度		一般	一般	一般
圆/球度		0.8/0.8	0.8/0.8	0.8/0.8
粒径分布,%	＞0.8mm	—	2.1	—
	0.8mm	—	0.8	—
	0.7mm	—	24.5	—
	0.6mm	—	25.4	—
	0.5mm	—	15.9	—
	0.4mm	67.6	27.9	—
	＜0.315mm	23.8	2.20	—
30MPa破碎率,%		12.0	13.0	25.0

一般说来,比较理想的支撑剂应具有如下物理性能。

（1）相对密度:尽可能要小,最好低于 2.0g/cm³。

（2）化学稳定性:在地层条件及操作条件下无化学变化。

（3）圆球度:尽可能应接近于 1。

（4）强度:能够随相应地层的闭合压力。

3. 煤层支撑剂的沉降

支撑剂的沉降规律影响支撑剂的输送,而支撑剂的输送影响支撑裂缝的几何形状。因此支撑剂的沉降速度是压裂过程的重要因素。

支撑剂在压裂液中的沉降速度与压裂液粘度和流速、裂缝宽度、支撑剂粒度和密度有关。沉降速度是重力、阻力、压裂液和支撑剂的密度、支撑剂粒度和表面粗糙度的函数,假定支撑剂粒子为光滑圆球,则其沉降速度公式如下:

层流（$0.0001 < Re < 1$）,按斯托克斯定律:

$$V_0 = \frac{gd^2}{18\nu}\left(\frac{\rho_p}{p} - 1\right) \tag{4-34}$$

以上几式中　V_0——球形支撑剂颗粒的沉降速度,m/s;

　　　　　g——重力加速度,9.81m/s²;

　　　　　ρ_p——支撑剂密度,kg/m³;

　　　　　ρ——压裂液密度,kg/m³;

　　　　　d——支撑剂粒径,m;

　　　　　ν——压裂液运动粘度,m²/s。

过渡流($1 < Re < 1000$)，按阿伦定律：

$$V_0 = 0.025 \left[g(\rho_p - \rho)/\rho \right]^{0.71} \cdot d^{1.14}/(\mu/\rho)^{0.40} \qquad (4-35)$$

湍流($Re > 1000$)，按牛顿定律：

$$V_0 = 1.74 \sqrt{dg(\rho_p - \rho)/\rho} \qquad (4-36)$$

对于非球形颗粒，有：

$$V = 0.843 V_0 \log(\varphi/0.065) \qquad (4-37)$$

式中　V——非球形支撑剂颗粒的沉降速度，m/s；

　　　φ——非球形支撑剂颗粒的形状系数（球形度），无因次。

非球形支撑剂颗粒的形状系数（球形度）由下式求得：

$$\varphi = A_0/A$$

式中　A——颗粒表面积，m^2；

　　　A_0——与颗粒等体积圆球的表面积，m^2。

在压裂过程中，支撑剂粒度的确定主要考虑其在压裂液中的沉降速率，而支撑剂浓度（砂比）的确定主要考虑携砂液的对流，形成对流的原因是支撑剂浓度不同造成的密度差别。当压裂液的粘度较高时，对流作用占主导地位，这主要是此时的沉降速率很低。

4. 煤层支撑剂的选择

煤层压裂支撑剂的选择与常规油气储层截然不同。煤层水力压裂的目的是连通煤层割理系统。煤基质渗透率一般很低，因此气体主要由割理流入井筒。故不需要高导流能力的裂缝，而要尽可能沟通更多的割理。由于煤层一般埋藏较浅，闭合压力低，选用天然石英砂（30MPa 下破碎率小于 12%）既可满足支撑裂缝要求，又经济便宜。常用石英砂规格有 40 – 70 目的粉砂、20 – 40 目的中砂和 12 – 20 目的粗砂。

压裂常用的方法是单一支撑剂粒径，这对于常规低渗透储层而言是正常的，但煤层物性较差，易产生多裂缝，使近井筒摩阻或扭曲效应大大增加，如仍采用以往常规粒径支撑剂，容易诱发早期砂堵情况。小粒径的支撑剂破碎率低，导流能力的保持水平高，且在相同施工砂液比条件下，能铺置更多层的支撑剂，以弥补导流能力降低的不足。而大粒径的支撑剂比小粒径的支撑剂渗透性好。所以煤层支撑剂需要使用粒径组合技术，先选用小粒径的支撑剂，它可进入到地层深部，并可与更多的割理相连，而后再加入大粒径支撑剂。

煤层压裂加砂组合方式有 4 种：粉砂 + 中砂 + 粗砂、粉砂 + 粗砂、中砂 + 粗砂、粗砂。粉砂加在前置液中，以减少压裂液滤失，利于造缝；中砂和粗砂支撑裂缝，改善煤层渗透性；尾注粗砂提高裂缝入口导流能力；单纯加入粗砂施工难度大，但压裂效果较好，并可避免排采时粉砂返吐堵塞裂缝。石英砂规格及加砂量可由软件模拟确定。

在实际施工中，特别是在措施的早期，先选用小粒径的支撑剂，使之深穿透，并且割理与井筒相连更显重要。采用小粒径支撑剂,可以减少煤粉的运移,如用 100 目的支撑剂,然后用 40 – 70 目的支撑剂,接着用 20 – 40 目的支撑剂。100 目的支撑剂深穿透煤层能力强,40 – 70 目的支撑剂防止 100 目的支撑剂的回流,20 – 40 目的支撑剂将提供裂缝周围的高导流能力。对于容易脱砂的地方,用树脂包 20 – 40 目的砂子可以使支撑剂固定。

由于大多煤层较软,所以高砂比可减少嵌入的影响,最小的砂比为 4.88kg/m²,如果砂浓度为 2.38kg/m² 或更小,那么裂缝导流能力将更低。

第三节　煤层水力压裂技术

由于煤储层具有松软、割理发育、比表面积大、吸附性强、压力低等与油藏储层不同的特性,由此而引起的高注入压力、复杂的裂缝系统、砂堵、支撑剂嵌入、压裂液返排及煤粉堵塞等问题,使得煤层气井用压裂液与油气井压裂液存在着差异,主要表现在:煤岩的比表面积非常巨大,具有较强的吸附能力,要求压裂液同煤层及煤层流体完全配伍,不发生不良的吸附和反应;煤层割理发育,要求压裂液本身清洁,除配液用水应符合低渗层注入水水质要求外,压裂液破胶残渣也应较低,以避免对煤层孔隙的堵塞;压裂液应满足煤岩层防膨、降滤、返排、降阻、携砂等要求;对于交联冻胶压裂液,要求其快速彻底破胶。对于煤层压裂,国内外常规技术有活性水压裂技术、线性胶压裂技术、冻胶压裂技术、清洁压裂液,此外还有泡沫压裂、泡沫加砂压裂、CO₂ 加砂压裂等。

一、活性水压裂技术

为了使煤层气井用压裂液能更适合煤储层的特性,对压裂液中各添加剂的优选变得尤为重要。首先应尽可能减少有机物的加入,活性水压裂液是重要选择之一,它主要由水、KCl、表面活性剂组成。由于煤是多孔物质,比表面积大,压裂液对煤基质的伤害主要是由于煤基质对液体吸附而引起的,所以在压裂液添加剂的优选时,不仅要考虑各添加剂的性能,还要研究添加剂水溶液与煤基质的吸附润湿特性、膨胀特性,伤害性能。

活性水作为煤层压裂液,在我国已进行了多次煤层气的开发实验。其施工排量大,用液量大,加砂量相对较少,但对煤层的污染较小。针对以往活性水压裂液特点,重点对返排性能进行调整,并认为在较低温度(小于 30℃)及压裂工艺所要求裂缝较短的情况下,使用活性水压裂液。

对于活性水压裂液,表面活性剂的筛选是最主要的。在煤层气井压裂中,不单要考查表面活性剂界面张力,尤为重要的是要进行表面活性剂与储层的煤之间的吸附润湿试验,以确定其是否起到助排作用。因为如果煤储层对活性水压裂液的吸附很强的话,那么不但对储层造成膨胀伤害,最重要的是势必会造成压裂液中表面活性剂的有效成分减少,对压裂液的返排不利,达不到排采要求,对储层的伤害会加大。表面活性剂具有在低浓度时能吸附在两种互不相溶的物质表面之间的特性,可降低两种互不相溶的物质(油与水)之间的作用力,使压裂液容易返排且更彻底,以减少对储层的伤害。在煤层气井压裂中,助排剂的选择比油气井中助排剂的选择更重要,这是由于煤储层的特性决定的。因为无论是活性水和冻胶压裂液均需加入一定量的助排剂,对于不同的储层特性,同种助排剂所起的作用差异较大。通过大量的室内实验发现,活化剂 DL – 10 具有较好的表、界面张力,它对煤粉的吸附量相对来讲要小得多,它的水溶液表界面张力变化不是很大。所以,活性水压裂液配方推荐为:洁净水 + KCl + DL – 10。

活性水压裂液对煤储层的伤害率较小,一般小于 25%,因为用活性水压裂液不存在残渣堵塞孔隙裂缝伤害问题,主要反映的是粘土膨胀伤害和吸附伤害情况。该技术的不足在于它滤失量大,携砂能力差,管路摩阻大,施工难度较大。

自 1998 年由中原油田和华北油田在沁水盆地煤层气井实施压裂改造以来,已完成活性水加砂压裂改造分别为 10 井次和 20 井次。从压裂施工过程来看,活性水压裂液满足工艺要求,使得压裂工艺的实施得以顺利完成,施工成功率达 100%,加砂量达到了设计要求,裂缝长度为 50 ~ 100m,接近国外对压裂裂缝长度检测的结果。压裂后产气、产液量提高幅度较大,从而表明压裂改造是有效的。

表 4 – 4　实验区部分活性水压裂效果统计(据梁利等,2001)

井号	煤组号	加砂量 m³	裂缝长 m	产水量(压前/压后) m³/d	产气量(压前/压后) m³/d
晋试 1	3	40	65 ~ 92	0.46/6.0	0/2700
吴试 1	3	18	97 ~ 104	3.3/7.6	0/76
吴试 1	10	25.3	88 ~ 95	1.84/14.3	0/15
大 1 – 1	2 + 3	31.2	65 ~ 73	—/7.0	—/1131
大 1 – 1	4	20.2	51 ~ 60	—/7.0	—/1131
晋 1 – 1	3	40.58	54 ~ 73	—/3.39	0/2669
晋 1 – 1	15	18.75	57 ~ 62	—	—

潘庄地区 4 口井活性水压裂后,放喷井口有大量水和气泡,且能点火,P – 2 井平均日产气 9044m³,P – 3 井压后放喷压力 3.3MPa,最高日产气 8500m³,P – 4 井最高日产气 5100m³,增产效果非常明显。

二、线性胶压裂技术

线性胶压裂液(稠化水压裂液)是由水溶性聚合物稠化剂和其他添加剂组成,具有流动性,一般属于非牛顿流体,可近似地用幂律模型来描述。水经稠化增粘后有助于输送支撑剂、降低液体滤失、增大裂缝宽度,因此线性胶压裂液具有一定的表观粘度与低滤失特性,减阻性能好,易破胶低伤害;但对温度、剪切速率较为敏感。其表观速度是剪切速率、温度、聚合物浓度、聚合物相对分子量及化学环境的函数,具有剪切变稀、流动无滑移、测粘重复性较好等流变特性,使用和控制简单,如果设计一种消除伤害的施工或在井眼附近得到高裂缝导流能力的支撑带,则线性胶压裂液是理想的液体。线性胶压裂液中稠化剂主要有三大类,即植物胶及其衍生物、纤维素衍生物、合成聚合物。

其中最常用的是植物胶及其衍生物,占90%以上。植物胶中胍胶是国内外常用的良好稠化剂。由于胍胶原粉溶解速度慢,其中水不溶物含量高,因此胍胶需要改性才能适应工程的需要。常见的胍胶改性有羟丙基化和羧甲基化,从而形成常见的普通胍胶,例如羟丙基胍胶(HPG)、羧甲基胍胶(CMC)和羧甲基羟丙基胍胶(CMHPG)。在压裂液中加入胍胶后,压裂液具有一定的粘度。粘度的升高有利提高其造缝、携砂能力,但也带来了破胶的问题,同时稠化剂的用量直接影响着线性胶压裂液的成本。

线性胶压裂液体系不同于交联冻胶压裂液体系,具有低伤害、低摩阻、易返排的特性。国外主要用于特低渗储层的改造,如1995年Union Pacfic Resource公司第一次在美国东德克萨斯州棉花谷Taylor砂岩低渗气田使用了线性胶压裂液体系,取得了比较好的的改造效果,随后在该区块相继进行了多次线性胶压裂试验,截止1997年,该公司总共在棉花谷施工150井次,线性胶压裂250层,获得了满意的效果。在国内,新疆、中原、大庆等油田已进行了一定规模的线性胶压裂液应用,并取得了较好的效果。

通常在考虑降低摩阻时,使用线性胶压裂液。室内试验认为,线性胶压裂液会极大地降低煤层的渗透率,形成滤饼性能很差,高分子可自由地通过(在静态滤失试验可验证)。通常降阻剂造成的伤害与降阻剂的类型及数量有关,对于其它降阻剂(如CMC、聚丙烯类),是否对煤层渗透率造成同样的伤害,有待进一步研究。文献报道,使用0.24%的羟丙基胍胶或0.003%的聚丙烯类化合物作为降阻剂,其压裂液对煤基质渗透率的伤害为60%~70%。由此可见,对于不同煤样,线性胶压裂液造成的伤害也不同。尽管降阻剂对煤层渗透率造成一定的伤害,但对于地面压力太高的深井,在压裂中使用降阻剂是合理的。

结合试验结果,我们得到了在40℃和30℃时各项性能指标均能达到压裂工艺要求的4种配方。从方便的角度考虑,选择以下两种线性胶压裂液配方作为压裂用压裂液:

在40℃时:0.4%羟丙基胍胶 + 2.0%氯化钾 + 0.2%助排剂 + 0.08%过硫酸铵 + 0.01%低温活化剂

在30℃时:0.35%羟丙基胍胶 + 2.0%氯化钾 + 0.2%助排剂 + 0.03%过硫酸铵 + 0.01%低温活化剂

三、清洁压裂液技术

清洁压裂液是一种由粘弹性表面活性剂(VES)、KCl、胶束促进剂、水等配制而成的水基压裂液。粘弹性表面活性剂的相对分子量很小,其分子直径仅为胍胶分子直径的1/5000。它有亲水的头部和长链亲油的尾部。在盐水中,通过反向离子的作用,组成细长的胶束聚集体,即形成一种胶束状微胞。这种微胞的亲水基在外,疏水基在内,若表面活性剂超过临界胶束浓度(CMC),球状的胶束会变成杆状或蠕虫状的微胞,蠕虫状的胶束微胞会缠绕在一起,阻止液体流动,形成一网状结构粘弹态固体,正是这种结构导致了低粘清洁压裂液具有超常的携砂能力。

当系统变形时,其流动特性近似于非牛顿流体。使 VES 粘弹态遭到变化有两种因素,一是与烃类接触,另一种是地层水的稀释,其螺旋形分子会分解成为更小的悬浮分子,从而降低了压裂液的粘度,悬浮分子无法相互缠结,因此压裂液的粘度与水的粘度相似,压裂液可以和产出物一起反排到地面,在地下形成高连通性的支撑裂缝。

由于 VES 压裂液对支撑剂的传送得益于压裂液的粘弹性结构(而不是粘度),因此可在低粘度下有效传送支撑剂,且压出的裂缝长、裂缝的几何形状理想。此外,VES 流体是无聚合物的,不会留下像聚合物基压裂液那样的残渣,在支撑剂充填层和裂缝壁面残余物的形成亦将大大的减少,自然将保留更高的裂缝和地层间的传导率,减少了地层伤害并且改善了负表皮效应,提高了潜在的产量。

中联煤层气有限责任公司于 2005 年在陕西省韩城地区选用清洁压裂液对煤层进行了压裂试验,共压裂 3 口井、8 层煤层,施工成功率 100%,并取得了良好的压裂效果。其摩阻仅为活性水摩阻的 38%,压裂井的日产气量是活性水压裂井的一倍以上。压完后的火把高度 2~4m,平均砂比均在 30% 以上,最高单层加砂 68m³,压后放喷液显示完全破胶(未添加任何破胶剂),放喷初期粘度一般低于 10mPa·s,放喷 4h 后粘度均低于 5mPa·s。此次清洁压裂液在煤层压裂改造中的成功应用在国内外尚属首次,为大规模改造煤层并同时尽量降低煤层伤害提供了一条新的途径。

清洁压裂液具有很多的优点,并且能改善裂缝的导流能力。由于清洁压裂液的独特性能,使其具有比传统聚合物压裂液体系更加广阔的发展前景。

第四节　煤层水力压裂工艺

一、压前校正试验工艺

煤层气井压裂前均作一系列校正试验,以便做出最佳的压裂设计。所作的试验有:

(1)测定裂缝延伸压力的阶跃试验。

(2)测定裂缝闭合压力的泵入和回流试验。

(3)用微裂缝试验确定失水、压裂液效率、垂直裂缝高度。裂缝延伸压力是施加在岩石上使裂缝延伸的应力,裂缝闭合压力是岩石裂缝中的流体压力降低情况下最小的水平应力,它是裂缝传导性的标志之一。

(4)用小型测试压裂确定最小水平应力,并可初步计算出最大水平应力。

裂缝垂直高度决定了为获得设计的裂缝长度和传导性而采取的压裂规模。压裂效率(停泵后所产生的裂缝的体积与泵入得压裂液体积之比)是沿裂缝表面失水的程度。由于不可能直接测定裂缝的体积,压裂液效率和失水是根据压裂后压力的衰减,用无因次压力——时间类型曲线匹配而推导出来的。

(1)阶跃试验:确定裂缝延伸情况的阶跃试验是开始以较小排量注入液体,并使排量逐渐增加,测定压力,并对时间作图,其拐点即表示裂缝的延伸。

（2）泵入和回流试验：阶跃试验后，需作一系列泵入和回流试验，以便确定裂缝的闭合压力。试验时以较大的排量泵入液体使裂缝伸张，然后以稳定的速率回流，做出压力—时间关系图，图上由上凹到下凹的拐点即是裂缝闭合压力，该试验应重复若干次，以核实闭合压力的正确性。

（3）微裂缝试验：进行该试验，借以确定垂直裂缝高度和压裂液效率，以便有助于正确设计压裂规模，试验时以设计的注入速度，泵入原设计 10% ~20% 不带支撑剂的压裂液入井，并可加入放射性物质，以追踪裂缝高度。

（4）小型测试压裂：具体方法是用封隔器隔离测试段，泵入少量低粘度流体使地层破裂，然后停泵测定瞬时关井压力。一般认为瞬时关井压力等于最小原应力，对于垂直裂缝而言，最小原应力即最小水平应力。

表 4 - 5　测试压裂类型

类　型	获 取 参 数
台阶式流量注入	破裂压力
泵入/回流或泵入/关井	裂缝闭合压力
小型压裂压降	流体损失系数
泵入/关井（持续时间较长）	流体损失系数，裂缝宽度、长度，闭合时间

二、分层压裂

我国的煤层气田多数都是多层的。在多层情况下，压裂成功率不高的原因之一，是压裂液不能按照人们的意愿进入目的层。在多层情况下，要进行分层压裂，分层的方法很多，如利用封隔器的分层方法、利用暂堵剂的分层方法、利用限流法等都可以进行分层压裂作业。分层压裂工艺方法的选择是由储层、工艺适应性及相关因素决定的。

1. 堵球法分层压裂

同时开采渗透率不同的多层煤层气，当压裂液泵入井内以后，液体首先进入高渗层，而一般低渗层是压裂的目的层，这时就可以将一些堵球随液体泵入井中，因为液体先向高渗层流动，所以堵球随之将高渗层的孔眼堵住，待压力升起，即可将低渗层压开。

这种方法可在一口井中多次使用，一次施工可压开多层。这种方法的优点是省钱省时，经济效益好。但有时井下并不是想象的那样层次分得很清楚，因而封堵效率可能并不理想。如果压开一层后，用堵球封堵住，然后再射孔进行第二层作业，这样可得到较好的效果。

这种方法使用的堵球有两大类：一种是高密度的，即球的密度比液体大；一种是低密度的，这种密度低于液体的堵球具有明显的浮力效应（堵球一般是用工程塑料、铝等为材料）。

2. 限流法分层压裂

在分层压裂中，桥塞与封隔器法虽然在分层上有效，但作业复杂且成本高，堵球法有时也因为井况原因而无法使用。例如：若套管外窜漏或因堵球破裂、损伤使液体旁流则失去封堵作用。

限流法分层压裂用于多层而各层之间的破裂压力有一定差别的煤层气井。此时可用控制各层的孔眼数及孔眼直径的办法，限制各层的吸水能力以达到远层压开的目的。图4-9是一个限流法的例子。

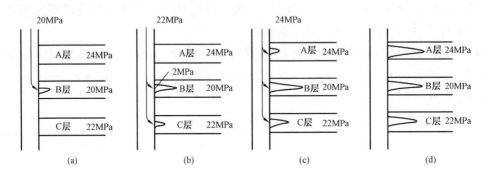

图4-9 限流法示意图

如图4-9所示，有A、B、C三个油层，相应的破裂压力分别为24MPa、20MPa和22MPa，按射孔方案射开各自的孔眼。当注入井底压力为20MPa时，B层压开；然后提高排量，因孔眼摩阻正比于排量，B层孔眼摩阻达到2MPa时的注入井底压力22MPa，此时C层被压开；继续提高排量，B层孔眼摩阻达到4MPa时的井底注入压力为24MPa，A层被压开。射孔孔眼的作用类似于井下节流器，随排量增加，井底压力不断提高，从而逐层压开。

限流法分层压裂的关键在于必须按照压裂的要求设计合理的射孔方案，包括射孔孔眼、孔密和孔径，使完井和压裂构成一个统一的整体。

3. 封隔器分层压裂

封隔器分层压裂是目前国内外广泛采用的一种机械法压裂工艺技术，但作业复杂、成本高。根据所选用的封隔器和管柱不同，有以下4种类型。

(1)单封隔器分层压裂：用于煤层气井最下面一层进行压裂，如图4-10(a)所示。

(2)双封隔器分层压裂：可对射开的煤层气井中的任意一层进行压裂，如图4-10(b)所示。

(3)桥塞封隔器分层压裂：如图4-10(c)所示。

桥塞压裂管柱主要由Y422-114可取式桥塞、打捞器、喷嘴、K344-114封隔器、水力锚组成。管柱耐压50MPa，耐温90℃，适用于φ140mm套管井。上下封隔器之间没有管柱限制，卡距任意可调，能满足大跨距、多层段压裂要求。压裂不损伤套管，能满足大砂量、高砂比、低替挤压裂要求。首先将可取式桥塞坐封并释放于第一预设压裂层段下部，上提压裂管柱至待压层段上部。压裂时，当施工排量达到1m³/min时，坐封器产生的节流压差使K344-114封隔器坐封，从而完成第一层段的封隔及压裂；控制放喷后，下放管柱捕捉并解封桥塞，然后上提管柱至第二预设压裂层段，坐封并释放桥塞，上提管柱完成第二层段的封隔及压裂。如此反复，可实现多个层段的压裂。

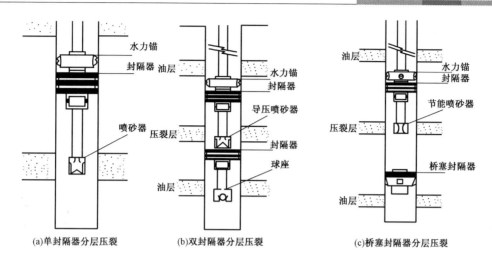

(a)单封隔器分层压裂　　(b)双封隔器分层压裂　　　　(c)桥塞封隔器分层压裂

图4-10　封隔器分层压裂管柱结构示意图

4. 蜡球选择性压裂

在压裂液中加入油溶性蜡球暂堵剂,压裂液将优先进入高渗层内,蜡球沉积而封堵高渗层,从而压开低渗层。油井投产后,原油将蜡球逐渐溶解而解除堵塞。若高渗层为高含水层,堵球不解封有助于降低煤层气井含水率。

5. 堵塞球选择压裂

将井内欲压层段一次射开,首先压开低破裂压力层段后加砂,然后注入带堵塞球的顶替液暂堵该层段;再提高泵压压开具有稍高破裂压力的地层,根据需要注入顶替液后,结束施工或者继续注入带堵塞球的顶替液暂堵该层段,以便压裂另一层段,从而改善产气—吸水剖面。

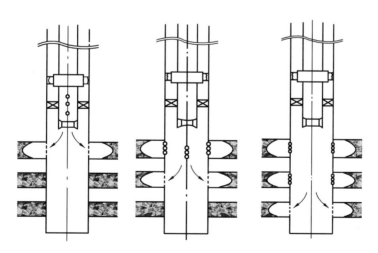

图4-11　堵塞球分层压裂工艺示意图

三、液态 CO_2 压裂工艺

煤层气储层与常规天然气储层相比具有很大的差异。近年来美国与加拿大广泛试验一种对煤层无损害的压裂技术——"干式压裂技术",即用 CO_2(液态)作为携砂液(无水或任何处理剂)通过一个混砂机,将支撑剂混于液态 CO_2 中。

1. 液态 CO_2 压裂的原理

液态 CO_2 压裂的典型处理方法是在 $114 \sim 136m^3$ 的液态 CO_2 中加入 $16 \sim 21t$ 支撑剂(混砂机的搅拌能力应达到 $21t$),注入速度 $6 \sim 9m^3/min$。

液态 CO_2 压裂的增产原理:在煤层气井压裂改造过程中将液态 CO_2 作为介质实施增产措施,形成裂缝达到增产的目的。在压裂过程中,将液态 CO_2 注入煤层,压裂结束后在煤层温度下 CO_2 快速气化,有助于压裂液的返排。

2. 液态 CO_2 压裂的优缺点

液态 CO_2 压裂技术的优点是对煤层伤害最小。液态 CO_2 压裂液不含水,压裂过程中受热膨胀,全部气化并回流到井筒,对裂缝周围的相对渗透率和毛细管压力伤害最小。在气层中,完全消除了对裂缝面周围相对渗透率或毛细管压力的损害。压裂后洗井排液更加迅速彻底。液态 CO_2 压裂液在井筒和煤层中气化膨胀、溶解等方面均具有更好的性能,压裂处理后可完全不依靠地层压力在 1 至 4 日内实现迅速彻底的洗井排液,压裂成本低,经济效益好。

液态 CO_2 压裂所用的压裂液几乎全部都是 CO_2,对胶凝剂等添加剂的需要是各种压裂液中最少的。使用的设备只有混砂机是专用的,此外都与常规压裂相同。

尽管如此,液态 CO_2 压裂技术也存在很多缺点,主要是液体的粘度低。由于粘度低,所以流体漏失多,这就使压裂作业对流量有很大的依赖性。而且与常规压裂液比较,液态 CO_2 压裂液携砂的浓度低一些、砂粒尺寸小一些。液态 CO_2 压裂产生的裂缝要比常规压裂液产生的窄。但对气井来讲,由于气的粘度低,裂缝窄对产量影响相对较小,而且窄的高渗透裂缝可以产生足够的传导率。

3. 液态 CO_2 压裂工艺技术

液态 CO_2 压裂技术与常规压裂方法在工艺技术上的主要差别是:液态 CO_2 压裂首先将支撑剂加压降温到液态 CO_2 的储罐压力和温度,在专用的混砂机内与液态 CO_2 混合,然后用高压压裂泵泵入井筒进行压裂;而常规压裂方法是先把支撑剂与携砂液混合,然后一起泵入井筒。

液态 CO_2 压裂使用的设备如下:

(1)一个至几个 CO_2 储罐,用于储存加压降温后的液态 CO_2(CO_2 保持在 $-34.4℃$ 和 $1.406MPa$ 下);

(2)管汇,用于连接储罐、高压压裂泵和井口;

(3)高压压裂泵车,带常规的压裂泵,用于将混砂压裂液泵入井中;

（4）混砂机，CO_2 混砂机是一个较大的密闭的压力容器，可在液态 CO_2 导入高压压裂泵之前，将支撑剂混入液态 CO_2。

压裂液的组成如下：携砂液，为液态 CO_2，用量 $50 \sim 450 m^3$；胶凝剂，可以完全不用。

支撑剂方面，通常用 40/60、20/40、10/20、30/50 等目的硅砂，也可以使用其它粒径和材料的支撑剂，用量 $5 \sim 75 t$。支撑剂浓度决定于泵速和井深，还主要受混砂机的泵速限制。泵速提高，加砂浓度可进一步提高。

4. 现场施工步骤

（1）利用液态 CO_2 储罐在开始作业前将压裂液送到现场。混砂机在现场作业前装入支撑剂，一次装载的支撑剂量取决于混砂机本身的容积，大约是 $23 t$。注入速度取决于管壁摩擦及管径大小。液态 CO_2 在温度 $-17.8℃$、压力 $2.1 MPa$ 的状态下导入混砂机。氮气作为置换"垫"，驱使液态 CO_2 进入混砂机，然后再驱使液态 CO_2 砂浆进入高压压裂泵。

（2）压裂目的层附近的套管应采用常规方法射孔。泵入井筒的液态 CO_2 穿过射孔进入煤层，液态 CO_2 要有足够大的泵送速度，同时应采取连续注入。

（3）压裂作业完成后，关井一段时间，使 CO_2 完全气化，然后开井排液，将气态 CO_2 排除井筒。

四、低伤害高效压裂工艺

针对高煤阶煤层压裂难点，国内外进行了多项技术研究，旨在保证支撑面最优和提高有效支撑效率，主要包括三次停泵技术、提高有效支撑率技术、多裂缝综合控制和支撑剖面优化技术。

1. 三次停泵测试技术

三次停泵测试技术，包括在煤层压裂施工前置液阶段两次瞬时停泵测地层滤失系数和应力特征，每次停泵 $1 min$ 左右。其原理是：一般第二次瞬时停泵压力比第一次要高，原因是压裂液的滤失使得储层流体孔隙压力增加，造成地应力的增加。两次停泵压力差值越大，地层滤失性也越大。第三次停泵是指施工结束后，停泵 $20 \sim 40 min$ 测压降，反映远井储层的滤失特征。

两次瞬时停泵计算滤失系数的经验公式如下：

$$C_t = \frac{1}{3.28} \frac{1}{\sqrt{t - t_0}} \left[\frac{1}{C'} \left(\frac{ISIp(t) + p_H}{ISIp(t_0) + p_H} - 1 \right) \right]^{\frac{1}{c}} \quad (4-38)$$

式中　C_t——综合滤失系数，$m/min^{0.5}$；

　　　t——任一施工时间，min；

　　　p_H——井筒静液柱压力，MPa；

　　　$ISIp(t_0)$——前置液某一时间 t_0 的停泵压力，MPa；

　　　$ISIp(t)$——压裂施工中任一时间 t 的停泵压力，MPa；

　　　C'——裂缝几何形状的系数（对 PKN 模型，$C' = 0.20233$，对 KGD 模型，$C' =$

0.1903）；

C''——裂缝几何形状的系数（对 PKN 模型，$C'' = 0.47850$；对 KGD 模型，$C'' = 0.46767$）。

2. 提高有效支撑率技术

有效支撑率的提高包括裂缝高度控制和近井多裂缝控制，即使缝高尽可能控制在煤层段，并且不会由于近井过多的微裂缝同时延伸而引发砂堵或由于每条裂缝中支撑剂储量浓度不够而支撑无效，这一技术通过变排量施工技术和前置液段塞技术实现。

变排量施工技术包括前置液变排量控制缝高、滤失，携砂阶段变排量提砂比。该技术的优点在于：可控制起始缝高，实时监测排量与施工压力之间动态影响，确定合理的携砂液阶段施工排量以及合理的裂缝延伸压力（一旦主缝形成，再提高排量对缝高的负面影响不大，后期必须提高排量，以提高压裂液的携砂能力，获得更长的支撑裂缝）；对于活性水携砂，由于支撑剂易沉降，变排量可产生压力脉冲效应，振荡裂缝内可能的砂堵处，从而提前解除砂堵的风险。

前置液阶段的支撑剂段塞技术主要是发挥段塞的打磨作用，对于煤层这样物性差、裂缝初始延伸即有多裂缝现象的储层，尤其须要段塞技术，这样可以尽可能消除近井多裂缝对裂缝延伸的影响。同时，对于煤层这样的低杨氏模量的地层，段塞的打磨效果将更明显，对多裂缝的控制作用更明显。

3. 煤层多裂缝综合控制与支撑剖面优化技术

（1）排量控制：通过前置液前期低排量以及不同排量对裂缝内净压力的影响关系，在加砂前期将净压力控制在较低的水平，配合段塞及前期低砂比抑制多裂缝的产生，加砂后期则通过提高排量增加裂缝净压力，张开更多近井和人工裂缝周围的天然裂缝，扩大裂缝控制范围。

（2）合理砂比提升技术：像煤层这样天然裂缝发育的储层，主压裂施工前期仍要强调低起步（2% ~3%），继续打磨、冲刷多裂缝；后期高砂比填充，提高缝口导流能力；顶替时采用降排量顶替，以减少流动惯性，使缝口出的砂不被冲散，保证支撑剖面最优。

五、高能气体压裂及其复合技术

高能气体压裂及其复合技术是利用火药快速燃烧产生的大量高温高压气体，在井壁上形成径向多裂缝体系来增加油气产量的新技术。其优点主要有：（1）所形成的裂缝基本上不受就地应力的影响，可压出多方位的径向裂缝，沟通更多的地层原生裂缝，使煤层渗透率增加；（2）能量的释放过程可控且不会导致套管的破坏；（3）压裂源对地层与环境无污染、易返排；（4）施工周期短、成本低、设备及施工简便且不受地形与水源的限制；（5）适用于常规增产措施无法作业的地层，如水敏、酸敏地层。

1. 作用机理

（1）机械作用：高加载速率的气体压力形成径向多裂缝体系，可解除污染和增加沟通天然裂缝的机会。

（2）热作用：火药燃烧时释放出大量的热量，在绝热条件下可使气体温度达数千摄氏度，经与地层及液体传热后可以使井筒温度提高到数百摄氏度，这些热量可以改善地层液体的物性和流态，解除油层孔道的堵塞，提高煤层基质收缩率，加速煤层气体解吸附。

（3）化学作用：火药燃气中含有大量的 CO、CO_2、N_2、HCl 等，这些气体遇水后形成酸液，对近井地带有酸化解堵作用。

（4）振动脉冲作用：高能气体压裂在裂缝延伸过程中总伴随着压力脉冲波动过程。其作用一是对于堵塞近井地层孔道中的机械杂质，如对其作用脉冲载荷，则杂质与孔道壁间的结合力将遭受破坏，使其松动脱落，并在洗井过程中受到上升流体的悬浮力而被排出井筒，达到解除地层杂质堵塞的目的；二是在脉冲载荷作用下，可以减小层中孔隙界面张力，导致煤层基质收缩，增加割理宽度，引起渗透率的急剧增大。

2. 增产机理

由于射孔与压裂技术复合使用，射孔后能在近井地带形成多条微裂隙，形成的裂隙方位取决于射孔弹的相位。紧随着的气体压裂将会在射孔形成的裂隙（薄弱环节）处生成裂缝并得以延伸，以有利于沟通煤层的天然裂隙或割理，达到降压解附，改善煤层渗透性，提高煤层气产量。另一方面，煤岩是易破碎的，在水力压裂施工中由于压裂液的水力冲蚀作用及与煤岩表面的剪切与磨损作用，煤岩破碎产生大量的煤粉及大小不一的煤碎屑，由于它们是疏水性的，不易分散于水或压裂液中，从而极易聚集起来，阻塞压裂裂缝，导致压裂处理压力过高。而射孔与压裂复合作用产生的介质是金属粒子流与高压高速气体，能穿透煤粉与煤碎屑的堵塞，疏导裂缝，提高煤层的渗透性，增加煤层气产量。

六、套管注入大排量压裂

煤层存在大量的天然割理系统，煤层气井压裂与油井压裂完全不同，煤层一个突出的特点是压裂液滤失量大、液体效率低、施工砂比低，为了提高液体效率，可以采用套管注入大排量压裂技术，油套混注大排量工艺改为套管注入大排量的施工方式，将施工排量提高到 $8.0 \sim 10.0 m^3/min$，有效地控制了液体滤失，保证了裂缝的正常延伸，提高了煤层的压裂效果。其中大排量压裂施工实施的设备条件如下：2 组压裂车（常规压裂施工用 1 组）、55MPa 压裂管柱及专用下井工具。2010 年 8 月底，新疆油田公司井下作业公司和准东采油厂共同完成了准南煤田 ZN—01 井煤层气压裂施工。ZN—01 井位于新疆准南煤田阜康矿区境内，是该区块的一口生产井加参数井，在最高排量达到 $8m^3/min$ 的情况下，按设计要求添加支撑剂 $50m^3$，入井压裂液 $800m^3$，施工最高压力 17MPa。本次施工目的层为880m 至 888m 处。本次施工是首次尝试排量在 $8m^3/min$ 的情况下，使用 $28m^3$ 载液罐进行一条龙供液。经过本次压裂，ZN—01 井增产效果明显，证明套管注入大排量的施工方式对煤层气井压裂效果具有显著影响。

七、二级加砂压裂

煤层天然微裂缝十分发育，煤层的杨氏模量比常规砂岩的杨氏模量低，煤层特性决定了煤层气井压裂容易形成宽的水力裂缝,而要形成长的支撑裂缝比较困难,甚至是不可能的。煤层气获得增产的主要途径是尽可能地多沟通天然割理系统。二级加砂压裂工艺是在加砂量达到一定数量后,人为地将施工砂比提高到发生砂堵的极限,然后停砂继续注前置液造缝,再加砂,当砂量达到一定数量后,再将施工砂比人为提高到发生砂堵的极限,此过程可反复多次进行,该技术有利于更多地沟通天然割理系统,起到煤层气井压后增产的目的。

八、复合支撑压裂工艺

复合压裂技术是将高能气体压裂在近井地带产生多条短缝与水力压裂产生 1 条长裂缝的优点相结合,对煤层气井先进行高能气体压裂,然后进行水力压裂联合作业,使破裂压力与近井地带渗流阻力降低,从而提高产量的方法。复合压裂具有以下的技术特点:

(1)造缝能力强。高能气体压裂可形成多条径向裂缝,长度为 5 ~ 15m,宽度为 0.2 ~ 0.5mm,4 ~ 8 条。因此采用复合压裂可确保在近井地带形成多条填砂裂缝,同时远离井筒区域的渗透性也得到有效地改善。

(2)既具有裂缝高导流能力的增产机理,又具有高能气体的压裂热化学作用、机械作用和物理作用的增产机理。复合压裂充分利用了两种压裂技术造缝机理的差异互补性,降低了水力压裂的破碎压力又延伸并汇聚、支撑了高能气体压裂多条径向裂缝,形成了一个较大半径的破碎带。这大大减小了流体在井筒周围的附加阻力,使地层的煤层气渗流状况大为改观,增加产量。

(3)较好的经济效益。复合压裂同任何单纯一项的压裂相比,成本相对高一些(4 ~ 5 万元/井次),而煤层气井增产倍数是水力压裂的 2.5 倍,有效期延长 1 倍以上,从长远的效益相比较,可以获得良好的经济效益。在复合压裂技术中,先对煤层进行高能气体压裂,在近井地带形成多条径向裂缝,减小或消除了井壁周围的应力集中,然后进行水力压裂时,近井地带的裂缝必须沿高能气体压裂所形成的多条长向裂缝延伸,当裂缝延伸到径向裂缝的末端时,裂缝要继续延伸受地应力及其分布的控制,沿垂直最小主应力方向延伸。这样在井筒周围就可以形成多条有支撑剂支撑的裂缝,远离井筒地层的渗透性也得到了有效的改善,使地层流体先由地层向裂缝渗流,再由裂缝向井筒周围的径向填砂裂缝流动,最后流入井筒。

通过油井压裂可发现,不同种砂型的复合支撑压裂工艺压裂效果很好,在煤层气井压裂中,借鉴了油井的成功经验,根据同种砂型不同粒径所起到的复合支撑作用,在加砂前期先加入 0.425 ~ 0.85mm 的石英砂,再尾追 0.85 ~ 1.18mm 的石英砂充填井筒边缘地带。这样能够形成稳固的裂缝,以保证煤层气流的顺利畅通。

第五节　煤层水力压裂裂缝监测技术

裂缝监测包括裂缝高度测量和裂缝方位及长度的监测。针对煤层的特点,考虑国内的实际情况和经济、技术的可行性,利用大地电位法或微地震法测定裂缝方位和长度,使用井温测试法或放射性同位素示踪剂以及伽马测井法测定裂缝的高度,从而确定裂缝的基本几何形态。以下对井—地电位法和井温测井监测技术进行详细的介绍。

一、井—地电位法

1. 监测原理

电阻率的差异是应用井—地电位方法的地球物理前提条件。井—地电位方法是利用水力压裂前后煤层电阻率的变化,探测水力裂缝的几何参数。在一般压裂液配方中,都含有一定比例的 KCl,KCl 溶液是高导电的电解质物质。压裂施工中,压裂液相对煤层为良导体,压裂液沿裂缝进入煤层,改变了煤层的电阻率分布。压裂后通过套管向煤层供电,电流在良导体压裂液的引导下进入裂缝区域,在煤层中形成一个场源,由于压裂液的存在将使原电场的分布形态发生变化,即大部分电流集中到充满压裂液的低阻带,引起地表观测电场的变化,不同形态的水力裂缝形成不同的场源,在地表形成不同形态的大地电场分布,采用高精度电位观测系统,观测压裂前后地面电场的变化,经过数据处理,得到裂缝的几何参数。

2. 数学模型及数值求解

地球物理反演问题大部分是非线性的,由野外数据反演地下电阻率参数的计算一般使用非线性最小二乘法,并通过下式对参数的改正量的反复计算而得到。

$$(A^{\mathrm{T}}A + \lambda CTC)\Delta P = A^{\mathrm{T}}\Delta g \qquad (4-39)$$

式(4-39)中 A 为雅可比矩阵,λ 为衰减因子,C 为平滑滤波器,ΔP 为参数改正量,Δg 为残差向量。反演以如下顺序进行计算:

(1)正演计算,计算实测值与计算值之间的残差;

(2)雅克比矩阵计算;

(3)解线性最小二乘方程,计算参数的改正量;

(4)实测值与计算值之间的残差未达到精度要求时,再反复(1)、(2)两步的运算。

3. 监测方法

利用压裂井的套管作为发射电流源,距发射井 1000m 以外的地表电极作为回流电极,采用放射状观测系统,测线间距20°;在井周围布置 18 条放射状测线,每条测线上布置 9 个测点,观测点距50m;以供电电流井或以被测井被测目的层地面投影点为圆心,在周围 0.63km² 范围内,采集地面上的电场数据。野外录取原始数据的过程可概括为:压裂前,第一次由可控电源进行供电,在地表进行第一次大地电场测量;压裂后,第二次由可控电源进行供电,在地表进行第二次大地电场测量;第二次测量后野外施工结束。

监测的具体施工步骤如下:

(1)布置测量点;

(2)仪器现场摆放、连接、调试仪器,确定发射和接收参数;

（3）布放测量线和供电线，根据所布测点布放测量线，用兆欧表验证测量线接地电阻应为零，绝缘电阻应大于30MΩ，根据所选回流电极布放供电线，用兆欧表测试，供电线接地电阻应为零，与大地绝缘电阻应大于20MΩ；

（4）正常场大地电场测试，在压裂前，第一次由可控电源进行供电，在地表进行第一次大地电场测量；

（5）异常大地电场测试，压裂施工后，第二次由可控电源进行供电，在地表进行第二次大地电场测量；

（6）在现场测试中，为检查仪器系统的可靠性，在正常场和异常场测试结束后，随机抽取5%的测点进行重复测量，大地电场测量相对误差应在1%以内；

（7）质量检查合格后，野外施工结束。

二、井温测井监测技术

1. 井温测井监测原理

井温测井确定压裂裂缝高度的基本原理非常简单，是利用压裂所注入的液体或压后人为注入的液体所造成的低温异常，根据井温测井确定压裂裂缝高度。注入液体前，井内液体与煤层有着充分的热交换，因此注入液体前所测得的井温曲线一般与当地的地温梯度和煤层的热性质有关。而注入液体后，由于注入的液体温度往往低于煤层温度，因此注入后的井温曲线在吸液层段将出现低温异常，这一异常反映了压裂裂缝的存在和分布高度。

对煤层气井而言，一般情况下不压裂是难以生产的，因此在钻井结束到射孔、压裂往往有一段时间分析研究。这一时间间隙使得井内的液体与地层进行充分的热交换，使其井内液体温度达到稳态。根据上述诊断压裂裂缝原理，我们可以在压裂前进行井温测井，测得一条井温基线，然后进行射孔、压裂，在条件许可的情况下进行压后井温测井。如遇到砂堵等原因而不能进行压后井温测井时，可以洗井后注水，然后进行井温测井。根据压裂后的井温测井曲线相对井温基线的变化情况，可将井温突变段确定为压裂裂缝高度。

2. 井温测井监测方法

若关井恢复时间太短，则吸水量大和吸水量小的煤层井温异常差异不明显；但若恢复时间过长，吸水量小的煤层井温异常会降低或消失。只有恢复时间合适，所测的井温曲线才能较好地反映真实的吸水情况。因此，井温测井要根据注入量大小和注水时间以及层间吸水差异等情况，确定最适宜的恢复时间，以便测得最理想的井温恢复曲线。

图4-12为注水后不同时间测得的井温恢复曲线，其中第1条曲线恢复时间最短，与井温基线相差最大；第3条曲线恢复时间最长，与井温基线相差最接近。但3条恢复井温曲线均表明在煤层井段有低温异常出现，表明煤层被压开。

三、微地震裂缝监测法

1. 原理及其应用范围

水力压裂的破裂机理是张性破裂,是用高压液体的力量克服煤层中最小主应力和岩石抗张强度,即:

$$P_t = \delta_{min} + S_\tau \qquad (4-24)$$

式中　P_t——煤层破裂压力,MPa;

　　　δ_{min}——煤层最小主应力,MPa;

　　　S_τ——岩石扩张强度,MPa。

当注入压力达到 P_t 时,煤层产生破裂,继续注入液体,裂缝开始延伸。裂缝向前延伸时,煤层中压力变化呈锯齿状,

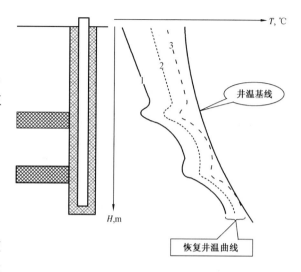

图4-12　井温测井诊断压裂裂缝高度原理示意图

压力每到锯齿的峰值,裂缝就向前延伸一步,所产生的震动能量以弹性波的形式球面向外传播。一般情况下,地应力波的频率范围是几十至几百赫兹,而岩石应力波的频率范围是几十至几千赫兹,当岩石的应力波传播至套管时,套管将以 6000m/s 的速度将弹性波送到井口,在压裂井附近三口井的井口下部的套管上,安装接受震动信号的传感器进行测试。

假设观测井都在一个水平面上(即一个层位),则距压裂井最近的观测井上的换能器将最先接收到信号,在通过前置放大器放大后送到 AEO-4A 声波发射接受处理系统进行时差处理。设距压裂井最近的监测井为 S_0,坐标为 (x_0,y_0),顺时针的第二口监测井位 S_1,坐标为 (x_1,y_1),第三口监测井为 S_2,坐标为 (x_2,y_2)。设某一时刻裂缝延伸的信号为 P_0,坐标为 (x,y),被最近的监测井 S_0 收到时的距离为 r,信号到达 S_1 的距离为 $r+\delta_1$(其中 $\delta_1 = Vt_1$),信号到达 S_2 的距离为 $r+\delta_2$(其中 $\delta_2 = Vt_2$),δ_1,δ_2 是信号到 S_0 井与到 S_1,S_2 井的距离差。t_1,t_2 是到 S_0 井与到 S_1,S_2 井的时间差。V 是岩石的波速。

根据直角坐标系中两点距离公式,可得到下列方程。

$$(x-x_0)^2 + (y-y_0)^2 = r^2 \qquad (4-40)$$

$$(x-x_1)^2 + (y-y_1)^2 = (r+\delta_1)^2 \qquad (4-41)$$

$$(x-x_2)^2 + (y-y_2)^2 = (r+\delta_2)^2 \qquad (4-42)$$

式(4-40)、式(4-41)、式(4-42)是分别以 S_0、S_1、S_2 为圆心,以 r、$r+\delta_1$、$r+\delta_2$ 为半径的圆。3 个圆交点为震动信号 P_0 点,P_0 轨迹即为压裂裂缝的延伸方向。

2. 监测信号的录取方法

在压裂施工中,通过测试井附近三口监测井套管管壁上高灵敏度的传感器,将施工中爆破产生的信号拾取,并通过前放、传送滤波器,经过门槛鉴别后输入主机,将传感器接收

到的信号转变为电压信号,再由计算机对两个脉冲输出口及两个模拟量进行 A/D 转换与信号处理,进行信号源定位、信息处理,最后显示打印信号。

四、大功率充电电位监测法

1. 监测原理与改进方法

基于直流传导电法勘探理论(图 4 – 13),以压裂井套管为电极 A,以无穷远为另一电极 B,通过压裂井套管往地下进行大功率充电时,在井的周围会形成一个很强的人工直流电场,以压裂井井口为中心在其周围布置几个环形测网,充分利用压裂液与煤层之间的电性差异性所产生的电位差,采集高精度电场数据,经精细处理和对比压裂前后的电位变化,推断和解释压裂裂缝的方向和长度。

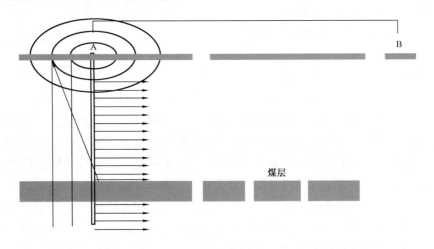

图 4 – 13   大功率充电电位法监测原理示意图

2. 监测方法要点

如图 4 – 13 所示,以被压裂井套管作为供电电极 A,以距井口 1800m 左右处地表作为另一供电电极 B,即无穷远参考极。采用 200kW 康明斯发电机(400Hz)和 HITEC 发射仪向地下正反向供电。充电发射的信号是按一定的周期输入的直流方波信号,正负方波信号变化幅度(纹波)小于 0.5%。观测系统采用放射状环形布置测点。以压裂井为中心,放射状环型布置内、中、外三圈观测测点。根据煤层气井压裂裂缝半长,通常设计长度约为 100m,因此将观测系统外圈等位面测量系统最佳半径确定为 120m。于是内圈应距井口半径定为 40m,中圈距井口半径定为 80m,外圈距井口半径定为 120m,距离测量误差小于 1%。各径向梯度测线间夹角为 15°,夹角误差小于 10′。依据此布置方案,第一圈电极距 $D1$ 为 10.47m,第二圈电极距 $D2$ 为 20.93m,第三圈电极距 $D3$ 长 31.4m,整个观测系统共计 24 个测点。数据采集采用美国某公司生产的 48 道 USEM – 24 接收系统,该仪器输入阻抗为 20MΩ,分辨率为 1.9μV,噪音小于 0.5%,精度为 0.3%,记录长度可任意选定。根据施工计划,压裂前一天按上述布置方案布置供电系统和观测系统,并进行为期 24h 的自然电位日变观测;压裂施工前进行压裂前大功率充电电位法测量;压裂施工完成后 4h,进行压裂后大功率充电电位法测量,现场分析压裂裂缝延展方位,并沿裂缝延展方向测量径向电位梯度剖面,利用电位梯度陡变段确定压裂裂缝前端位置,从而确定压裂裂缝长度。

在实际大功率大地电位充电监测过程中,采用了正反向供电然后相减的方法来校正日变的影响,正反向采集时间越短,日变影响也就越小。实践表明,对于每环的电位测量,一般可在 5min 内测完,而在此时间段内,自然电位日变量很小,因此完全可以保证数据采集精度。

3. 数据处理分析

数据处理主要包括各观测点电位差求取、单环内电位差平差处理、求各观测点电位、求各点环切向电位梯度,还包括径向电位梯度、地形校正等各项处理。数据处理分析的主要步骤的方法要点如下:

(1)各点电位差求取。采用正负方波供电,同时采集电位梯度数据,分别求出各点正、负方波供电时的电位差;然后反向叠加,以消除大地自然电位对各点间电位的影响,即可求得各点切向电位差。

(2)单环内电位差平差处理。为尽可能地减少环内电位差对最终解释成果的影响,对环内测点进行必要的平差处理。首先,求得环内各点切向电位差 V_{oi} 之闭合差 ΔV:

$$\Delta V = \sum V_{oi} \qquad (i = 1,2,\cdots,24) \qquad (4-43)$$

然后,根据 ΔV 值确定是否进行平差。如果 $\Delta V \neq 0$,则须进行平差,即在环间各点平均分配误差值。

(3)求各点电位。以井口供电点为基点,沿径向梯度测线由内向外,将平差后的电位差 V_{rk} 累加求和,即可求得三环上点 j 对于总基点的电位 U_j。

$$U_j = \sum V_{rk} \qquad (k = 1,2,\cdots,n) \qquad (4-44)$$

(4)求各点环切向电位梯度 E_i,有

$$E_i = U_i/D_i$$

式中　E_i——电位梯度,mV/m;

　　　U_i——实测各点的电位,mV;

　　　D_i——第 i 圈电极距,m。

4. 资料解释与结果分析

基于上述数据处理,可以通过电位纯异常分析和径向电位梯度剖面分析,确定压裂裂缝延展方位和裂缝长度。

(1)电位纯异常分析(图 4-14)。通常压裂后电流更多地流向压裂裂缝(由于其导电性强),使得压裂裂缝所在部位电流密度增大,相当于产生了附加场源。这种附加场源势

必在地表产生电位异常,这种异常在纯电位等值线图中表现为环绕裂缝向里凹。等值线内凹处电位差越小,梯度越弱,说明导电性改善越强,表明此乃压裂裂缝延展方向,电位纯异常特征。为准确地确定压裂裂缝延展方向及长度,在上述处理的基础上,将压裂后的电位减去压裂前的电位,求得电位纯异常。然后根据各点电位纯异常值绘出电位纯异常等值线图,从而确定压裂裂缝延展方向。

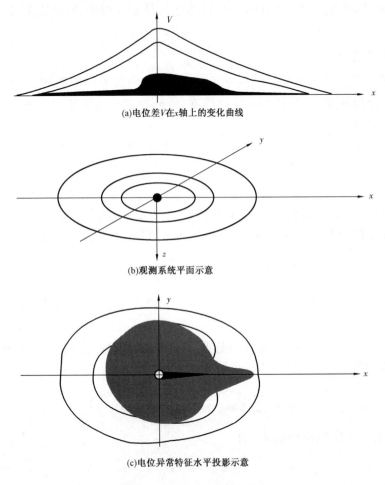

(a)电位差V在x轴上的变化曲线

(b)观测系统平面示意

(c)电位异常特征水平投影示意

图 4-14　电位异常示意图

(2)径向电位梯度剖面。为精确确定压裂裂缝长度,沿裂缝延展方向测量一条径向电位梯度剖面。利用电位梯度陡变段确定压裂裂缝前端位置,从而确定压裂裂缝长度。由于激发原因,距井越近,径向电位梯度越大;反之,径向电位梯度越小。然而在裂缝末端则表现为,当一个电极在压裂裂缝上方,而另一个电极在压裂裂缝外时,电位梯度值急剧增大;当一个电极在压裂裂缝边,而另一个电极在压裂裂缝外时,电位梯度值减小。依据这一原理,可以可靠地判断出裂缝末端的位置,从而确定裂缝长度。

第六节 煤层水力压裂应用实例

一、晋城水力压裂现场实践

1. 晋城活性水冻胶压裂现场实践

1)地质概况

晋城地区位于沁水盆地南部斜坡,东临太行山隆起,西临霍山凸起,南为中条隆起,北以北纬36°线连接沁水盆地腹部,面积约3260km²,是以石炭—二叠系含煤沉积为主的富煤区,初步确定有利于煤层气勘探的煤层埋深为300~1500m。在这一深度范围内,含煤面积1696km²,煤炭资源量348×10⁸t,煤层含气量以平均值13m³/t计算,煤层气资源量估计为4500×10⁸m³,其中已探明和控制的含气面积约406km²,煤层气地质储量992×10⁸m³。此区块煤层气勘探的目的层系主要是二叠系山西组和石炭系太原组,山西组3#号煤、太原组15#单层厚度大、分布稳定、具有较强的生气能力,因此成为这一地区煤层气试采的主要目的层。

2)力学参数

煤的力学参数主要有弹性模量、泊松比、抗压强度、体积压缩系数、抗张强度等,这些参数可由实验室样品测试求取,也可用测井曲线求取,前者称静态参数,后者称动态参数。晋试1井煤层力学参数见表4-6。

表4-6 晋试1井煤层力学参数

埋深,m	静态(室内)				动态(室内)			
	杨氏模量 MPa	泊松比	体积压缩系数 10⁴MPa	抗压强度 MPa	杨氏模量 MPa	泊松比	抗剪强度 MPa	破裂压力 MPa
502.0	9925	0.15	2.77	94	20000	0.35	9	20.1
521.6~527.4	3970	0.30	—	—	7500	0.19	0.37	9.93
529	9431	0.19	3.34	89	20000	0.36	10	22.2
539.6~540.4	—	—	—	—	8500	0.24	0.61	11.22
605	31579	0.19	1.26	191	30000	0.2	17	12.7
606.6~609.6	2684	0.32	—	—	7700	0.25	0.46	13.5
611	14791	0.28	1.26	81	22000	0.32	10	23.8

根据晋试1井室内测试结果,结合测井解释的动态结果计算出煤的静态力学参数如下:3#煤层的杨氏模量为3970MPa,泊松比为0.3;15#煤层的杨氏模量为2684MPa,泊松比为0.32。

3）压裂工艺技术应用

此区块共压裂6口井11层次，压裂层段为3#、15#煤层。有3口井进行了测试压裂，两层分压后进行合采。

（1）工艺管柱：常规压裂中，90%的液体摩擦阻力发生在井筒中的压裂管柱内，并且与进液面积成反比。在煤层压裂中，由于煤层施工压力较高，如果摩阻比较大，势必会对地面设备（如压裂泵、管线、井口等）提出较高的指标要求。因此除晋试1井采用封隔器分压管柱、油管注入外，其它5口井均采用油套混注方式注液。

（2）泵注排量：提高排量是煤层压裂的重要方面，它有利于形成较宽的裂缝，降低或弥补压裂液在煤层中的滤失量。特别是采用低粘压裂液时，更应该把提高排量作为主要因素考虑，由此排量范围在$4.0 \sim 7.2 m^3/min$。

（3）压裂液类型：通过室内试验优化了2种压裂液，即活性水压裂液和胍胶压裂液（冻胶）。

（4）支撑剂：主体砂为20/40的目石英砂，尾追18/20目的石英砂。

（5）泵注程序：分段加砂，活性水压裂液的平均砂比为7.3% ~ 32.4%，胍胶压裂液（冻胶）的平均砂比为17.3% ~ 34.1%。

4）压裂施工

晋试1井组共进行11井次水力压裂施工，使用了活性水和冻胶2种压裂液，施工参数见表4-7。

表4-7　晋试1井组压裂施工参数

项目	Jin1	Jin1 - 1		Jin1 - 2		Jin1 - 3		Jin1 - 4		Jin1 - 5	
	15#	3#	15#	3#	15#	3#	15#	3#	15#	3#	15#
压裂液类型	胍胶	活性水	活性水	活性水	活性水	胍胶	胍胶	活性水	活性水	胍胶	胍胶
破裂压力,MPa	29.6	17.7	25.2	35.4	32.0	23.5	32.9	35.1	40.1	26.4	51.1
计算破裂梯度 MPa/1000m	0.049	0.033	0.041	0.068	0.053	0.045	0.054	0.067	0.058	0.048	0.081
加砂施工压力 MPa	25.2 ~ 29.3	15.8 ~ 14.7	22.9 ~ 34.0	27.7 ~ 37.9	26.6 ~ 25.1	22.7 ~ 25.6	24.0 ~ 30.3	28 ~ 25.5	36.9 ~ 35.5	25.4 ~ 29.5	30.2 ~ 44
最大施工排量,m³	5.7	6.8	5.9	7.2	5.5	5.3	3.9	7.3	6.7	7.4	6.0
前置液量,m³	70.1	160.32	141	142	120.1	139	95	147.1	100.26	106.2	169.3
携砂液量,m³	112.6	258.47	271	327	119	167	106.8	312.8	117.23	94.4	172.6
前置液/总液量,%	38.4	38.3	34.2	30.3	50.2	45.4	47	32	46.1	52.9	49.5
平均砂比,%	28.5	15.7	7.3	12.3	32.4	27.5	34.1	12.7	13.3	17.3	29.6

从表4-14分析，Jin1-1（3#）施工压力较正常，其它井都出现超压现象，4井次出现了脱砂现象。

5)压裂施工分析

（1）大地电位法监测裂缝情况。此井组的 Jin1 – 1 井、Jin1 – 5 井进行了地面电位测量,以判断该区域裂缝延伸方向及大小(表 4 – 8),压裂施工的压力流量砂比综合曲线见图 4 – 15 至图 4 – 18。

表 4 – 8　地面电位测试结果

井号	煤组	井身,m	厚度,m	裂缝方位	裂缝长度预测
Jin1 – 1	3#	525.6 ~ 532.0	6.2	北东 80°对称	北东 73m,南西 54m
	15#	652.8 ~ 616.0	3.2	北东 80°对称	北东 62m,南西 57m
Jin1 – 5	3#	539.0 ~ 544.4	5.4	北东 80°对称	北东 51m,南西 60m
	15#	626.4 ~ 629.4	3.0	北东 65°对称	北东 53m,南西 65m

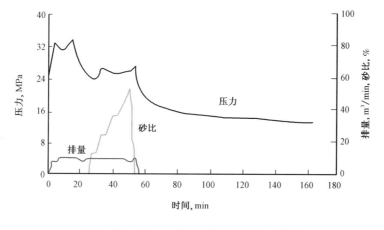

图 4 – 15　Jin1 – 3 井压力流量砂比综合曲线

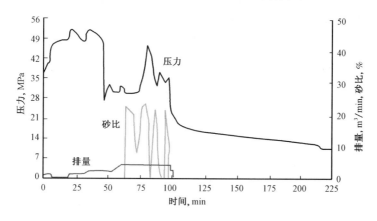

图 4 – 16　Jin1 – 5 井压力流量砂比综合曲线

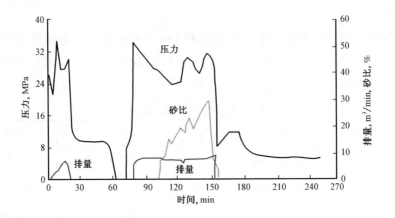

图 4 - 17　Jin1 - 4 井压力流量砂比综合曲线

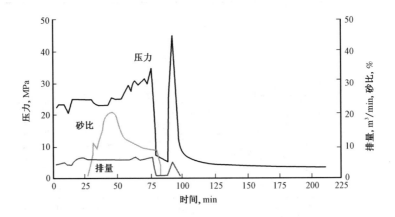

图 4 - 18　Jin1 - 1 井压力流量砂比综合曲线

从综合曲线可看出,活性水压裂液比胍胶压裂液施工摩阻高,液体滤失量较大,压后压力很快扩散,出现脱砂的可能性也很大。

(2)施工压力分析。从以上压裂施工数据分析,破裂压力为 17.7 ~ 51.1MPa。根据这个施工破裂压力计算的破裂梯度范围在 0.033 ~ 0.081MPa/m 之间,但此区块压裂施工出现过高的破裂梯度并不能反应地层真实的破裂梯度值。根据压前进行的测试压裂得出的破裂梯度:晋试 1 井是 0.024MPa/m,Jin1 - 4 井是 0.0308MPa/m,Jin1 - 5 井是 0.029MPa/m。对该结果和施工压力曲线进行分析可看出:除 Jin1 - 1(3[#])施工压力正常外,此区块其它的压裂施工从起泵开始就出现超压,并在整个过程中保持高值,而造成有些煤层难以注入大量的砂子。出现高压的最合理的解释是:

一是近井带裂缝扭曲。井筒附近裂缝扭曲降低了近井地带裂缝的宽度和导流能力,从而造成异常高的破裂压力。

二是煤层多孔弹性效应。当地面高压液体造缝进入煤层后,微裂缝系统吸水并张开增加了液体的滤失量,滤失量增加使煤层(裂缝壁面)孔隙压力升高,从而引起地应力增大,裂缝内的液体继续延伸受到阻碍,诱发地面施工压力升高。

三是多重水力裂缝的出现。根据测试压裂计算的破裂梯度范围 $0.024 - 0.0308MPa/m$,地层出现"T"型裂缝,即水平裂缝和垂直裂缝同时生长,会造成沿这种裂缝前进的流体流动阻力增大,从而出现异常压力值。

四是裂缝末梢的煤粉堵塞。如果在这个过程中产生大量煤粉,那么它将会集中在裂缝末梢处阻碍裂缝扩展。

2. 晋城凝胶压裂现场实践

压裂液是压裂过程中使煤层形成有足够长度、宽度裂缝并将支撑剂(细砂)顺利带入其中的介质,它是压裂成败的重要因素。因此对压裂液的要求必须是:(1)滤失低,使煤层易压出裂缝;(2)携砂能力强,能将足够规模的压裂砂带入煤层裂缝;(3)摩阻低,使泵压有效地作用于煤层;(4)配伍性好,不伤害煤层;(5)残渣少,不堵塞渗流孔道;(6)易返排,不在煤层孔隙中滞留;(7)货源广、经济等。

经济开发的煤层气埋藏深度一般都在 1000m 以内,煤层温度也比较低,因此国内外多采用清水加砂压裂或非交联线性胶加砂压裂。这类压裂液可实施低压大排量作业,且对煤层伤害亦小。但其压出的裂缝短,携砂能力低,施工用液量大,压裂有效期短。为此美国煤层气公司首先采用凝胶压裂液改造煤层,取得良好的效果和经济效益。近年来国内在已使用田青胶、活性水、线性胶、泡沫等压裂液的基础上,研究开发出适用于煤层气井的凝胶压裂液,大大提高了煤层气井压裂的成功率。

1)凝胶压裂液配制及添加剂的筛选

(1)凝胶压裂液的组成和性能要求。

为减小压裂液在煤层中的滤失和对煤层的伤害,又要利于造缝,需加入稠化剂;为提高压裂液的携砂能力需加入交联剂;为防止压裂液因时间及气温变化而变质需加入防腐剂;为提高压裂液的返排能力需加入表面活性剂和破胶剂。压裂施工期间的高压注入作业一般只需要几十分钟到一个多小时,因此必须保证压裂液在注入作业期间有稳定理想的携砂能力;而在注入作业完成几个小时或十几个小时以后实现破胶并有良好的返排性能。

(2)稠化剂的筛选。

国内广泛使用的稠化剂有胍胶(半乳甘露聚糖)、改性羟丙基胍胶(HPG)、香豆粉等。检测对比看出,1%浓度的改性羟丙基胍胶的增稠能力和残渣含量、小粒径的含量等综合指标因素为最佳,而胍胶及香豆粉则次之,见表 4 - 9。

表4-9 稠化剂筛选表

指标 名称	粘度,mPa·s	残渣含量,%	烃径120目残渣颗粒含量,%
胍胶	300~350	10.0~15.0	80
改性烃丙基	180~300	1.5~8.0	90
香豆粉	120~200	6.0~10.0	70

(3)交联剂的筛选和交联机理。

经济开发的煤层气埋藏较浅,煤层温度多在30℃以下,室内对比试验后选用无机硼酸盐作为交联剂。无机硼酸盐具有交联后凝胶弹性好、有剪切可逆性、对环境无污染、使用温度范围宽、悬砂能力强、破胶易返排等优点。无机硼酸盐交联的机理是:溶液中存在的单硼酸盐与胍胶分子链上的顺式羟基配对而形成配位键,将线状高分子链"连接"起来,从而形成高粘弹性的凝胶。其化学反应式如下:

$$Na_2B_4O_7 + H_2O \rightarrow 2Na^- + B(OH)_3 + 2B(OH)_4^- + H_2O$$

$$B(OH)_3 + H_2O \rightarrow B(OH)_4^- + H^+$$

(4)确定一定浓度的防腐剂。

为使压裂液在配制完成至压裂注入施工期间稳定不变质,室内选用1227防腐剂,按不同浓度加入到1%浓度的改性胍胶(HPG)中,30℃恒温定时测定其粘度(表4-10)。结果表明,当加入0.05%~0.10%浓度的1227防腐剂时,放置24h,其混合液的粘度仍能保持在15mPa·s以上,所以只要在配制压裂液以后的十几个小时内施工,压裂液粘度保持在15mPa·s以上是完全没有问题的。

表4-10 1227防腐剂对稠化剂稳定性的影响

粘度,mPa·s 1227防腐剂浓度,%	时间				
	2h	6h	8h	16h	24h
0.03	20	15	14	12	8
0.05	24	18	15	15	15
0.10	26	20	19	18	16

(5)稠化剂与交联剂混合后的抗剪切性能变化。

配制1%浓度的改性胍胶(HPG)稠化剂,并加入一定量的硼酸交联剂,在特定温度下用fan-35A旋转粘度计,在170s⁻¹速度下连续测定,得出粘度随时间的变化数据(表4-

11）。可以看出该混合液在90min以后粘度仍然保持在100mPa·s以上，完全可以保证施工时压裂液有足够的剪切力。

表 4-11　烃丙基胍胶与硼酸混合液粘度的变化

粘度,mPa·s 温度,℃	时　间					
	1min	5min	10min	30min	60min	90min
30	450	300	246	225	190	100
25	500	390	360	310	254	230
20	540	426	378	330	270	250

（6）破胶剂及效果。

为确保低温条件下冻胶压裂液破胶，选用氧化物复合破胶体系，使凝胶中的游离氧保持较高的浓度，以达到凝胶充分破胶。室内配制一定配方的原胶液和交联剂并加入氧化物复合体，在不同温度下观察测量其破胶情况。从表 4-12 可以看出，当凝胶配制24h后其粘度降到1.0mPa·s左右，这时压裂液完全可以顺利地排出地面。

表 4-12　氧化物混合体对凝胶破胶的影响

粘度,mPa·s 温度,℃	时　间			
	4h	6h	12h	24h
30	15.0	8.0	3.0	1.0
25	18.6	9.0	5.6	1.5
20	20.8	10.8	6.2	1.8

7）表面活性剂的选用及评价

由于煤层能量比较低，压裂液破胶后在支撑的裂缝中流动能量也比较低，为此需要在凝胶压裂液体系中加入表面活性剂，以降低其表面张力，减少压裂液在微孔隙及裂缝中的流动阻力。另外，还要加适量的特种材料，使其在气液界面上产生气泡，以便在排水过程中将压裂液迅速带出地面，起到降低井筒液面、提高煤层渗流压差的作用。在实验室内将不同表面活性剂加入到凝胶压裂液体系中，用2L-1全自动界面张力仪测定，其结果从表 4-13 中可以看出，加入比较经济的 FA-931 和 NP-11，只需要达到 0.05% 的浓度，便可使凝胶压裂液体系的表面张力降为 30mN/m 左右，与水的表面张力相近（水的表面张力为29mN/m）从表 4-14 中可以看出，该凝胶压裂液体系在加入 FA-931 活性剂后，置于不同温度下放置24h，其表面张力降为 25mN/m 左右，已经略低于水的表面张力。因此选用 NP-11 或 FA-931 作为凝胶压裂液体系的助排剂完全可以满足施工需要。

表 4 – 13　表面活性剂对凝胶液表面张力影响

表面张力, mN/m 活性剂	浓　　　度				
	0.02%	0.05%	0.10%	0.15%	0.20%
FA – 931	36.3	30.8	27.6	23.2	20.1
Np – 11	34.2	28.6	25.4	23.0	20.8
SX – 1	35.4	30.2	27.5	24.1	21.6

表 4 – 14　凝胶液放置时间表面张力的变化

项目温度 ℃	放置时间 h	表面张力 mN/m	放置时间 h	表面张力 mN/m	放置时间 h	表面张力 mN/m
30	6	30.8	12	26.3	24	23.3
25	6	31.0	12	28.2	24	25.0
20	6	31.8	12	29.1	24	27.4

2) 凝胶压裂液现场应用效果

使用凝胶压裂液在山西沁水盆地某煤田的 1 号井、5 号井、6 号井、7 号井等 4 口井的 11 个煤层进行压裂施工, 共注入压裂液 1800m³, 平均每井层用液约 160m³。加入砂量 200m³, 平均每口井加砂 50m³, 属国内煤层气井具有较高加砂规模的压裂。施工中注前置液、裂缝形成、注携砂液、注顶替液等工序进行顺利。特别是注携砂液过程中, 最高砂比达 25% 以上, 平均砂比达 15% 以上, 施工参数呈最佳状态, 施工成功率 100%。4 口井压裂后均返出水化良好的液体, 压裂后时间最短的只过了 7 个多小时井口便开始返水, 返出的水其表现接近清水。压裂后 4 口井分别投产排水后产气量逐步达到 2000 ~ 4000m³/d, 取得良好的压裂效果。

二、氮气泡沫压裂技术在潘河试验区 PH1 井的应用

PH1 井位于潘河先导试验区, 2004 年完井, 目的层为 3# 煤层。压裂层段为 362.6 ~ 368.6m, 厚度 6m。

1. PH1 井施工方案

(1) 注入方式: 光套管注入。

(2) 压裂管柱: 生产套管。

(3) 支撑剂名称及其规格: 0.45 ~ 0.9mm 石英砂 37m³, 0.8 ~ 1.2mm 树脂包衣石英砂 5m³。

(4) 压裂井口: 60# 井口。

(5) 施工最高限压: 35MPa。

2. PH1 井现场施工

(1) 压裂液配制。

配制清洁压裂液6罐,每罐加入稠化剂750kg,使压裂液中稠化剂的比例为1.5%。

(2)压裂施工。

① 测试压裂。测试压裂过程中最高施工排量4.95m³/min,施工压力14.1MPa。共注入液体19.0m³,进行阶段降排量测试,停泵压力10.2MPa,然后测压降20min。

② 正式压裂。前置液施工排量4.5~4.6m³/min,液氮排量500L/min,破裂压力15.7MPa,施工泵压14~15.7MPa,共注入前置液69m³。携砂液(清水+清洁压裂液)施工排量4.0~5.13m³/min,液氮排量500~600L/min,施工泵压15.5~17.5MPa,共注入液体327m³(其中携砂液275m³),由于加砂途中三次压力升高,三次停砂顶替后分别注入液体25m³、10m³、17m³,共加入0.45~0.90mm石英砂37m³,树脂包衣石英砂5m³,平均地面砂比12.8%,最高达29%。顶替液施工排量4.6m³/min,施工泵压14.9MPa,共注入顶替液5m³,停泵压力位8.4MPa。

③ 压裂结果。本次施工共注入压裂液420m³,加入0.45~0.90mm石英砂37m³,0.8~1.2mm树脂包衣石英砂5m³,平均砂比12.8%,注入液氮54.5m³。

3.PH1井压裂结果及其分析

本次对PH1井压裂施工达到了设计要求,施工情况与设计情况数据比较见表4-15。

表4-15 PH井设计压裂施工参数

参数\状态	前置液 m³	携砂液 m³	顶替液 m³	加砂量,m³		平均砂比 %
				石英砂	树脂包衣石英砂	
设计	80	320	4.4	37	5	13.1
施工	69	327	5.0	37	5	12.8

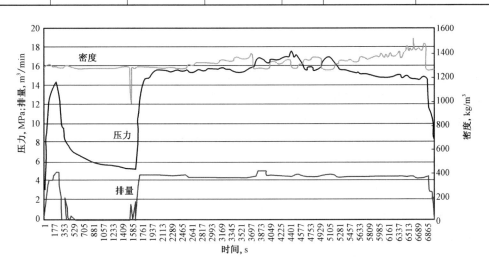

图4-19 PH1井压裂施工曲线

本次施工具体参数见表4-16。

表 4 - 16　PH1 井实际压裂施工参数

	测试压裂	破裂压力	前置液	携砂液	顶替液	停泵压力
施工排量 m³/min	4.95	—	4.4~4.6	4.5~5.1	4.6	—
施工压力,MPa	14.1	15.7	14.0~15.9	15.0~17.5	14.9	8.4
注入液量,m³	19	—	69	327	5.0	

本次施工过程中,施工压力变化较大,注入前置液期间施工压力较稳定,保持在 15.6MPa 左右,开始加砂后施工压力逐渐上升,第一次由 15.5MPa 上升至 16.7MPa,停砂顶替 20m³ 待压力平稳后继续加砂,第二次施工压力由 16.6MPa 上升至 17.5MPa,停砂顶替 10m³ 后施工压力回落至 15.8MPa,继续加砂后压力上升至 16.6MPa,停砂顶替 17m³ 后施工压力回落至 15.2MPa。

分析施工过程,可以发现,在加砂前半段,当砂液比升至 15% 左右时,施工压力就会上升,其原因为煤层裂缝宽度较窄,且裂缝呈曲折状,不易高砂液比液体通过。加砂后半段逐渐提高砂液比,压力较平稳,是由于长时间的携砂液进入,减少了滤失,冲刷打磨了裂缝中的曲折地带。

三、水力压裂在国外应用实例

1. 水力压裂在 Colorado 州 Piceance 盆地深煤层的应用

1)地质条件

深煤层计划的施工点位于 Colorado 西部 Collbran 城东 3.2km,Piceance 盆地北西—南东走向的主向斜轴线的西南 112km 处,是该盆地在构造上比较简单的地区(图 4 - 19)。目的煤层处于卡米奥煤系,属上白垩统梅萨弗德群,其中含有几个煤层与砂岩、页岩互层。目的煤层在施工点的平均埋深为 676m,厚度约 4.9~6m。煤阶系中挥发分烟煤,其镜质组反射率为 1.3。吸附气含量平均为 0.88cm³/kg,这表明每一个分区主要煤层气资源为 1.67×10⁸m³,施工点所有煤层的气资源为每个分区 3.39×10⁸m³。

2)1DS 井氮气泡沫压裂

1DS 井选用氮气泡沫作压裂液,这是因为氮气泡沫具有低失水、携砂能力良好以及施工后回流性能迅速清洗井底的特点。

1 号井使用了地面读数的井底压力计和 8.9cm 的油管,以减少泵入时的摩擦力,该井砂岩、煤层裸眼段(1719~1700m)压裂时,以 0.053cm³/s 的排量、沿油管柱泵入地层 75% 的氮气泡沫 315cm³、并加入 20/40 目的砂子(支撑剂)11609kg。支撑剂中加入少量放射性砂子,有助于以后识别裂缝的高度。压裂结果如图 4 - 21 所示,这是一张纯井底压力与时间的双对数曲线图。

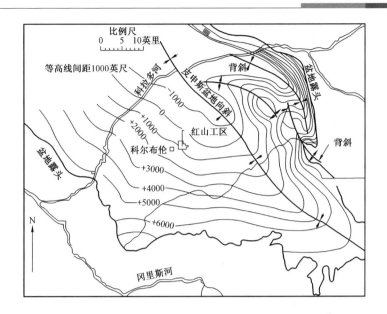

图 4 - 20　Colorado 州 Piceance 盆地罗林斯矿岩顶部构造图

资料分析表明,压裂处理期间显示的 1/3 斜率,表明裂缝延伸的高度实质上受到限制。在 7 ~ 9min 和 58 ~ 65min 相对较短的期间,其斜率为零,说明在这两个很短的不同时期内,裂缝可能已经垂直发育。然而曲线的主要部分表明,裂缝是在有限的高度内蔓延的。压裂后所作的井温测井和伽马射线测井证实,裂缝存在于砂岩、煤层的裸眼井段。观察到的作业压力较高,压裂时的井底压力比相邻页岩的最低水平原地应力高 10825kPa。在如此高的作业压力下,没有垂直裂缝发育的原因在于:复式裂缝的产生;由于煤屑的活化作用,压裂液粘度增高;由于煤屑超前于压裂液,裂缝端部被其堵塞;上述因素的综合作用。

3)2DS 井线性凝胶压裂

2DS 井压裂时,共用 463m³ 线性水凝胶压裂液,并加入 13519kg20/40 目的砂。支撑剂中加入少量放射性砂,以便有助于判断压裂后支撑剂的堆积高度。压裂结果如图 4 - 21 所示,该图是纯井底压力与时间的双对数曲线图。双对数曲线的分析表明:10 ~ 55min 之间,压力以 1/4 的斜率增长,是裂缝高度发育受限,但可自由贯穿的时间;其下紧邻的 5min,斜率为 1,显示裂缝发育受到限制;而后曲线变平约 10min,这是垂直高度发育期;之后压力迅速增加,斜率变为 1,表明井眼脱砂。

压裂后 2DS 井的井温测井以及伽马射线测井指出,裂缝曾经垂直发育过。在砂岩,煤层裸眼井段以上大约 30.4m。伽马射线测井表明带有放射性标记的大部分支撑剂已选择性分散在煤层中。

如图 4 - 21 所示,1DS 井和 2DS 井双对数曲线的对比表明:两口井的处理是相似的,与 1DS 井所选用的氮气泡沫比较起来,2DS 井使用的线性凝胶粘度小,所以 2DS 井的纯处理压力低。两条曲线均反映短期裂缝的垂直发育,由于 2DS 井使用线性凝胶系统,支撑剂

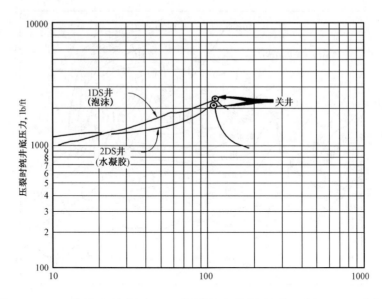

图4-21　1DS井(氮气泡沫)和2DS井(线性水凝胶)压裂双对数"NOLTE"曲线

在到达裂缝端部前会脱砂,而在裸眼井段附近形成砂桥。与此相反,1DS井所选用的氮气泡沫是比较好的输送系统,在压裂工作结束前几乎没有砂子析出。

两种压裂的对比表明:由于氮气泡沫具有屈服值高的特点,1DS井使用的氮气泡沫能延缓垂直裂缝的发育,具有良好的输砂能力从而产生较长的裂缝,但传导性比2DS差。2DS井中支撑剂和线性凝胶系统的组合导致了较短的高传导性裂缝的产生。

笔者查阅的中文文献中没有找到关于Suan盆地水力压裂应用实例,而外文文献中涉及到的'Suan盆地水力压裂部分多介绍的是评价压裂液对煤层伤害性能的,所以跟拟定的框架相比中,Suan盆地水力压裂的应用实例在本章中没有体现。

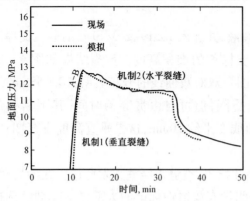

图4-22　小型压裂的现场记录
与模拟压力—时间图

2. 澳大利亚波文盆地3号井的小型水力压裂

1)小型水力压裂分析

小型水力压裂的目的是测试流体损失系数和闭合压力。通过钻杆以一定的速率注入一定量的压裂液,记录地表压力与注入时间,得到如图4-22所示的曲线,该曲线显示在注入的前2min压力迅速升至12.55MPa,然后逐渐下降至关井阶段的11.38MPa。

2)小型压裂模拟

图4-22同样显示了用多裂缝模型模拟的压力与实际记录压力的对比,虚线代表模拟压力。采用3793.1MPa和15858MPa的弹性

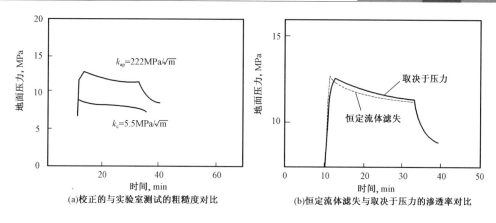

(a)校正的与实验室测试的粗糙度对比　　(b)恒定流体滤失与取决于压力的渗透率对比

图4-23　模拟压力对比图

模量进行垂直裂缝和水平裂缝的模拟。采用高于实验室测试结果2个数量级的煤的视粗糙度（$4.31 \sim 21.5MPa\sqrt{m}$），用于匹配现场测试压力。视粗糙度反映一种滞后效应，代表流体渗入的滞后现象。

3）小型压裂机制

从图4-22观测的或模拟的压力可以发现两种截然不同的压裂机制存在，第一种机制是在注入的压力在前2min压力急剧上升阶段，对应于煤中垂直裂缝的侧向扩展阶段；第二种机制是在压力下降阶段，对应于煤层上下部水平裂缝的径向扩展阶段。由于径向裂缝的扩展需要的压力较小，所以在水平裂缝的径向扩展阶段垂向裂缝或许仍有扩展。

4）小型压裂确定的流体损失

图4-22和图4-23（b）中压力曲线在转折点附近的曲线斜率变小（图4-22中A—B段），而且在图4-24中显示关井初期压力的下降是非线性的，这两种现象均由压力决定的流体损失所致。在A—B段，随流体压力的增加，流体损失也在增加，这是由裂隙宽度增加所致。非线性效应是由流体从正在闭合的裂隙中渗滤出来所致，线性效应是流体从基质中渗滤出来所致。根据上述观测和分析可计算出垂直半裂缝的长度为88.4m。水平裂缝的长度为25m。

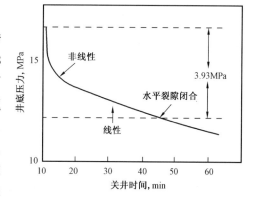

图4-24　关井期井底压力随时间的衰减

井底压力为11.9MPa处有一转折点，对应于水平裂缝的闭合压力；9.2MPa处的转折点对应于垂直裂缝的闭合压力。

参 考 文 献

［1］李汉林，马世坤，等．煤层气勘探开发现状及展望［J］．西部探矿工程，2006,12(5)：85-86.
［2］刘建中，张传绪等．水平井压裂裂缝监测与分析［J］．中国工程科学，2008,10(4)：60-63.

[3] 刘宝山,宋生印. 新集试验区水力压裂裂缝监测技术[J].煤炭地质与勘探,2002,30(6):25-26.

[4] 李国富,孟召平等. 大功率充电电位法煤层气井压裂裂缝监测技术[J].煤炭科学技术,2006,30(12):25-26.

[5] 修书志,江新民. 煤层压裂工艺技术初探[J].油气井测试,1999,8(1):45-50.

[6] 王香增. 井-地电位法在煤层气井压裂裂缝监测中的应用[J].煤炭工程,2006,8(5):52-55.

[7] 李玉魁,张遂安. 井温测井监测技术在煤层压裂裂缝监测中的应用[J].中国煤层气,2005,2(2):14-16.

[8] 单学军,等. 华北地区煤层气井压裂裂缝监测及其扩展规律[J].煤田地质与勘探,2005,33(5):26-29.

[9] 李玉魁,等.煤层压裂裂缝监测技术的现场试验[J].中国煤层气,1998.4(1):30-33.

[10] 单大为,等. 测试技术在水力压裂设计及压裂效果评价中的应用[J].测井技术,2006,30(4):353-357.

[11] 严绪朝,等. 国外煤层气的开发利用状况及其技术水平[J].石油科技论坛,2007,3(2):33-36.

[12] 黄元海,等. 凝胶压裂液的研究及在煤层改造中的应用[J].试采技术,2000,6(5):28-30.

[13] 刘贻军. 应用新技术促进煤层气的开发[J].地质通报,2007,25(6):76-79.

[14] 丛连铸.CO₂泡沫压裂在煤层气井中的适应性[J].钻井液与完井液,2005.10(4):38-42.

[15] 王治中,等. 井下微地震裂缝监测设计及压裂效果评价[J].大庆石油地质与开发,2006,5(6):76-79.

[16] 李文魁. 多裂缝压裂改造技术在煤层气井压裂中的应用[J].西安石油学院学报,2000,15(5):37-40.

[17] 李玉魁.CO₂增产技术改造煤层的可行性探讨[J].中国煤层气,2004,11(4):55-58.

[18] 王杏尊,等. 煤层气井压裂技术的现场应用[J].石油钻采工艺,2001,23(2):58-60.

[19] 王振铎,等. 二氧化碳泡沫压裂技术在低渗透低压藏中的应用[J].石油学报,2004,25(3):66-69.

[20] 段百齐. 干法压裂技术在实施中的经济分析[J].天然气工业,2006,8(4):104-107.

[21] 黄元海,等. 凝胶压裂液的研究及在煤层改造中的应用[J].煤田地质与勘探,2000,28(5):20-24.

[22] 苏现波,等. 煤层气地质学与勘探开发[M].北京:科学出版社,2001.

[23] 张建博,王红岩,赵庆波. 中国煤层气地质[M].北京:地质出版社,2000.

[24] 叶建平,范志强.中国煤层气勘探开发利用技术进展:2006年煤层气学术研讨会论文集[M].北京:地质出版社,2006

[25] 李颖川,采油工程[M].2版.北京:石油工业出版社,2009.

[26] 冯三利,胡爱梅,叶建平. 中国煤层气勘探开发技术研究[M].北京:石油工业出版社,2007.

[27] 黄学军,等. 煤层气注入/压降测试工艺中恒定排量的控制[J].油气井测试,2003,12(1):46-45.

[28] 张全国. 国内外煤层气的开发与进展[J]中国沼气,1999,17(2):42-44.

[29] Holdgch S A.煤层气开采机理及增产对策[J].张文玉译.油气田开发工程译丛,1991,(9):35-39

[30] 王鸿勋,张士诚. 水力压裂设计数值计算方法[M].北京:石油工业出版社,1998.

[32] 吉利德J L,等. 水力压裂技术新发展[M].蒋阗,单文文,等译.北京:石油工业出版社,1995.

[31] Nolte K G, Smith M B. Interpretation of fracturingpressures [J]. Journal of Petroleum Technology. 1991,2763-2775.

[32] Palmer I D, Sparks D P. Measurement of inducedfractures by downhole TV camera in black warriorbasin coalbeds[J]. Journal of Petroleum Technology,1991,270-275.

[32] 刘贻军,娄建青. 中国煤层气储层特征及开发技术探讨[J].天然气工业,2004,10(4):37-41.

[33] 林英姬,杨贵兴,何建军. 二氧化碳泡沫压裂技术[J].吉林石油科技,2000,19(1):52-55.

[34] 熊友明. 国内外泡沫压裂技术发展现状[J].钻采工艺,1992,15(1):38-42.

[35] 张景和,孙宗顾.地应力裂缝测试技术在石油勘探开发中的应用[M]北京:石油工业出版社,2001

[36] Warpinski N R,Branagan P T,Peterson R E,etal. Mapping Hydrau-lic Fracture Growth and Geometry Using Microseismic Events Detectedby a Wireline Retrievable Accelerometer Array [R]·SPE 40014,1998,19(5):150-153.

[37] Barree R D. A Practical Guide to Hydraulic Fracture Diagnostic Techniques [R]·SPE77442, 2002,12(7):33-36.

[38] 俞绍诚,等.采油技术手册(修订本)第九分册[M].北京:石油工业出版社,1998.

[39] 陈元千,等. 现代油藏工程[M]. 北京:石油工业出版社,2001.

[40] 蒋阆,单文文,等. 低渗油藏开发压裂方法研究[R]. 廊坊:中国石油勘探开发研究院廊坊分院,1998.

[41] 李文阳,王慎言,等. 中国煤层气勘探与开发[M]徐州:中国矿业大学出版社,2003.

[42] 张林晔,等. 页岩气的形成与开发[J]天然气工业,2009,11(5):124 - 127.

[43] 戴金星. 我国天然气资源及其前景[J]. 天然气工业,1999,19(1):3 - 6.

[44] 唐瑞林,李宪文. 长庆油气田 CO_2 泡沫压裂工艺研究与现场试验[J]油气井测试,2000,12(5):47 - 51.

[45] 何新明,陈冀嵋,吴安林. 油气藏酸压工艺技术现状与发展[J]断块油气田,2009,16(2):95 - 98.

[46] 罗新荣,[美]卡尔·舒尔兹,胡予红. 2002 年第三届国际煤层气论坛论文集[M]. 徐州:中国矿业大学出版社,2002.

[47] 许卫,崔庆田,颜明友,等. 煤层甲烷气勘探开发工艺技术进展[M]. 北京:石油工业出版社,2001.

[48] 李明朝,梁生正,赵克镜. 煤层气及其勘探开发[M]. 北京:地质出版社,1996.

[49] 苏现波,陈江峰,孙俊民等. 煤层气地质学与勘探开发[M]. 北京:科学出版社,2001.

[50] 李五忠,赵庆波,吴国干. 中国煤层气开发与利用[M]. 北京:石油工业出版社,2008.

[51] 宋景远. 煤层气井压裂液和支撑剂[J]. 探矿工程,1996,11(4):55 - 58.

[52] 张高群,刘通义. 煤层压裂液和支撑剂的研究及应用[J]. 油田化学,1999,16(1):17 - 20.

[53] 梁利,丛连铸,卢拥军,等. 煤层气井用压裂液研究及应用[J]. 钻井液与完井液,2001,18(9):23 - 26.

[54] 陈馥,王安培,李凤霞,等. 国外清洁压裂液的研究进展[J]. 西南石油学院学报,2002,24(5):65 - 67.

第五章 煤层连续油管压裂技术

第一节 连续油管技术简介

连续油管（coiled tubing，简称CT）是相对于常规的单根螺纹连接油管而言的，又称为挠性油管、蛇形管或盘管，是一种直径小、长度连续、缠绕在卷筒上，可以连续下入或从油井起出的无螺纹连接的长油管。连续油管作业最初的概念是在油气井的生产油管内下入小直径的连续油管完成特定的修井作业（如洗井、打捞等），从井中起出的连续油管卷绕在大直径的卷筒上，以便运移。目前，连续油管已广泛应用于油气田修井、钻井、完井、测井等作业，在油气田勘探与开发中发挥着越来越重要的作用。

相较常规螺纹连接油管而言，连续油管作业无论从作业操作和采油生产上都有很大优势，最大的优点就是可以实现不压井作业，其它优点包括速度快、作业成本低、作业进度快（节省下油管时间，无需为连接单根油管而暂停起下）；可以连续向井下注循环修井液、定量定点实施井下修井液的置换和充填，减少油层伤害和保证作业安全等。与电缆和钢丝相比，连续油管在深直井和大位移井中的承载能力非常大。另外，利用连续油管在"活动"井中实施高压作业非常灵活，因为不需要封井，并且不论处于井中什么位置、运动方向如何，都可泵入流体。

一、连续油管发展现状

1. 国外现状

国外的连续油管应用始于20世纪60年代初期，经过50年的发展该技术已得到了较广泛的应用，以美国普拉得霍湾西部作业区为例，每年使用连续油管作业超过1000井次。现在全世界连续油管的年耗量近 500×10^4 m，井下作业量以每年25%的速度增加。世界上主要的连续油管制造厂商

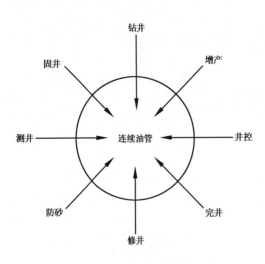

图 5-1 连续油管应用范围

均集中在美国,它们是精密油管技术公司、优质油管公司和西南管材公司。连续油管的直径范围是 12.7~168.4mm,共有 100 多种规格;屈服强度为 482.3~964.6MPa,可以满足不同作业需要;单根长度可达 9000m。连续油管作业设备作业车的数量已达到 600 多台,并且每年以 20%的速度增长,它们是由美国 Halliburton 公司、Boven 工具公司、CVDD 公司、加拿大和俄罗斯的一些公司生产,这些作业车集气、液、电一体化,自动化程度高、可靠性好,能完成多种作业。

2. 国内现状

我国自 1977 年开始引进连续油管设备,到 2009 年,国内各油气田共引进连续油管作业设备 40 台左右,主要分布在大庆、胜利、中原、河南、大港、辽河、新疆等油田。大庆油田、塔里木油田、吐哈油田利用连续油管作业技术进行了气举、清蜡、洗井、冲砂、测井、挤水泥作业,成功地解决了油田生产中的一些特殊难题,取得了良好的效果,但与国外相比,作业设备的利用率还比较低。且国内在连续油管和作业车的制造方面均属空白,在研究上也只限于理论探索。中国石油大学(华东)、青岛建筑工程学院等对连续油管的受力、疲劳及可靠性进行了研究,吉林石油管理局还申请了"油井多功能复合连续油管"专利,但没有形成产品;江汉机械研究所、中国石油大学(华东)、西安石油学院对连续油管作业车及其配套装置也只是在理论上进行了探讨。随着我国东部油田增产挖潜工作的深入,需要采取在套管内侧钻水平井的方法对一批复杂断块油田开采剩余油,以及对待废井、工程事故井、停产井进行挖潜复产或增产。我国西部油田的开采也以大量的深井、超深井及水平井、丛式井为主。因此,随着我国侧钻井和小井眼钻井需求的不断增加,连续油管作业技术在我国水平井钻井、修井、完井及增产改造过程中将会发挥巨大的作用。

表 5-1 国内连续油管设备现状(据卢秀德,2009 年)

油田名称	连续油管作业机数量,套	油田名称	连续油管作业机数量,套
四川	6	中原	2
大庆	5	长庆	2
克拉玛依	4	吐哈	2
胜利	3	塔里木	2
河南	3	吉林	1
华北	2	江汉	1
辽河	2	中海油	2
大港	2	合计	39

二、连续油管作业机

连续油管作业机是移动式液压驱动的连续油管起下运输设备,是连续油管作业的主要设备,其基本功能是在连续油管作业时向生产油管或套管内下入和起出连续油管,并把起出的连续油管卷绕在卷筒上以便运移。不管是什么类型的连续油管作业机,其基本设备都是相同的,主要包括液压动力单元、控制室、连续油管滚筒、连续油管、起重机、注入头、井控设备,见图5－2。

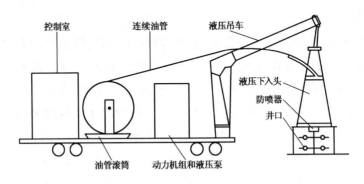

图 5－2   连续油管作业机示意图(据杨山,1995 年)

1. 控制室

控制室为操作人员提供监控注入头、滚筒、防喷器等设备的场所,配置所有必需的操作控制开关和仪表,目前常见的控制室均为液压式控制方式,中控室内布满各种液压阀件,噪声比较大,而且有油污的存在。目前最新型的控制室是荷兰 ASEP 公司生产的电气化控制室,该控制室大量采用了电子元器件,替代了传统的液压控制阀,控制室内清洁、无油污、噪声小,具有可视化显示屏幕,控制也更为精确。

2. 滚筒

由筒芯和边凸缘组成,滚筒的转动由液压马达控制,液压马达的作用是在连续油管起下时在油管上保持一定的拉力,使其紧绕在滚筒上。滚筒前上方装有排管器和计数器。滚筒所能缠绕连续油管的长度和直径的大小主要取决于滚筒的外径、宽度、滚筒筒芯的直径、运输设备及公路的承载能力的要求等。如何能够在以上种种限制条件下使得滚筒容量最大,是世界上各大连续油管作业机生产商研发的重点之一。目前最新型的滚筒装置具有可升降机构,即滚筒相对于卡车(拖车)底盘可以升降,对于有限高要求的路段,可以将滚筒下降到限高指标之下,卡车再通过;遇到路面情况不好的山路或泥泞小路时,将滚筒升至最高,以保持最大的离地间隙。有效地解决了道路对滚筒凸缘外径尺寸的限制,可以使滚筒凸缘外径在道路限高条件下达到最大,进而使滚筒容量达到最大。

3. 注入头

注入头基本功能为:克服连续油管在井筒内的浮力、摩擦力以及高压井的上顶力,同时在不同井况下控制连续油管的起下速度并悬挂油管;注入头是连续油管作业机的重要设备之一,其作用和常规井下作业中的通井机类似。

4. 连续油管

连续油管装在的专用的绞盘上,其规格型号较多,油管的规格尺寸越大,最小弯曲半径也就越大,常用的连续油管见表 5 – 2。

表 5 – 2　常用的连续油管(据陈军,2000)

外径 mm	内径 mm	单位质量 kg/m	最小屈服强度 kN/m	试验应力 MPa	破裂压力 MPa
25. 40	19. 90	1. 517	92. 50	78. 30	97. 90
31. 80	25. 40	2. 197	137. 40	70. 70	88. 90
38. 10	29. 20	3. 622	226. 80	83. 10	104. 10
44. 50	35. 60	4. 305	269. 50	72. 10	90. 30
50. 80	41. 10	5. 372	471. 05	67. 30	137. 09
60. 30	50. 01	7. 139	617. 00	57. 70	115. 44
73. 00	63. 40	7. 969	757. 60	48. 10	74. 71
88. 90	78. 50	10. 503	935. 41	42. 60	78. 33
114. 30	101. 60	17. 21	1373. 20	—	69. 40
127. 00	114. 30	19. 22	1337	—	55. 55

连续油管(图 5 – 3)绕在滚筒上,存储和运输都非常方便。其长度可达 31000ft(约9450m)甚至更长,具体长度取决于滚筒大小和油管直径(范围为 1 ~ 4.5in)。可从中央控制室控制液压动力机组(或称原动机),从而驱动喷射头下放或收回连续油管,大型储存滚筒也可对油管施加反向张力。连续油管先经过鹅颈管和喷射头,然后通过井控设备插入井筒。井控设备通常由盘根盒(或密封装置)、立管和井口顶部的防喷器组构成。收回时将连续油管缠绕在滚筒时,正好与上述过程相反。

5. 液压动力单元

动力部分主要为作业机和各部件提供动力源。大多数连续油管作业机的动力部分是柴油机和水力泵。动力装置除在设备运行时提供液压动力外,还装有储能设备,能在发动机停机后的一段时间内操作压力控制设备,保证施工安全。

6. 起重机

起重机常用于将注入头吊装到井口防喷器的顶部,然后保持吊起注入头的状态,直至作业结束再把注入头吊下来。起重机可以安装在连续油管卡车底盘上,也可以由施工方单独提供 1 台车载起重机在连续油管作业时使用。

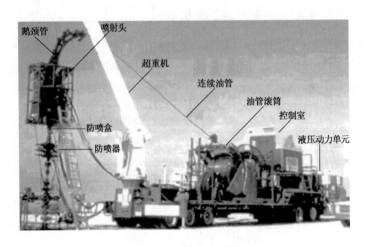

图 5 - 3　连续油管示意图

7. 井控设备

井控设备是连续管作业不可缺少的功能和安全设备。油气井作业所需的井口压力控制设备的结构很大程度上取决于作业类型和预料作业中可能遇到的最恶劣的作业条件。井控设备通常由密封装置、立管和井口顶部的防喷器构成。

第二节　连续油管压裂技术特征

连续油管在油气井压裂作业中的应用是一个比较新的项目,从九十年代后期开始在油气田上得到应用,截止 2001 年连续油管压裂的油井数量超过 5000 口,压裂层位的最大深度已达到 10000ft。连续油管压裂主要针对层状油藏、不连续油藏等需要进行多级分层压裂以及分支井压裂的情况。利用连续油管压裂技术,有选择性地进行支撑剂填充,在费用允许范围内有效地进行边际油藏压裂作业,可以提高油藏经济开发的效果。

连续油管压裂特别适合于具有多薄层的浅井,在这类井上进行压裂施工比用常规方法能缩短很多时间,可在一天内完成一口井的压裂工作。这是因为连续油管能迅速地重新配置封隔器,能快速地从一个层位到另一个层位,并且能在欠平衡的条件下完成这一工作,而常规的压裂操作利用连接的油管在完成一个层位的压裂后,必须在过平衡条件下移动工具到下一个层位。

一、连续油管压裂概述

1. 发展历程

最早的连续油管压裂作业是在 1993 年开始进行的,在加拿大阿尔伯塔省东南部浅气层,通过 $2\frac{7}{8}$in 连续油管注入 25t 支撑剂,排量为 $3.0m^3/min$。最初是在井眼中下送连续油管,然后在井口处割断它,进行压裂增产作业时可用其作为工作管柱,最后连续油管与井口相连接,作为一种速度管柱。这种早期的连续油管压裂措施没有广泛地被人们所接受,这是由于作业环境和压裂设计受到限制所造成的。在此之后,连续油管压裂法用来减少完井时间,并提高采用多级压裂增产作业的油井的经济状况。这一方法可以选择支撑剂充填作业,并以正常追加的作业成本对边际产层实施增产作业。直到近期,连续油管压裂法扩展到对油井能够进行增产作业,这就防止了常规压裂法所出现的油管完整性问题。连续油管用来把单产层处理压力与井筒隔离,它在多层井筒中也可用来处理单个剩余生产层。

2. 经济状况

连续油管压裂法提高了直接和间接的经济效益。连续油管可节约大量作业成本,在含有多个小油层的井筒内它还能降低油井的下钻次数、井位设备数和缩短井下装置的入井时间。连续油管压裂法减少了对修井设备、桥堵和井口隔离装置的需求。从较短的油井关井时间和累积的产量来看,缩短了资金的回收期。连续油管压裂法产生的另外一笔费用是由专门压裂液和所需功率造成的。以前的应用情况表明,连续油管压裂法可改善多级压裂处理时的经济状况和单个剩余油层的压裂增产措施。

3. 约束条件

连续油管的管道通常有一个开井排液的横截面,它比常规压裂法使用的油管横截面小一些。这种限定的面积致使流体摩擦压力损失程度要比常规压裂法高得多。对于水力压裂,在所需的注入速率下,增加摩擦压力损失就要求地表压力较高。这些较高的地表压力限制了对使用常规压裂液时浅油藏的连续油管压裂,而这种较高的地表压力应用的流体注入速度一定要比常规压裂的注入速度要小得多,该情况可能影响支撑剂的充填和反向的压裂几何形状。

适用条件:

(1)套管/衬管尺寸为 $4\frac{1}{2}$in 或 $5\frac{1}{2}$in;

(2)井底温度小于139℃;

(3)破裂压力梯度小于0.0091MPa/m;

(4)实际垂深为0~3048m。

连续油管压裂技术还需要着重考虑以下因素:压裂层段的深度、完井方式、流体类型、储层特征。

二、连续油管压裂特点

1. 连续油管作业特点

连续油管压裂是对多层和小产油层分隔和增产处理能力的一种突破,同时也是对一次起下钻分层的突破。在承压条件下,连续油管压裂是一种无需压井或下管柱接头的较好的解决方案。无需或减少管柱接头、修井时间以及井场压裂设备数量,对甲方而言使用连续油管可以节约成本,总的来说,连续油管具有以下特点:

（1）不压井作业；

（2）不动井内管柱，保护生产油管；

（3）能完成一些常规方法不能进行的作业；

（4）替代一些常规作业，效率及作业质量更高；

（5）节约成本、简单省时、安全可靠、用途广泛。

连续油管压裂主要适合下述井眼：层位厚度有限、先前被忽略的井眼；运用传统方法很难分开油水层的井眼；标准的多层位井；可用连续油管作为压裂钻具，并能够保证压力不会聚集于井口的储气井。

连续油管压裂不适用于摩阻高、地面施工压力高、注入排量高的情况。

2. 连续油管压裂优点

与传统压裂方式相比，连续油管压裂具有下列优点：可以用一套井下作业设备进行多个目的层作业；可以选择作业目的层的位置，并对每一个目的层位根据储层特性做压裂设计，以获得油气井的最大产能；在逐层作业时，对作业目标层之外的层位进行有效的隔离，避免对储层产生损害；通过环空压裂，井口施工压力较低，压裂泵的泵速较高，为多个层位进行有效压裂提供了足够的能量；起下压裂管柱快，移动水力喷砂射孔枪位置快，填砂、探砂面、冲砂洗井速度快，从而大大缩短作业时间；采用不压井作业装置能在欠平衡条件下作业，不需要压井，从而减轻或避免对油气层伤害；一次下管柱逐层压裂的层数多，可以多达十几个气层。

连续油管不需起出井口就可由一层移到另一层。使用连续油管对目标层封隔可以提高产量。多用于浅井多层陆上油气藏，主要用于分层压裂酸化和小井眼压裂，在以下应用中有显著优势：

（1）老井中的死油气层；

（2）单层的页岩；

（3）煤层；

（4）气水混合层，需要进行一些小型的增产处理，但要避免对含水层的处理；

（5）承压或储油/产层位；

（6）多层位工程；

（7）井下工具完整性较差或对其不了解；

（8）无明显层位界限。

三、连续油管压裂前准备

1. 井位的选择

使用连续油管压裂之前对井位的选择非常重要。根据井下条件的不同，可以在连续油管上连接不同的工具。可使用常规张力坐封封隔器（通常用于单层位压裂），或当需要对多产层进行封隔时使用对口皮碗工具。管柱可能会下至上下密封皮碗之间，跨越厚度不同的产层。同时,还要考虑到在携带支撑剂的流体中起下管柱的一些一般的预防措施。连续油管注入头必须有足够的强度,以便起下大尺寸的管柱以及承载管柱下面的额外重力和井下工具。一般注入头的提升能力为80000lb(1lb = 0.45359kg)。

以下为井位选择的重要因素:(1)产层对环空流体的承载力;(2)碎屑/固体颗粒;(3)腐蚀;(4)结垢(是否可去除);(5)破裂梯度;(6)压力限制;(7)经济潜力。

2. 压裂材料的准备

1)压裂液

传统的水力压裂技术已广泛应用于聚合物压裂体系,以便提供支撑剂输送时所需的粘度。因为这种压裂液可能伤害支撑剂充填层的导流性,所以水力压裂时设计的支撑剂充填层导流性超过优化开采时所需的要求。而压裂液的摩擦损失随着支撑剂浓度的增加而增加。

近年来,引入了粘弹性表面活性基(VES)压裂液体系,作为一种无聚合物压裂液来替换常规压裂液。由于VES压裂液具有独一无二的分子结构,因此它们的摩擦压力损失较小。现场数据表明VES压裂液体系的摩擦压力损失只相当于常规聚合物压裂液的三分之一。这种特性使连续油管压裂法对较深油藏进行作业成为可能。同时,VES压裂液体系也不污染支撑剂充填层,所以可以让它们在支撑剂浓度较低的情况下,提供合适的裂缝导流性,以便进一步减少摩擦损失。另外,VES压裂液体系在增产作业之后也可以有效洗井,而且裂缝几何形状对VES压裂液的注入速度也不太敏感。

2)支撑剂

连续油管压裂作业中常用的是合成、中等强度支撑剂体系。而圆形、表面光滑的合成支撑剂产生的摩擦损失较小,并且相比角状的、表面粗糙的砂岩颗粒在导流性测量方法上不需要把大型设备在井间来回运移。虽然,可同时使用2到3个计量分离器,但要依井况而定,而且运送设备较困难,测量前需安装计量分离器,安装需要几个小时。油井产液经过计量分离器后,分离器需稳定3h,测量需8h,测量完成后,分离器需泄压,总体而言,完成一次连续操作需24h,而ISA多相流量计要简单得多,完成一次测量只需1h。

四、连续油管压裂设计与工艺

1. 压裂设计

连续油管压裂设计需要综合考虑各种因素,总的来说有以下几个方面的要点。

1)压裂管柱的设计

压裂管柱的设计需考虑以下因素:压裂设计、CT机械参数、经济使用能力。压裂用的连续油管的限制因素主要是油管尺寸和强度。为了达到压开油层所需的足够大的压裂液排量,需要采用较大直径的连续油管。由于大直径连续油管的疲劳寿命比小直径连续油管短些,作业公司只得持续不断地研究连续油管的适用性,寻找优化连续油管参数的方法,用以延长压裂管柱的工作寿命。管柱选择需要满足两个条件:管柱能够承受周期应变变软能力、焊接点不大于 3 个。

压裂管柱设计的最终目的是在整个管柱生命期内,保证管柱有合理的应力能力,通过保证满足上述要求,延长管柱的生命期和效益。

选择的管柱直径要能允许压裂液的流量达到 $2m^3/min$ 的排量。管柱尺寸也要基于压裂液的摩阻压降以及流速加以选择。摩阻会影响地面设备压力,流速会影响磨蚀造成的管壁损失。压裂液在管柱中的流速一般限制在 30m/s。综合考虑这些因素,合适的管柱直径为 2⅜in 或 2⅞in。这种尺寸的管柱,一是可以限制地面压力在 35~40MPa 范围之间;二是能达到期望的流速而不会造成显著的管壁损失。

压裂管径的选择需要满足如下条件:排量,允许通过 $2.0m^3/min$ 排量;摩阻损失,需要考虑包括管的腐蚀和壁厚损失的影响;流速,速度小于 30m/s。

管壁的厚度要以携砂流体的磨蚀效应造成的管子金属的损失为基础来加以选择。在管子工作寿命的后期,管柱应当仍然有足够的壁厚,以便在综合负荷条件下能承受工作压力。除了管柱内部的压裂作业压力外,井下工具总成所需要的压缩力也归于综合负荷。

2)压裂液体系和支撑剂的选择

连续油管压裂液应根据储层特性、压裂设计等要求进行选择,常用的压裂液体系如下:

(1)低稠化剂浓度的水基交联压裂液体系;

(2)泡沫压裂液体系;

(3)粘弹性压裂液体系(VES 体系)。

以上几大体系中 VES 体系应用最为广泛,具有低摩阻(常规压裂液的 1/3)、无伤害、压后有效返排、对裂缝几何尺寸敏感性小的优点。

支撑剂的选择可以有多种类型:16/30 目的砂、20/40 目的砂,人造支撑剂等。

Schlumberger 公司常选用中等强度的人造支撑剂,因为人造支撑剂具有高的圆度和球度,因此其摩阻低。

另外,连续油管压裂设计中还需要同时考虑两个因素:优化的裂缝对排量和支撑剂浓度的要求。由于地面压力的限制对上述两个因素的限制,设计方法取决于地面压力和裂缝参数对排量和支撑剂浓度的依靠,即在确定希望的排量和最大的支撑剂浓度的同时满足地面压力和裂缝参数的要求。

2. 压裂工艺

连续油管压裂有两种基本工艺:单封隔器与砂塞压裂、跨式双封隔器压裂。

1)单封隔器与砂塞压裂

在连续油管单封隔器与砂塞压裂(图 5 - 4)中,封隔器封堵上部层位,砂塞封堵下部层位。要求准确控制砂塞的砂量,主要用于单层压裂,该工艺的特点是:卡住封隔器的风险较小;压裂层段的间隔不受井口防喷管长度的限制;压裂完后需冲砂。该工艺的具体工艺过程为:下通井规;对改造层位射孔;针对改造层下桥塞和单封隔器总成;压裂;结束后提出连续油管和封隔器;回收桥塞;最后返排压裂液并投产。

2)跨式双封隔器压裂

在连续油管跨式双封隔器压裂(图5-5)作业过程中,跨隔双封隔器底部的压缩变形构件和顶部的两个皮碗将一段射孔层段卡开。压裂工具串下至第一个待压裂的小层位置,底部卡瓦将固定在套管壁上,下部封隔器将会封闭井筒。此时,开始连续油管压裂。完成压裂后,利用连续油管上提而将双封隔器解封,再移至第二个小层,对该小层进行压裂。重复操作直至完成所有小层的压裂。

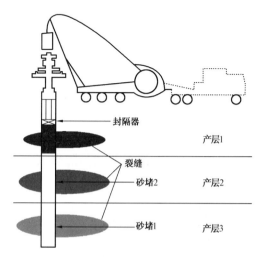

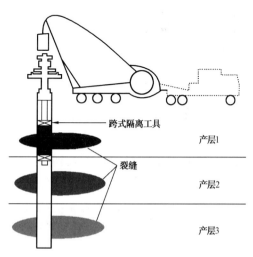

图5-4　单层封隔连续油管工艺示意图　　　图5-5　双层封隔连续油管工艺示意图
（据 Ali Charcuf Afghoul,2004）　　　　　　（据 Ali Charcuf Afghoul,2004）

跨式双封隔器的种类有:单皮碗式、双皮碗式、封隔器密封元件式、双皮碗和封隔器密封元件组合式,主要用于多层压裂。该工艺的特点是连续作业不需要坐桥塞或填砂,且跨式双封隔器串的长度受到井口防喷管长度的限制。其中常用的跨式皮碗—封隔器,具体工艺过程为:对全部层位射孔;下通井规;针对改造层下跨式皮碗—封隔器总成;进行压裂;结束后反循环,上提封隔器总成到下一个改造层位;座封压裂;最后返排压裂液并投产。

五、连续油管压裂技术

连续油管压裂一般过程是先对需要进行压裂的储层进行有针对性的压裂设计,即根据储层的厚度设计人工裂缝的几何尺寸,施工时将连续油管下至最下层,从最下层开始,一层一层地进行有针对性的压裂施工,然后进行排液完井投产。

1. 井底工具组合

连续油管压裂技术的关键是井底工具组合(图5-6),这套组合工具可以在单个井眼中对多个目的层进行射孔并进行有效的密封。

一般而言,井下工具主要安放在连续油管上,采用膨胀式封隔器实现已经作业的目标

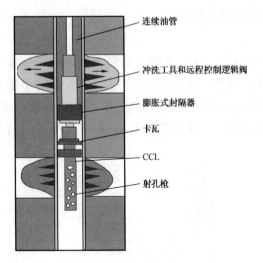

连续油管

冲洗工具和远程控制逻辑阀

膨胀式封隔器

卡瓦

CCL

射孔枪

图 5-6 连续油管压裂的井底工具组合
（据林英松，2008）

层与其他目标层位的隔离，射孔的设备为选择性射孔枪。作业时在套管和连续油管之间注入压裂液，为目的层的压裂提供能量。

图 5-7 给出了连续油管压裂技术的典型作业程序。把连续油管压裂井下工具组合中的可选择性射孔枪安放在第一个目标层附近（待压层位中最下面的那个层位，利用套管接箍来控制深度），然后引爆射孔枪射孔。把井下工具组合下入到射开的目标层位之下，把卡瓦和封隔器安放好。通过连续油管和套管的环空向地层注入压裂液。当增产作业完成后，上提井下工具组合至上面邻近的一个目标层位附近。当射孔枪安放在第二个目标层位时，引爆射孔枪，射孔完成之后，把井下工具组合下入到第二次射开的目标层位之下，把卡瓦和封隔器安放好。通过连续油管和套管的环空向地层注入压裂液。

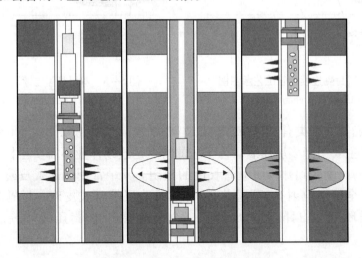

图 5-7 连续油管压裂技术的作业程序（据林英松，2008）

一次下井可以作业的层数取决于装在井下工具组合的射孔枪。若要作业的目标层数比射孔枪的最大作业层数多，则需把井下工具组合取出井口，更换射孔枪后下入上次已经作业的目标层上部紧邻的目标层位即可进行作业。在所有的层位都进行作业之后，利用井下工具对作业流体进行返排后即可生产，不需要任何专门的作业流体返排设备。

连续油管压裂工艺可以实现已作业层位和正在作业层位的非渗透隔离，在作业过程中，该工艺在作业目标层使用专门的封隔器，允许压裂液连续注入目标层，这样就可以保证前面作业的层位不被污染，作业顺序不会发生变化。

2. 连续油管水力喷射压裂

水力喷射压裂是一种集水力喷砂射孔、水力压裂和水力隔离等多种工艺一体化的新型水力压裂技术。与常规水力压裂相比,连续油管水力喷射压裂技术可做到:较准确地造缝、无需机械封隔、简化作业程序、降低作业风险。这一技术适应于多产层、薄层的直井逐层压裂改造,对开发低渗透油气藏和煤层气藏具有重要的意义和广阔前景。

连续油管与水力喷射压裂技术相结合应用于油气田增产作业中,从一个压裂井段位置移到下一个压裂位置时不需接单根,可以在环空液体循环的条件下安全快速地完成。同时使用连续油管可以在发生砂堵时快速清除多余的支撑剂,迅速有效地处理井底情况。水力喷射压裂技术中一般倾向于选用大直径连续油管(一般为 $\phi50.8mm$ 以上),以获得充足的压裂液流量。

连续油管水力喷射逐层压裂层段具体施工步骤(图 5 - 8)如下:

(1)将连续油管准确下入施工层位;

(2)维持连续油管内一定排量低替基液;

(3)进行加砂射孔,为保证安全,控制连续油管压力低于 65MPa;

(4)顶替弱交联液;

(5)关闭套管进行试挤;

(6)提高连续油管排量高挤前置液;

(7)向套管或连续油管环空中泵入液体,同时按照设计加砂程序通过连续油管高挤携砂液;

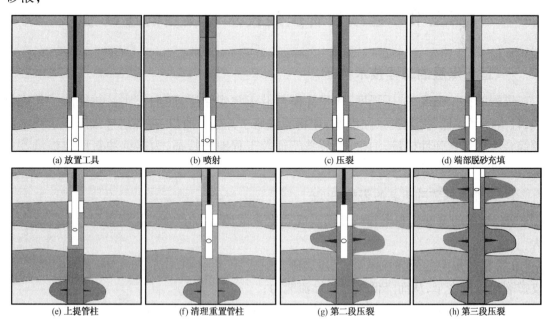

| (a) 放置工具 | (b) 喷射 | (c) 压裂 | (d) 端部脱砂充填 |
| (e) 上提管柱 | (f) 清理重置管柱 | (g) 第二段压裂 | (h) 第三段压裂 |

图 5 - 8　连续油管水力喷射压裂流程图

（8）加砂完毕，油管和环空停泵；

（9）将连续油管下入下一施工层位；

（10）重复第（2）至第（9）个步骤，完成连续油管水力喷射逐层压裂施工。

常见的连续油管井下喷射工具串组合为引鞋、变扣、接箍、筛管、接箍、下扶正器、单向阀、喷枪、上扶正器、接箍（上面连接油管接头）（图5-9）。

与常规压裂技术相比，连续油管压裂作业时间不及常规作业时间的一半，尤其是在多层压裂和漏掉产层的压裂中，这方面的表现最为明显。连续油管作业方式节约了大量的时间、减少了事故发生的概率，因此大幅度降低了成本。

连续油管压裂是高效的，但目前这项技术还存在很多问题，如连续油管自身的稳定性差（连续软管在腐蚀、内压、弯曲、拉伸、挤压、振动、摩擦等作用下不发生破坏失效的特性）、寿命相对较短、抗内压和外挤的能力差等。受地层温度和压力的限制，连续油管压裂作业的深度一般较浅。另外，连续油管自身的成本也很

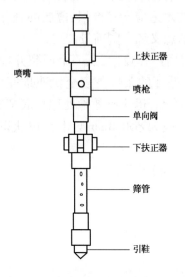

图5-9　连续油管井下喷射工具图

高，这些问题的存在大大制约了连续油管压裂技术的应用范围。

第三节　连续油管压裂技术对煤层的适应性

一、适应煤层的工程技术特征

煤岩的抗拉强度、抗压强度、和弹性模量低于常规储层，而泊松比又往往高于常规储层，且由于强度低（尤其抗张强度低）使得裂缝易于开裂。所以，在煤层连续压裂过程中需要综合考虑煤岩弹性模量、泊松比、裂缝特征等工程地质特征，为连续油管压裂提供技术支持。

1. 低弹性模量对压裂的影响

（1）裂缝的宽度基本上与弹性模量成反比关系，煤岩的低弹性模量将导致裂缝宽度增大，长度减小；

（2）由于煤层的低弹性模量，当压裂施工完成后，裂缝中的支撑剂将向煤体中嵌入，使支撑裂缝宽度变窄，从而降低裂缝的导流能力；

（3）低弹性模量将使压裂压力曲线在初始破裂阶段的尖峰程度降低，使得施工过程中破裂压力不明显。

表 5 - 3　煤层岩石力学性质

岩石名称	单轴抗压强度,MPa		单轴抗拉强度,MPa		弹性模量,MPa		泊松比	
	平行层理	垂直层理	平行层理	垂直层理	范围	平均值	范围	平均值
一般煤	7.4	10.8	1.5~2.5		300~6500	3400	0.1~0.45	0.28
砂岩	50~100		5.1~7.9		15000~25000		0.3~0.35	0.33
泥岩	14~61		1.7~8.0		>35000		0.1~0.25	0.18

2. 低硬度、易碎性对压裂的影响

煤的低硬度、易碎性是区别于常规类岩石的又一重要特性,煤层广泛发育面割理与端割理的网络裂缝系统,在外力作用下,煤层单元就会沿着割理面崩离下来,形成小煤块或煤粉。

(1)裂缝宽度增大。据前人研究统计,在煤样破坏时,崩离体尺寸以 0.1~2mm 居多,煤层裂缝的宽度将增加 5%~15%。

(2)压裂液流变性改变。当其数量在压裂液中达到 2% 以上时,明显表现出宾汉流体或卡森流体的特性,压裂液在裂缝内的流动摩阻会加大。

(3)缝道堵塞。

煤层较软,压裂过程中容易产生颗粒,堵塞渗流通道。

3. 多裂缝、近井迂曲与堵塞对压裂的影响

(1)由于割理裂缝发育,在压裂初期在近井区域有可能产生多条裂缝和迂曲;

(2)由于煤层的易碎性,在压裂施工中煤岩破碎产生大量的煤粉及煤碎屑,聚集起来堵塞裂缝的前缘,改变裂缝的延伸方向,形成弯曲裂缝和多裂缝网络;

(3)多裂缝、近井迂曲易使压裂过程中产生近井高压,增加施工危险。

由于煤岩所具有的这些特性,导致在压裂改造过程中容易出现施工失败、施工效果不好、施工后对地层造成污染等情况,所以连续油管为解决这些问题提供了一个很好的方法。

二、煤层连续油管压裂应用特征

我国煤层气储层大多低孔($\phi < 10\%$)、低渗($K < 1 \times 10^{-3} \mu m^2$)、低压(煤层气一般埋深浅),这使得钻开煤层气储层后需要压裂后方能开采。常规压裂改造过程中,需要对下面的储层进行压井、填砂、封隔,才能对上面的储层进行射孔、压裂等作业,这使得其作业周期长、成本高,难以适应煤层气开发的需求;并且,由于煤层裂缝系统发育,多次压井等作业容易对煤层造成伤害,进而影响煤层气产量;另外,由于我国煤层气田多数都是多层的,若用常规压裂改造煤层时,需要进行钻开水泥塞、打捞桥塞和冲砂等作业,其过程较为复杂;在工艺上不动管柱机械分层压裂存在工具被卡的风险,两层以上的多层煤层实施分层压裂实施困难,风险较大。这使得一些井不得不放弃部分厚度较小的产层。

鉴于上述情况,为了确保煤层气田的高效开发,有必要引进连续油管压裂工艺技术。

连续油管压裂特别适合于具有多薄层的浅井。据统计,在多层压裂(3~8层)中,连续油管压裂的费用仅为常规压裂的60%~70%。煤层由于埋深较浅,并多含有多层结构,对排量要求较低,适用于用连续油管进行改造,国外煤层气藏中的干气藏普遍采用连续油管氮气压裂方法进行增产改造。利用连续油管,在多层井上进行压裂施工比用常规方法能缩短很多时间。而且连续油管能迅速地重新配置封隔器,从一个层位到另一个层位,并且能在欠平衡的条件下完成这一工作,减少了事故发生的概率。另外,煤层中连续油管压裂与常规压裂施工相比,工序及其占用井场的时间明显减少,尤其是在多层压裂和漏掉产层的压裂中,这方面的表现最为明显。在对多个地层进行合采时,低压带在高压带的带动下,压裂液的返排更加彻底,减少了对地层的潜在伤害。

用连续油管对煤层进行改造,其重要意义不仅在于提高了煤层气单井产量和采气效率,并将原来认为地质条件差、含气量低、产量低、没有效益的资源变为可开采资源,提高了煤层气产出量。

第四节 连续油管压裂技术在煤层气井压裂中的应用

一、连续油管在美国 Virginia 州 Buchanan 县煤层气井中的应用

美国 Virginia 州 Buchanan 县浅层煤层的地质特点是:煤层深(457.2~762.0m)、层多(12~25层)、层薄(0.152~1.824m)、跨度大(304.8m)、含气量高12.6~18.2m³/t。

该煤层气改造从最早的合压开始,到采用限流压裂直至多段改造。目前,煤层分成3~4段进行改造,每段包括6~8个煤层。由于以往改造存在的问题是既费时,又不经济,甚至有些煤层得不到改造,所以选用连续油管对其进行改造。

1. 压裂工艺

2001年,Halliburton公司使用连续油管进行压裂改造(CTF),包括集成的连续油管装备(管径73mm,管长2280m,管厚5.156mm)和特殊的井下封隔器(图5-8)总成(上下跨度的范围为1.52~7.6m,本实例为5.776m,且跨度至少比射孔井段长1.216m)。施工所采用的井底封隔装置(BHPA)有一个平衡阀,用以完井时线圈管柱上升控制层段平衡压力。较低的滑动设计是独特的,因为外部封隔心轴在封隔器安放之后即不能旋转,并用一种带孔接头允许处理液泵出处理管柱,两个杯型封隔元件安放在上部来维持压力,以便在射开层段进行改造处理。杯型设置同样使得在层段放置后从顶部的排液得以循环。

当一个层段射开后,就通过射开层段将大约24in,较浅封隔元件装置的BHPA在底部炮眼下面安放好。连续油管运动调节较浅的封隔元件,通过环形空间经过上部杯型设置就开始了循环。当井眼循环干净之后,就应用连续油管机开始钻开一个新的层段。来自下面的压力使上部的杯型装置活跃起来,然后处理压力被引导向射开层段。在此层段的完井时期,压力要准许平衡,封隔器被释放,运动走向下一个上部区域。BHPA通过下一个

层段安放好,重复以上工序。若观测到环形空间压力或流率,表明具有连通性,就将 BHPA 移至下一个区域,重新开始处理。在作业过程中,有 11 个区域是在 8h 内使用了一个封隔装置泡沫压裂的。

如图 5-10 所示,煤层气常规压裂使用的井底封隔器装置图,与常规油层压裂用封隔器基本相同。

2. 压裂施工

施工所用的压裂液体系是一种低凝胶硼酸盐(LGB)泡沫体系,为低稠化剂硼交联的 70% 泡沫压裂液。选择此压裂液是因为它在较低的注入速度下可有效地运输支撑剂,压裂液规模为 6818.2 ~ 27272.7t。

在 5 口井进行了施工,单井施工 10 ~ 19 段,有效地改造了每个煤层;排量平均达到 1.3m³/min,平均地面压力为 22048 ~ 31005kPa,支撑剂为 16/30 目的砂和 20/40 目的砂。

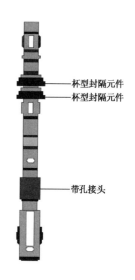

图 5-10 封隔器装置图
(据 G. Rodvelt,2001)

压裂液的平均速度是 8bbl/min(1bbl = 0.159m³),平均的井口压力开始为 3200psi,添加了支撑剂后上升至 4500psi。图 5-11 至图 5-13 为井 2、井 3、井 4 各自一小层的压裂施工曲线图。为保持较高导流能力,需要对压开的裂缝进行有效的支撑,井 1 所有的层段用的支撑剂为 16/30 目的砂;在井 2 的测试中,11 层中有 4 层使用的是 16/30 目的砂。由于各个煤层的改造处理是分开进行的,所以这个过程是十分重要的,使用的支撑剂的大小取决于预期所需的导流能力大小。为了使较高渗透率的煤层形成高导流能力裂缝,选用

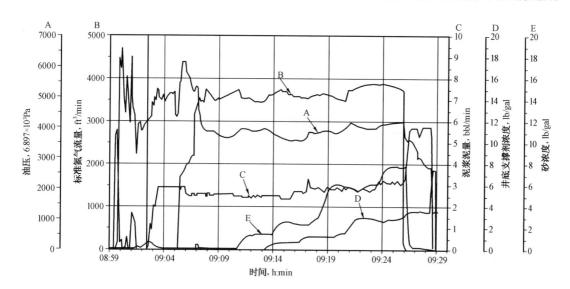

图 5-11 井 2 的第 4 层压裂施工曲线图(据 G. Rodvelt,2001 年)

的支撑剂应为 16/30 目的支撑剂;对于较低渗透率的煤层来说,20/40 目的支撑剂就足够了。

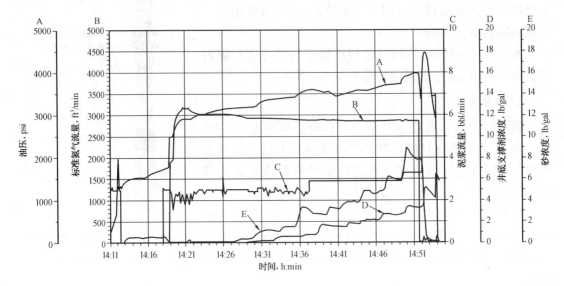

图 5-12　井 3 的第 10 层压裂施工曲线图(据 G. Rodvelt,2001 年)

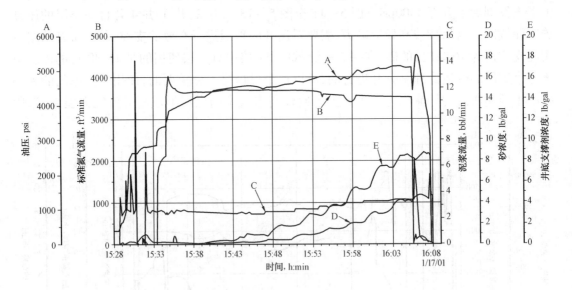

图 5-13　井 4 的第 3 层压裂施工曲线图(据 G. Rodvelt,2001 年)

经济评价结果表明:连续油管多花了 100 万美元/井,多处理了产层,净现值提高了 260 万美元/井;14 口井的产量增加达 1.5 倍,完井成本还降低了 8%。

二、连续油管在加拿大 Drumheller 煤层气井中的应用

加拿大阿尔伯达盆地马蹄谷组的 Drumheller 煤层用连续油管压裂技术,开发纵向连续分布的薄煤层的煤层气。该项技术特点是:排量大,效率高,成本低,产量高。压裂液排

量500～1000m³/min,只用氮气,不加砂,重点形成小型裂缝网络,并解除钻井污染带。压裂后关井6～8hr,之后返排压裂液,直到产出煤层气。2002年,加拿大利用该项技术在阿尔伯达盆地马蹄谷组的Drumheller煤层开发煤层气,建立了加拿大第一个商业性煤层气项目,取得了很好的效果。

连续油管压裂施工设备可将所需支撑剂准确注入目的层。通过对比常规加砂压裂与连续油管压裂效果,发现使用常规加砂向一口井内的4个层段注入10.9t支撑剂,15天内产量增加18%;而通过连续油管加砂只在1天内就可将10.9t支撑剂加入9个层段,5天内产量增加190%。

连续油管技术的引进,成功地解决了煤层气生产中的一些难题,其安全、快捷的特点和对煤层气气藏特有的保护作用是常规作业所无法比拟的,尽管现阶段我们对连续油管技术只是进行了一些先导性试验和简单工艺的实践,但连续油管的巨大优势预示着广阔的应用前景。总的来说,与常规压裂技术相比,连续油管压裂是高效的,具有使用方便、适应性广、省力、省钱等诸多优点,在国外的煤层气开采中已得到广泛应用,在国内的部分油气田也在逐步应用,并且取得了显著效益。在对低渗、特低渗油气藏的储层改造工艺技术,低渗天然气藏排水采气工艺技术,适应水平井、分支井、煤层气井等各种复杂结构井压裂技术和适应深井,超深井的采油技术等各类开采技术的需求日益增长的未来,连续油管技术将扮演越来越重要的角色。目前这项技术还存在很多问题,如连续油管自身的稳定性差(连续软管在腐蚀、内压、弯曲、拉伸、挤压、振动、摩擦等作用下不发生破坏失效的特性)、寿命相对较短、抗内压和外挤的能力差等。受地层温度和压力的限制,连续油管压裂作业的深度一般较浅(目前的极限深度为4389.12m)。另外,连续油管自身的成本也很高,这些问题的存在大大制约了连续油管压裂技术的应用范围。

因此,随着煤层气勘探开发程度的提高,煤层气田开发和挖潜对象产生变化,国内应加强连续油管技术的研究与推广应用,为煤层气田高效、经济开发提供新的技术支撑。

参 考 文 献

[1] 李宗田. 连续油管技术手册[M]. 北京:石油工业出版社,2003.

[2] 陈军,常仲文. 连续油管钻井技术[J]. 新疆石油学院学报,2000,12(2):43－47.

[3] 李大公,朱常发. 连续油管综述[J]. 国外石油机械,1995,6(3):22－33.

[4] 董社霞. 国内发展连续油管技术的条件分析[J]. 特种油气藏,2005,12(3):8－11.

[5] 任国富,张华光,付钢旦,等. 国外连续油管作业机的最新进展[J]. 石油矿场机械,2009,38(2):97－99.

[6] 卢秀德. 国内外连续油管作业技术[R]. 四川:川庆钻探工程公司井下作业分公司,2009.

[7] 李宝林. 连续油管压裂技术在大牛地气田的应用[J]. 石油地质与工程,2008,22(3):88－90.

[8] 林英松,蒋金宝,刘兆年. 连续油管压裂新技术[J]. 断块油气田,2008,15(2):118－121.

[9] 雷群,李景明,赵应波. 煤层气勘探开发理论与实践[M]. 北京:石油工业出版社,2007.

[10] G Rodvelt,R Toothman,etc. Coal Stimulation Using Coiled－Tubing Fracturing and a Unique Bottomhole Packer Assembly. SPE 72380,2001,October,17－19.

[11] 刘成. 吐哈油田连续油管技术的应用[J]. 石油矿场机械,2001,30(3):45－47.

[12] 郭建春. 压裂酸化工程技术现状与发展[R]. 四川:西南石油大学,2007.

[13] 常晓娟,李小平. 连续油管传送的压裂处理方法[J]. 国外油田工程,2000,3:16 – 17.

[14] 苏贵杰,舒玉春. 连续油管在增产作业中的应用和探索[J]. 油气井测试,2007,12:72 – 74.

[15] 陈其松,魏婷,张学诚. 使用连续油管设备对多层系井位进行压裂增产[J]. 国外油田工程,2008,24(10):42 – 45.

[16] 田守嶒,李根生,黄中伟,等. 连续油管水力喷射压裂技术[J]. 天然气工业,2008,29(8):61 – 63.

[17] 杨山,杨松枫. 连续油管装置及配套工具在油田的应用[J]. 石油钻采工艺,1995,17(5):70 – 75.

第六章 煤层气压裂技术展望

我国煤层气勘探开发技术经历了多年的探索和创新,从最早尝试垂直井和套管射孔完井、水基加砂压裂、洞穴完井等煤层气开发技术,发展到目前应用空气钻井,N_2 泡沫压裂,清洁压裂液、胶(线性胶、交联胶等)加砂压裂,注入 CO_2 提高煤层气单井产量和多分支水平井钻井技术提高煤层气井产量和采收率。而作为煤层气开发的主要增产措施——压裂,其技术是目前被改进和完善最多的,在压裂设计、压裂液、支撑剂、压后监测等方面新的改进一直在不断进步。

根据目前煤层气压裂技术研究中存在的问题及现场实际情况,展望未来 5 至 10 年,在以下几个方面会有进一步发展与完善。

第一节 煤层压裂流体发展展望

研究发现,煤层具有松软、割理发育、比表面积大、吸附性强、压力低等独特的工程地质特征。煤岩储层对压裂液的质量要求是:滤失低,使煤层易出裂缝;携砂能力强,可将足够规模的压裂砂带入煤层裂缝;摩阻低,使泵压有效地作用于煤层;配伍性好,不伤害煤层;残渣少,不堵塞渗流孔道;易返排,不在煤层孔隙中滞留;货源广,经济实惠等。

压裂液是工程实现的主要载体,国内外先后采用交联冻胶、线性胶、清洁压裂液、活性水、泡沫压裂液实施了压裂改造,施工规模和加砂量都有较大提高,并在局部得到了突破,但有些方法还有待进一步完善提高。

一、凝胶压裂液技术在煤层压裂中的改进展望

经济开发的煤层气埋藏深度一般都在 1000m 以内,煤层温度也比较低,因此国内外多采用清水加砂压裂或非胶联线性胶加砂压裂。这类压裂液可实施低压大排量作业,且对煤层伤害亦小。但其压出的裂缝短,携砂能力低,施工用液量大,压裂有效期短。为此美国煤层气公司自 20 世纪 80 年代以来采用凝胶压裂液改造煤层,取得了良好的作业效果和开发经济效益。近年来,研究人员从国内具体情况出发,在已使用田青胶、活性水、线性胶、泡沫等压裂液的基础上,研究开发了适用于煤层气井改造的凝胶压裂液,大大提高了煤层气井压裂的成功率。

凝胶压裂液的携砂能力好、破胶水化彻底、返排顺畅,是煤层气井压裂施工的高性能液体。高性能的凝胶压裂液与目前国内已使用的活性水、泡沫、线性胶、田青胶压裂液相比,具有以下优点:一是用液量低,节省施工储液设备;二是加砂量高,煤层中压裂形成的裂缝长度和宽度大;三是能有效地改善煤层气的导流能力和产出效果。

从成本角度而言,凝胶压裂液要略高于其他压裂液,它适用于已经突破产气关的煤层气田,且在这类煤田中才能保证压裂的成功率及有效改善煤层气的导流能力,大大提高和延长产气周期,从而获得较高的经济效益。

凝胶压裂液的携砂能力、返排情况、压裂后的导流能力均达到了令人满意的效果,为今后煤层气的压裂技术实施增添了新的技术支持。使用凝胶压裂液时需要注意是否会对煤层造成轻度伤害,主要是关注破胶和返排的彻底性如何以及微孔隙渗透率的影响及煤层中有无残留液量问题。研究人员还需要进一步研究和实验,以便对它的利弊做出更深入更全面的评价。

二、液态氮压裂液进展

液态氮在典型的破裂速率和温度($-195.6 \sim 111℃$)下被输送到适当的地层深度,同时又不伤害套管。这个过程会对储层产生高度的热冲击,使裂缝壁面产生足够的物理变化,以防止水力裂缝闭合。此外,在垂直于裂缝面的方向,还会产生由热应力引起的微裂缝。一般而言,除了在个别热应力储层的压裂中会产生这种剧烈的热冲击,在其他的大部分储层都不会产生。在重复压裂中,低温氮的使用可以有效减小先期压裂产生的冻胶滤饼残渣对地层所造成的伤害,对套管也不会产生任何的伤害。

煤层地层能量低时加液氮压裂有许多好处,例如有利于增加地层能量及助排。液氮压裂液最大的优点就是有利用于保护煤岩储层的渗透率,在加注液氮的过程中会产生泡沫,能起到一定程度的降滤失作用。少部分的液氮进入地层后,在地层温度条件下部分液氮成为气体,氮气微溶于地层流体,不会引起储层的伤害。压裂液表面张力小,密度低,压后泡沫在地层局部高压下使气井能连续自喷,可提高入井液体返排率。液氮伴注技术具有压裂液滤失低、入井液体返排率高等特点,能降低地层伤害,并缩短试气周期。

三、清水压裂液技术展望

用清水做携砂液的水力压裂是目前煤层压裂技术之一,也是国内外不断深入研究的一个热门课题。清水压裂液有许多优点,如单位成本低、对地层渗透率伤害小、配制方便、节省人力物力、污染小、性能稳定、压后返排好、整体效果好等。这一技术在浅的单层煤层中应用的效果较好,但是由于其携砂能力有限,只能采用大排量、大液量、低砂比的方式进行压裂,而过大排量会造成裂缝在垂向上不合理延伸,过低砂比又容易使微量支撑剂嵌入到煤层,所以选择合适的压裂参数很重要。因此,除了对清水压裂液进行添加剂技术处理外,还可以采用大排量压裂车组作保障,才能一定程度上达到单井最低排量,为清水压裂的进一步探讨和发展提供参考依据。

大排量、提高净压力、保证足够缝宽、形成复杂裂缝是清水压裂液的重要技术措施。针对储层吸附性强易受伤害的特点,对应的技术措施是清水携砂,提高砂比,保证规模,以求长期导流效果。研究应用了以套管注入、高排量、活性水携砂为主的煤层气清水压裂配套工艺技术。工艺特征如下:排量大,在 $8m^3/min$ 左右;采用大砂量、多级填砂工艺;清水中加入一定量的表面活性剂、杀菌剂,使该体系具有伤害率低、返排能力良好、避免二次伤害的特点,保证了活性水与煤层的配伍。大庆井下作业分公司井下压裂队在山西压裂煤层的 35 口井,成功率达 100%,压后产能良好。

四、纤维压裂液技术在煤层中的应用展望

压裂液中添加纤维材料是一项新技术,添加的主要是化学纤维。压裂液返排之前,纤维作为压裂液的成分,低粘度下压裂液具有优越的携砂性能;返排时,纤维继续留在地层,成为支撑剂增强材料,起到防砂增产双重作用。纤维材料的加入赋予了压裂液很多优越的性能。国内外压裂实践表明,纤维压裂液在低粘度条件下有较好的携砂性能,返排时纤维材料分散在支撑剂中形成空间网状结构,能有效地防止支撑剂回流,压后无需关井即可大量排液,返排效率可进一步提高;纤维材料的加入有利于优化裂缝尺寸,形成的人工导流通道更有效,压后增产效果显著。

与常规压裂液相比,掺纤维压裂液具有携砂能力强、防砂效果好、破胶时间短、返排效率高、对地层伤害小、压后增产效果显著等优点,且已逐渐形成了新型压裂液体系。目前该体系已成为国内外压裂液研究中的一个热点,在煤岩储层中应该具有广阔的应用前景。

作为具有优良防砂效果的纤维压裂液体系在低渗透油气藏压裂改造中已经取得显著效果,与出砂相似,煤层压裂过程中容易产生煤粉,因此经过改良的纤维压裂材料应能够在煤层压裂中推广应用。

目前的纤维压裂技术的主要掌握者是斯伦贝谢公司。我国研发的专用纤维 BF-Ⅱ在压裂液中具有极为优良的自动分散性,不影响压裂施工,不损害导流能力。率先在国内研制成功加注纤维的专用设备 FiberJet 系列纤维泵,能够高效预分散纤维,保证在施工过程中按设计要求均匀、定量、定时加入纤维,保证添加效果达到最好,形成了独具特色的纤维压裂工艺技术。

五、低分子环保型压裂液展望

在油气井压裂增产施工作业过程中会产生大量返排液体,对环境造成了潜在危害,而低分子环保压裂液体有利于后期回收和处理,大大减轻了施工企业的成本压力。另外,低分子压裂液的适应范围广和复配性强,且低分子压裂液具有抗剪切性好、热稳定性好、水不溶物和破胶残渣较低、控制滤失能力强等诸多优点,适合在煤岩储层中推广应用。

哈利伯顿公司在 2003 年发明了一种称为哈利伯顿微束聚合物(HMP)体系的压裂液,

在美国得克萨斯油田的压裂改造中取得成功。这种新型压裂液无需使用破胶剂,因而在泵送过程中避免了常规压裂液中破胶剂对压裂液的持续降粘,具有非常稳定的流变性能。在压裂之后,它依靠地层的固有酸碱环境,使压裂液体系降解至短分子链,可以清洁支撑裂缝并将伤害降至最低。

我国的长庆井下技术作业处压裂酸化液体实验室开发创新了一种低分子压裂液体系,在低分子增稠剂的开发、低分子的交联技术、聚合物网络结构破坏与恢复技术、返排液的回收再利用技术方面,于2005年取得了重要的创新和实质性的突破。

这种低分子可回收压裂液体系(LMF)与其他聚合物压裂液相比,具有较好的耐温抗剪切能力,同一温度下压裂液可保持恒定的粘度而不下降;施工过程中不需要氧化破胶剂就可以实现破胶返排,并能有效降低对裂缝导流能力的伤害。重要的是,对压裂液的返排液进行回收后,可以将其作为压裂液重新使用。该体系既保持了低的残渣,又保持了聚合物压裂液体系的优点。它价格便宜,而且在现场容易操作,在降低伤害裂缝导流能力的同时,保证了良好的滤失控制性能。该体系在长庆油田的施工作业中取得了较好的应用效果。

低分子环保型压裂液技术的重要价值正在实际应用中体现:返排液回收后可以循环使用,节约用水及化学添加剂,减少废液的排放和处理费用;对于水源不足的干旱地区,不仅能节约宝贵的水资源,还可有效缩短施工作业时间。煤层气藏往往处于缺少水源的地方,低分子环保型压裂液技术在环境保护功能和储层保护功能上都很适合煤层气的开发。

第二节　新型的压裂后评估技术发展

裂缝监测在煤层气开发工程中很重要,地应力场作用占重要地位,随着煤层气产业的发展,人们发现裂缝在煤层气开发中的作用越来越重要。

煤层气开发工程是一种地下隐蔽工程,压裂所形成的裂缝宽度非常小,很难通过普通的地球物理方法进行有效的监测。近年来,我国进行了相关的试验工作,已创立了一些测试技术,但仍有待研究与发展。

一、井—地电位方法

水力压裂是改造煤层气藏的重要手段之一。利用水力压裂技术,在煤储层中建立一条有效支撑裂缝,可有效地扩大泄气面积,增加两相渗流区,提高煤层气单井产量。目前,在水力压裂技术中缺少直接测量水力压裂缝几何参数及导流能力等重要参数的手段,这对分析压裂成败的原因及进一步提高压裂水平不利,故可以用井—地电位方法和技术。此方法的监测原理、理论研究方法适应性已在第四章第五节中做了介绍。

井—地电位方法是利用水力压裂前后储层电阻率的变化,探测水力压裂缝的几何参数。在一般压裂液配方中,粘土稳定剂是氯化钾(KCl),前置液配方、基液配方中都含有一定比例的KCl。KCl溶液是高导电的电解质物质。压裂施工中,压裂液相对地层为良导体,压裂液沿裂缝进入储层,从而改变了储层的电阻率分布。压裂后通过套管向地层供电,电流在良导体压裂液的引导下进入裂缝区域,在地层中形成一个场源。由于压裂液的存在使原电场的分布形态发生了变化,即大部分电流集中到充满压裂液的低阻带,引起地表观测电场的变化。不同形态的水力压裂缝形成不同的场源,表现出不同形态的大地电场分布。采用高精度电位观测系统,观测压裂前后地面电场的变化,经过数据处理,可得到裂缝的几何参数。

水力压裂缝特征反映出煤层中的最大水平主应力和最小水平主应力差别不大,其原因在于:

(1)煤层是有机岩,是含煤地层中的相对软弱层,在构造应力作用下有显著的应变,易发生塑性变形。

(2)煤层中往往发育有大致相互垂直的两组割理,即面割理和端割理。面割理为主要裂缝组,可以延伸很远,而端割理发育于面割理之间。除割理外,煤层还常发育有节理、次级节理等裂缝,这些裂缝相互交叉切割,形成了复杂的裂缝系统。由于割理和节理裂缝的作用,煤体被切割为一个个不连续的近似斜方体的小块,破坏了煤层的完整性,使得煤层具有易碎的特点。

(3)我国富含煤层气的煤田大多经历了成煤后的强烈构造运动,使煤层的内生裂缝系统破坏严重,塑变性大大增强,水平应力大,成为渗透性的高延结构。

通过反演成像方法可对实测电位数据进行处理,可得到水力压裂缝分布的几何参数,所以说井地电位测量技术探测水力压裂缝的良好应用前景。

二、地面微地震法

煤层气开发工程中,若人工裂缝方向与井排方向错开的角度较小,会造成气井早期水淹、水窜,严重影响气井开发效果,因此裂缝不仅决定了抽水效果,而且控制了层系的划分和井网布置,从而直接决定了气井开发效果的好坏。因此,掌握人工裂缝方向及大小对煤层气的开发起着关键的作用。我们在煤层气开发中利用地面微地震法进行裂缝监测,通过现场监测给出该井压裂时地层产生裂缝的方位及长度,为井网布局、方案设计提供了可靠依据。

地面微地震法监测人工裂缝是利用压裂施工中地层岩石破裂产生的微地震波,测定裂缝方位及裂缝几何形态等重要参数,即对微地震信息经过叠加和成图处理形成反映水力压裂缝大小的图像,它是时间、总翼长、翼不对称性、裂缝高度和裂缝方位的关系总和。

压裂过程中,如果裂缝向前延伸一步,地层中的压力变化如同锯齿形,压力变化到锯齿的峰值时,裂缝就向前延伸一步,而每延伸一步所产生的震动能量会以弹性波的形式向外界匀速传播,当弹性波在地层中遇到套管时,套管将弹性波送到井口。

微震监测法是人工裂缝监测方法中最简便、直接、可靠的方法,测试省时,监测井不需作业,成本低,现场可及时处理。该方法在各油田得到了较广泛的应用,在煤层气井中值得推荐使用。

三、大功率充电电位法煤层气井压裂裂缝监测技术

大功率充电电位法压裂裂缝监测技术不仅具有良好的理论基础,而且在充电技术(正反向充电技术)、数据采集(多采集站同步扫描采集测量电位梯度方法)和监测方法(沿裂缝延展方向测量径向电位梯度剖面)等方面都取得了一定的发展,为进一步提高压裂裂缝监测精度创造了更有效的方法。因此,在目前仅有的几种压裂裂缝监测技术中,大功率充电电位法压裂裂缝监测技术是最值得推荐的方法。

大功率充电电位法煤层气井压裂裂缝监测技术的监测原理与改进方法是:基于直流传导电法勘探理论,以压裂井套管为电极 A,以无穷远为另一电极 B,通过压裂井钢套管往地下进行大功率充电时,在井的周围会形成一个很强的人工直流电场。以压裂井井口为中心,在其周围布置几个环形测网,充分利用压裂液与地层之间的电性差异性所产生的电位差,采集高精度电场数据,经精细处理和对比压裂前后的电位变化,推断和解释压裂裂缝的方向和长度。

为获得最佳的监测效果,针对传统的大地电位法监测技术存在的问题进行了一系列突破性的改进和发展,主要改进如下:

(1)从人工电位场创新,把以往的单向大功率充电改为正反向充电,有效地消除自然电位对测量结果的影响。为压裂裂缝监测技术领域成功地完成首次尝试并取得了良好效果。

(2)针对压裂裂缝监测中实际测量电位绝对值较小(几十到几百毫伏)和内圈测点与外圈测点的累计误差较大的特点,采用多采集站同步扫描采集方法,变测量电位为测量电位梯度,有效地提高了测量精度。

(3)针对原有大地电位方法监测的结果是一个平面扇形带,确定压裂裂缝长度的精度较差。该研究首次采用沿裂缝延展方向测量一条径向电位梯度剖面,利用电位梯度陡变段确定压裂裂缝前端位置,极大地提高了确定压裂裂缝长度的精度。

现场试验表明,改进的大功率充电电位法压裂裂缝监测技术,可正确评价压裂效果,为此技术的应用奠定了基础。

四、FMI 成像监测描述裂缝

全井眼微电阻率扫描成像测井(FMI)是利用电流对井壁扫描而测得井壁电阻率图像的一种测井方法。FMI 以其分辨率高、图像形象直观而著称,常用于特殊地层的岩性与岩相分析、裂缝的识别与定量评价等。另外,FMI 图像比较重要的一点就是它具有方向性,利用岩心刻度测井的方法,使岩心与测井图像的深度与方位都一致,这样不但可以取代昂贵的定向取心,而且还可应用在确定地层、裂缝产状及沉积环境等方面。

FMI 仪器的成像数据可以表明在哪些地区有裂缝存在。进行了压裂后测量,以评价水力压裂裂缝如何在煤层和围岩中延伸。采集 FMI 数据,以确定割理方向、裂缝方向以及目前的应力方向。在设计井眼轨迹时要使用这一信息,该信息还有利于评价水力压裂裂缝的形态和压裂效果。钻井诱发裂缝和井眼破裂情况指示了地下应力的方向。高质量的

天然裂缝井眼图像有助于对古应力方向和裂缝开度进行解释。使用邻井的 FMI 信息确定主要的裂缝组,然后按垂直于主要裂缝组的方向钻斜井。此外,还使用井眼成像资料来对取心段进行定位和深度对齐,尤其是在岩心收获率比较差的地层。

五、井间地震层析成像技术在煤层气压裂监测

层析成像与空间技术、遗传工程、新粒子发现等被列为 20 世纪 70 年代国际上最为重大的几项科技进展,它极大地增强了人类观测物体内部结构的能力。井间地震层析成像技术现已广泛应用于煤矿突水治理、水库坝基渗漏检测等工程勘查与地质灾害勘测预报,在金属矿探测方面也取得了明显的效果和效益。在油气田上进行油层精细描述和热驱前缘追踪也是近来石油界研究应用的热点技术。

井间地震层析成像是依据弹性波在不同介质中波的传播速度不同,在一口井中激发弹性波,在另一口井中接收弹性波,依据波在不同介子中传播速度的差异,将接收到的信号用医学 CT 原理进行成像处理,从而能够直观、精确地描述井间目标体的几何形态和物理特性。

井间地震层析成像技术依赖于介质速度,当介质的波速发生变化时,地震波走时也随着发生改变。将多条通过介质的地震波射线走时提取出来,反算出介质的地震波速度,从而绘制成介质的地震波速空间分布图像。

随着井间地震层析成像技术的不断发展与进步,勘探成本的不断下降和成像质量的不断提高,并随着工程勘查、金属矿探测、油气储层描述领域中高精度探测需求的增加,井间地震层析成像技术在煤层气的应用为该技术的应用开辟了新的应用领域。

六、不对称水力压裂裂缝生成成像技术

通过已经发展起来的室内用微成像技术对不对称裂缝的初始形态进行成像研究。裂缝生成成像起源于使用了微震活动的来源定位,对这些图像的分析表明引发不对称裂缝是一个复杂的过程。不对称裂缝引发于沿长度方向的不对称应力场,其发育过程沿高度方向有选择地进行,并在近井地带有不结合和重定位发生。近井地带微震事件的稀少分布可能显示了远端裂缝与井筒之间的微弱联系。

水力压裂是一项应用于克服近井表皮伤害的成熟技术。目前,它已扩大到诸如地热资源回收、废物处理和控制出砂等应用。这项技术同样适用于测量地应力。自从水力压裂技术发展起来后,便在石油领域作出了重要贡献。水力压裂技术的成功应用是基于裂缝在井筒周围产生和延伸是对称的这一假设。但是不对称裂缝经常被记录,而不对称压裂裂缝被认为会降低增产措施的效率。

水力压裂裂缝成像技术在勘探开发行业,尤其是煤层气的开发方面,拥有广阔的应用前景。经过水力压裂裂缝几何形状测量数据校正的裂缝模型非常精确,使作业公司对水力压裂裂缝的延伸或被压裂储层的应力变化有更深入的了解,可以提高储层的模拟和开发效果。

七、测斜仪

测斜仪的工作原理是根据压裂施工过程中地层形成裂缝时地表将产生微量位移,这种微量位移造成地表在不同方向上的倾斜。

将这些仪器放置在一组 6 ~ 12m 的浅井眼中,就可以测量因裂缝形成而造成的变形。可以利用这些地面数据绘制地面变形图,由此估计水力压裂裂缝的方位、倾角、深度以及缝宽等数据。井下测斜仪放置在邻近的监测井中,放置深度与水力裂缝深度相近。使用这种方法时,传感器与裂缝之间的距离要比上一种方法近的多,因此,对裂缝集合形态的测量也更加准确,主要可以测量裂缝的方位、倾角、深度、裂缝高度以及宽的等数据。测斜仪测量方法的成功与否通常取决于测斜仪与压裂井的空间位置关系。

目前美国 Pinnacal 公司最新的测斜仪的精度达到 10 亿分之一。一般的地面测斜仪裂缝测绘系统由 12 ~ 18 个测斜仪组成,围绕压裂井井筒按圆形排列方式,放置在浅井眼里并埋在砂层中。

该项技术主要用于确定裂缝方位、近似的裂缝体积和裂缝位置,以及裂缝的复杂性。该项技术建立在美国 Pinnacal 公司现在已经应用了的 2500 口井的测绘技术上。现场结果表明,地面测斜仪系统可以成功的用于深度达 3350m 时的水力压裂裂缝方位的确定,精度可达 5 ~ 10 度,但该系统受到环境影响较大。因此,在使用时要消除环境等各种因素的影响,地面测斜仪对于裂缝几何尺寸特性只能近似的确定裂缝的体积和裂缝中心位置,同时对裂缝的复杂性获得一定的认识。

八、压后评价模拟

与天然气在常规地层中的储集不同,煤层甲烷在煤层中的储集主要依赖于吸附作用。当煤层压力降落到一定程度时,煤中被吸附的甲烷开始从微孔隙表面分离,即所谓的解吸。由于割理中的压力降低,解吸后的气体通过基质和微孔隙扩散进入裂缝中,再经裂缝流入井筒。煤层气井压裂后,这种先解吸扩散后渗流入井的生产过程,决定了其产量动态预测与一般的油气井存在很大差别。可以从煤层的渗流机理出发,提出了一套带人工裂缝的数值模型,从而来进行产量动态预测。

针对煤层气井的压裂特点和产出机理,综合应用流体力学、线弹性断裂力学、传热学、计算数学和软件工程等方面的知识,提出的煤层压裂裂缝三维延伸模型和产量动态预测模型。

煤层井下模拟结果表明,压裂产生的裂缝比预料的更为复杂,可能出现水平裂缝与垂直裂缝构成的组合裂缝(即 T 形裂缝),而且裂缝通常沿多个方向扩展。因此,继续开展煤层压裂新工艺新技术研究,对掌握煤层的裂缝延伸规律和提高压裂效果,最终提高煤层气产量具有重要的意义。

第三节　新型的压裂技术展望

压裂增产对低渗透的煤岩储层是同样有效的,由于与常规油气储层特征的差别,煤层气的压裂具有其特殊的一面。主要在于:(1)煤储层与常规油气储层的岩石力学性质不同。与常规油气储层相比,煤层的杨氏模量低、泊松比高,且具有特殊的双孔隙结构,割理发育,以及更大的各向异性和不均质性。(2)煤层气的形成、储集、运移、产出机理与常规油气存在较大的差异。煤层气主要以吸附形式存储于微孔隙表面,其产出是一个降压解吸、扩散、渗流的过程。

而压裂技术作为煤层气开发过程中的关键技术,其重要性在于对产层进行改造,以提高煤岩储层的渗流能力。目前,国内外煤层气井的压裂技术有凝胶压裂、加砂水压裂、不加砂水压裂及泡沫(如 N_2 泡沫或 CO_2 泡沫)压裂等。随着压裂技术的不断发展以及对煤岩储层认识的不断改进,新型的压裂工艺也有待于进一步发展。

一、间接压裂技术

煤层气通过排水、降压、解吸、渗流的方式得以高效开发,因此增加解吸面积和渗流通道对提高单井产量具有非常重要的意义。由于煤层中复杂的割理系统及其它固有的储层物性的限制,煤层压裂的效果有时不理想,而煤层气井水力压裂中采用了间接压裂技术,使单井产气量明显提高。中石油长城钻探工程有限公司煤层气开发公司在 2009 年对阜新煤层气开发中采用了间接压裂技术来提高对煤层气的开采效率。

间接压裂就是对煤层的临近层射孔、压裂,通过在临近层中形成垂直水力裂缝与煤层的有效沟通,间接实现对煤层改造的目的。它的出发点在于:

(1)煤层弹性模量低、泊松比高以及复杂的割理系统,不能有效地传播水力诱导裂缝到煤层深处,容易形成沿割理的复杂挠曲通道,而与煤层临近的砂岩或粉砂岩是传导裂缝的有效介质,能够传播单一的、延伸到地层深处的高传导路径。

(2)煤层中的面割理垂直于煤层,垂向渗透率通常高于水平渗透率,面割理的方向性使煤层与压裂诱导水力裂缝自动沟通。此外,还可以充分利用煤层容易滤失的特点,将支撑剂部分带入煤层,形成高传导渗流通道,促进煤层气的解吸和渗流。

间接压裂不适合在高构造挤压部位或层状煤中实施。在高构造挤压部位,应力剖面与通常情况相反,煤层应力低于相邻岩层。当不能确定是否存在高构造挤压时,可以尝试在煤层和计划压裂层段分别射孔,任由压裂液选择入口。

与直接对煤层段射孔压裂相比,间接压裂可以有效地解决煤层中不易形成高传导通道的问题,通过在临近层射孔、压裂、形成长裂缝并与煤层沟通,可显著提高煤层气井产量。

二、注气法技术

用注水压裂技术开采煤层气,由于水的分子较大,难以进入煤层气所在的基质微孔系统中,而且该技术形成的常规破裂裂缝所占比例低,煤层气很难有效地开采出来,所以增产效果也不明显。因此,目前国内外开始试验研究向煤层中注入其它气体来提高煤层气的采气速率和回收率的技术,该技术被认为是煤层气开采技术中很有前景的新技术。

注气开采煤层气,是利用煤对所注气体的吸附能力强于对甲烷的吸附能力的特性,通过向煤体注入高压气体的办法来促使吸附甲烷转化为游离甲烷,从而加速甲烷的解吸。作为一种新技术,注气法技术与传统开采方法相比,在环境保护、提高资源利用率、增加经济效益、保障后期煤炭开采安全等方面有较多优点。注入气体还增加了煤层气向井筒流动的推动力,有利于压力封闭型煤层气藏克服在低渗透煤层中的流动阻力,增加煤层气井产量和采收率,具有很好的应用前景。我国的注气开采煤层气项目也已开始启动。但发展注气增产技术的关键在于气源,即要寻找天然 CO_2 气源,探索和发展制 N_2、注 N_2、脱 N_2 和制 CO_2 等技术。

这种通过煤层气井向煤层内注入 N_2 或 CO_2 降低煤储层中 CH_4 的分压,以加快 CH_4 的解吸或将 CH_4 从煤层中置换出来的方法是由美国和加拿大在 20 世纪 90 年代开发的,取得了很好的增加煤层气产量的效果。该技术有利于低渗低压煤层气藏的产量和采出率,在我国有很好的应用前景。

三、负压煤层复合压裂增产技术

在过去的二十多年中,煤层气藏压裂增产措施中的一系列重大突破主要发生在新型压裂液体系的发展过程中。使用新型的压裂液体系能够提供更好的裂缝半长和导流能力,但具有残余的持续伤害。基于产能,能够肯定这种液体体系所创造的利益大于所制造的伤害。

传统的水力压裂与复合压裂措施已经应用于美国的低渗储层,水力压裂措施同样开始应用于煤层气井。水力压裂措施被应用于煤层主要是因为相对于交联液体系,它不会引起煤层的伤害并且价格低廉。然而,在美国的六块煤层气田完井调查中发现,交联液压裂措施效果超过水力压裂措施,调查发现是因为其具有将强支撑能力的新型低分子胍胶压裂液的有效破胶体系。这种新型液体体系所获得的有效裂缝半长的优点远超过由胶体所引起的伤害。为了更长远地提高获得的渗透率并降低胶体的逐步伤害和仍旧维持支撑剂携砂能力,提出了是否使用复合压裂措施的问题。根据 Rushing 等人的理论,复合压裂措施具有了胶体和水力压裂的双重优点。

选择水力压裂措施之前必须考虑地层是否有足够的能量来排出多余的水。尽管复合压裂措施相对于常规水力压裂使用较少的水,但其仍比常规的聚合物压裂使用的水要多。尽管压力瞬时测试表明工程区域中的煤层处于负压状态,但由于井操作使用有杆泵,仍然需要考虑是否应用复合压裂措施。可以肯定的是,这些泵足以克服煤层中的低压状态,从而将增产措施中注入的多余水排出。这些多余的水主要来自于前置液体积中所增加的水,这些持续增加的体积被认为不会影响到气体的相对渗透率。

在煤层中使用这种技术的潜在优点包括减小因胶体引起的伤害、增大渗透性、增加缝高并降低了成本。

四、低密度支撑剂发展趋势

煤层压裂支撑剂的选择与常规油气储层截然不同。煤层水力压裂的目的是连通煤层割理系统。煤基质渗透率一般很低，因此气体主要由割理流入井筒。因此，对支撑剂类型、导流能力、支撑剂沉降的研究显得非常重要。

一般说来比较理想的支撑剂应具有如下物理性能：相对密度尽可能要小，最好低于 $2.0g/cm^3$；化学稳定性高，在地层条件及操作条件下无化学变化；圆球度要尽可能应接近于1；强度要能够随相应地层的闭合压力的要求可选。

由于煤层一般埋藏较浅，闭合压力低，大粒径的支撑剂比小粒径的支撑剂渗透性好，但最好先选用小粒径的支撑剂，它可进入到地层深部，并可与更多的割理相连，而后再加入大粒径支撑剂。

在压裂过程中，支撑剂粒度的确定的主要考虑因素是压裂液中的沉降速率，而支撑剂浓度（砂比）的确定的主要考虑因素是携砂液的对流，形成对流的原因是支撑剂浓度的不同造成了密度的差别。当压裂液的粘度较高时，对流作用占主导地位，这主要因为此时的沉降速率很低。支撑剂在压裂液中的沉降速度与压裂液粘度和流速、裂缝宽度、支撑剂粒度和密度有关。支撑剂的沉降规律直接影响支撑剂的输送，而支撑剂的输送又要影响支撑裂缝的几何形状，因此支撑剂的沉降速度是压裂过程的重要因素。

天然石英砂、烧结陶粒一直是石油压裂技术中广泛使用的支撑剂。但这类支撑剂密度大，沉降速度快，极易在井筒附近沉积，波及范围和有效支撑面积低。而且，这类支撑剂所需携砂液粘度高使设备和地层伤害大，会大幅度增加压裂成本。在保证支撑剂高强度的条件下，尽可能降低支撑剂的密度，一直是研究者努力追求的目标。

在二叠纪盆地，低密度支撑剂的出现为水力压裂开创了新的机遇。这些相对密度低的物质在进行压裂处理时连同对地层无伤害的流体一起将支撑剂放置到距井筒较远的区域，这比采用稠化系统装置所达到的位置更远。这一过程产生的较长的有效裂缝长度证明其性能优于常规处理边界井的措施。这些技术主要是利用支撑剂具有的低沉降速度这一优势，当然也利用了通过提高裂缝中支撑面积使裂缝的有效长度达到最大的能力。另外，低粘度的携砂液可以与低密度支撑剂一起使用，会产生更大的缝长与缝高，以此来提高波及范围。

低密度支撑剂是否能在煤层中应用，尚需进一步研究。尽管它已经在水力压裂的应用取得了令人满意的效果，但其是否适应煤层气的特殊性质，其对作业效果的影响等一系列问题尚需通过实践加深认识。

五、高能气体压裂技术

高能气体压裂技术改造煤岩气藏的作用机理是通过高能气体压裂装置在煤气层产生大量高温、高压气体压裂煤气层，促使煤气层产生较长的多裂缝体系，并沟通更多的天然裂缝，以形成网络裂缝，改善煤气层泄气通道；同时伴随较强的多脉冲震荡作用，提高和改善了煤气层基质空隙间的连通性和渗透性。通过产生网络裂缝、降低空隙压力、升温(热作用)、脉冲震荡等改善煤层气解吸环境,降低了煤层气解吸压力,有利于煤层气的解吸和泄出,达到提高产量的目的。裂缝的延伸方向不受地应力控制、可形成多裂缝体系,此外成本也低得多。与水力加砂压裂相比,高能气体多级脉冲加载压裂能够减小对煤储层造成水敏性污染,其主要作用特点为:

(1)对地层无伤害,有利于储层保护;

(2)能使地层产生、形成多裂缝体系并产生脉冲震荡作用,沟通了更多的天然裂缝,提高地层渗透性,扩大有效泄流范围;

(3)起裂压力高,产生的起始裂缝不受地应力约束,地层产生剪切破坏形成的裂缝难以闭合,有利于泄流生产周期的延长;

(4)与水力压裂技术复合应用,在产生较长多裂缝的同时,也有利于产生更长的主裂缝,大大提高油气层渗流能力;

(5)综合成本低,有利于现场推广应用,其研究的主要方向是如何进一步在地层产生和形成更长的多裂缝体系,并在层内或裂缝内产生和形成裂缝网络等。

六、混合气体驱替煤层气技术

气体驱替煤层气的概念源于减少温室气体排放的 CO_2 煤层封存技术。CO_2 煤层封存过程中不仅减少了温室气体的排放,同时还大幅度提高了煤层气的采收率。发达国家的研究都是着眼于高渗透不开采煤层,以提高煤层气采收率同时封存 CO_2 为目的。但是纯 CO_2 作为驱替气体有以下缺点:

(1)是降低渗透率,CO_2 置换 CH_4 后,煤将发生体积膨胀,引起渗透率降低;

(2)CO_2 提纯技术不成熟,成本高,产能小,大规模纯 CO_2 气源难以保证;

(3)CO_2 会给其上下周边煤层的开采带来困难,只适用于不可开采煤层。

针对我国煤层渗透率普遍较低、纯 CO_2 驱替的缺点以及不开采煤层与要开采煤层难以界定的特点,研究人员提出了着眼于低渗透要开采煤层,以提高煤层气产气流量为直接目的的混合气体驱替煤层气。

混合气体驱替煤层气技术是指通过注气钻孔向煤层注入混合气体(CO_2、N_2、空气、烟道气等),利用注入气体的置换作用和增渗作用,促进煤层气解吸并驱赶煤层气流向抽采井孔。混合气体驱替煤层气的特点是:

(1)以 N_2 气为主要成分的气体;

(2)N_2 驱替后,煤层收缩,有增渗作用,对于低渗透煤层具有重要意义;

(3)N_2 的危险性远小于煤层气和 CO_2;

(4)气源近,无需提纯,能大幅度减少成本。

七、CO_2 增能压裂技术

CO_2 增能压裂技术以纯 CO_2 液体作为介质进行的储层改造,以液体 CO_2 与清水混注增能的储层改造。煤层气井 CO_2 压裂技术以 CO_2 液和活性水或其他加入添加剂的清水组成的两相增能液体为载体,通过合理优化 CO_2 用量,减少入井液量、降低储层伤害,提高煤层气井产气量的目的。

CO_2 增能压裂增产主要表现在以下几个方面:

(1)减少煤层伤害。CO_2 增能压裂中,CO_2 作为压裂液进入煤储层。这时,CO_2 溶解于水,并与水反应生成弱酸性的碳酸($CO_2 + H_2O = H_2CO_3$),该反应可以降低压裂液的 pH 值,有效防止了煤层中粘土矿物的膨胀,大大减少了压裂液对地层的伤害,进而提高煤储层的渗透性。

(2)增加煤储层能量。CO_2 的体积膨胀系数是 1:517,注入的 CO_2 液体转化为气体后膨胀的气体可以使煤储层的能量增加,有利于压裂后压裂液的返排,缩短了压裂液与煤储层的接触时间,减少了压裂液对煤储层的伤害。同时,煤储层能量的增加有利于气体的产出,尤其对一些压力低的煤储层,效果更显著。

(3)降低压裂液的滤失。CO_2 增能流体滤失系数低,这是由泡沫的气相和液相之间的界面张力造成的。当泡沫流体进入微细孔隙时,需要有较大的能量以克服表面张力和气泡的变形。伴注 CO_2 增能从某种程度上弥补了活性水压裂液粘度低、携砂能力差的缺点,使支撑剂携带更远,进而提高煤储层的裂缝导流能力。

(4)竞争吸附促进甲烷解吸。相同条件下,煤层对 CO_2 的吸附能力大于甲烷气体。伴注 CO_2 增能,当 CO_2 气化以后 CO_2 与甲烷开始进行竞争吸附,在竞争过程中 CO_2 逐渐被吸附,在表面积一定条件下,就会对应有甲烷解吸,随解吸过程的进行,CO_2 的分压逐渐降低,直到达到动态平衡,甲烷与 CO_2 在煤体上的吸附量才达到稳定。与普通压裂相比,这就在一定程度上促进了甲烷的解吸。

由此可见,伴注 CO_2 增能压裂不仅提高了煤储层裂缝导流能力,CO_2 与甲烷气体的竞争吸附也促进了甲烷气体的解吸。

八、氮气泡沫压裂技术

氮气泡沫压裂技术是 20 世纪 70 年代以来发展起来的一项压裂技术,具有携砂、悬砂能力较强,滤失小,较易造长而宽的裂缝,地层损害较小等特点,特别适用于低压、低渗透和水敏性地层的压裂改造。在低渗透层压裂改造和煤层气压裂增产中,氮气泡沫压裂技术在美国的应用已经相当普遍,在黑勇士盆地的煤层气开采井中,大多数的施工井都采用氮气泡沫压裂工艺。

氮气泡沫压裂的优越性表现在以下两方面。

(1)加速排液。氮气泡沫压裂井在排采 1 ~ 2d 后即产气,压后返排快,产气速度快,氮气泡沫压裂井平均 1.5d 排液完成后开始产气,并可以在井口点火;而活性水压裂井从排采到产气时间在 2 ~ 30d,平均在 12d 左右。氮气泡沫压裂井的增产效果非常显著,产量增加是其他增产措施的 1.5 倍以上。

(2)氮气泡沫压裂液粘度高,携砂能力好,用液量少,对煤层污染较小,降低压裂液在多裂缝发育的煤层中的滤失量,可以有效地控制裂缝形态的发育。

目前,北美地区煤层气普遍采用的氮气压裂方式,施工采用连续油管拖动逐层压裂,施工材料采用氮气,施工工艺是连续油管逐层氮气压裂,单井根据煤层数量压裂 20～30 层,压裂氮气排量可达 1500(s)m³/min。斯伦贝谢的 ThorFRAC 技术是一种利用连续油管输送氮气的极端正压增产技术,专为煤层气生产而开发。这种技术以高压、高速、低摩阻损失的方式输送氮气。连续油管的使用提高了这种压裂方法的作业效率。

煤储层普遍具有低孔、低渗的特征。为了有效地开发煤层气,必须改善储层的物性条件,对储层进行处理。煤层压裂是目前煤层气开发中应用最为广泛的强化开采措施。由于我国含煤地层一般都经历过强烈的构造运动,煤体结构往往受到很大破坏,煤储层本身的渗透率相对校低,影响了压裂效果。与常规油气储层压裂相比,煤储层压裂存在自身的特殊性。早期对于煤层压裂机理的认识,主要是借鉴常规储层压裂的研究成果,忽略了煤储层的特殊性。对于裂缝的扩展机理,研究者头脑中还没有形成一套完善的压裂理论体系,以指导煤层气井的压裂生产。

煤层气产业的发展需要有相应的开发技术作为支撑。在现阶段,煤层气产业进入了大规模商业开发的前夜,开发技术研究的滞后成为制约煤层气发展的重要因素之一。国内已有一些现场压裂的经验,并做了大量的室内研究工作,取得了一定的研究成果,但还很不成熟,需要把实验研究和现场实践有效地结合起来,以便更好地为煤层气开发服务。

目前,我国现有的煤层气压裂技术主要是借鉴常规油气中的压裂技术和引进美国煤层气压裂技术发展起来的,针对性不强且增产效果不够理想,有待进一步完善。为使煤层气产业不断发展和壮大,我国应加强煤层气的基础研究,坚持"消化吸收再创新"与"自主研发和原始创新"相结合的方针,并以自主研发和原始创新为主,研究出更适应于我国煤储层特征的高效增产技术。虽然现今对煤层气的开采研究起步晚,技术还不是相当成熟,直接影响到煤层气产业的发展。但随着科技的不断发展,我们相信,煤层气事业一定会百尺竿头,更进一步。

参 考 文 献

[1] 王红霞,戴凤春,钟寿鹤. 煤层气井压裂工艺技术研究与应用[J]. 油气井测试,2003,12(1):51－52.

[2] 刘国璧. 煤层气勘探开发和增产技术[J]. 新疆石油地质,1994,15(3):87－90.

[3] 李文魁. 多裂缝压裂改造技术在煤层气井压裂中的应用[J]. 西安石油学院学报,2000,15(5):37－39.

[4] 赵阳升,杨栋,胡耀青,等. 低渗透煤储层煤层气开采有效技术途径的研究[J]. 煤炭学报,2001,26(5):455－458.

[5] 饶孟余,张遂安,商昌盛. 提高我国煤层气采收率的主要技术分析[J]. 中国煤层气,2007,4(2):12－16.

[6] 席先武,宋生印,张群,等. 就 XS—02 井压裂情况谈煤层气井完井及增产措施[J]. 煤田地质与勘探,2000,28(2):25－28.

[7] 严绪朝,郝鸿毅,等. 国外煤层气的开发利用状况及其技术水平[J]. 石油科技论坛,2007,7(6):24－30.

[8] 中联煤层气有限责任公司. 中国煤层气勘探开发技术研究[M]. 北京:石油工业出版社,2007.

[9] 黄盛初. 我国煤层气利用技术现状及前景[J]. 中国煤炭,1998(5):25－28.

[10] 刘洪林,刘洪建,李贵中. 中国煤层气开发利用前景及其未来战略地位[J]. 中国矿业,2004,13(9):

13 – 14.

[11] 白翠花. 浅谈我国煤层气开发前景[J]. 科技情报开发与经济,2007,17(35):152 – 153.

[12] 车长波,杨虎林,等. 我国煤层气资源勘探开发前景[J]. 中国矿业,2008,17(5):1 – 4.

[13] 刘洪林,王红岩. 中国煤层气资源及中长期发展趋势预测[J]. 中国能源,2005,27(7):21 – 26.

[14] 鲜保安,高德利,等. 煤层气定向羽状水平井开采机理与应用分析[J]. 天然气工业,2005,25(1):
114 – 116.

[15] 彭贤强,张宝生,等. 中国煤层气综合效益评价[J]. 天然气工业,2008,28(3):124 – 126.

[16] 赵庆波,田文广. 中国煤层气勘探开发成果与认识[J]. 天然气工业,2008,28(3):16 – 18.

[17] 蔚远江,杨起,刘大锰,黄文辉. 我国煤层气储层研究现状及发展趋势[J]. 地质科技情报,2001,20(1):
56 – 60.

[18] 梁利,丛连铸,卢拥军,等. 煤层气井用压裂液研究及应用[J]. 钻井液与完井液,2001,18(2):23 – 26.

[19] 赵庆波,等. 煤层气地质与勘探技术[M]. 北京:石油工业出版社,1999:21 – 27.

[20] 中国煤田地质总局. 中国煤层气资源[M]. 徐州:中国矿业大学出版社,1998:91 – 94.

[21] 张新民,等. 中国煤层气地质与资源评价[M]. 北京:科学出版社,2002:14 – 17.

[22] 丛连铸,等. 煤层气储层压裂液添加剂的优选[J]. 油田化学,2004,21(3):220 – 223.

[23] 许卫,等. 煤层甲烷气勘探开发工艺技术进展[M]. 北京:石油工业出版社,2001:153 – 160.

[24] 郑秀华,等. 压裂液对煤层气井导流能力的损害与保护[J]. 西部探矿工程,2001,68(1):51 – 52.

[25] 张亚蒲,等. 煤层气增产技术[J]. 特种油气藏,2006,13(1):95 – 98.

[26] 袁志亮,等. 井间地震层析成像技术在煤层气压裂监测的应用[J]. 中国煤田地质,2007,19(2):
70 – 74.

[27] 张金成,等. 煤层压裂裂缝动态法监测技术研究[J]. 天然气工业,2004,24(5):107 – 109.

[28] 丛连铸. 煤层气井用高效低伤害压裂液研究[D]. 北京:中国地质大学(北京),2003.

[29] 丛连铸,吴庆红,赵波. 煤层气储层压裂液添加剂的优选[J]. 油田化学. 2004,21(3):221 – 222.

[30] 黄霞,郭丽梅,姚培正,等. 煤层气井清洁压裂液破胶剂的筛选[J]. 煤田地质与勘探,2009,37(2):
26 – 28.

[31] 崔会杰,王国强,冯三利,等.清洁压裂液在煤层气井压裂中的应用[J]. 钻井液与完井液,2006,4(23):
58 – 610.

[32] 梁利,丛连铸,卢拥军. 煤层气井用压裂液研究及应用[J]. 钻井液与完井液,2001,18(2):23 – 25.

[33] 李玉魁,刘长延,黄圣祥. 中国煤层气井压裂工艺技术发展现状及趋势[M]. 北京:煤炭工业出版
社,2003.

[34] 黄元海,王方林,蔡彩霞. 凝胶压裂液的研究及在煤层改造中的应用[J]. 煤田地质与勘探,2000,28
(5):20 – 23.

[35] Olsen T N,et al. Improvement processes for coalbed natural gas completion and stimulation. SPE 84122,2003.

[36] 吴辅兵. 间接压裂技术在阜新煤层气开发中的应用[J]. 内蒙古石油化工,2009,12:114 – 115.

[36] 吴晋军,等,煤层气开发新技术试验研究与探索[J]. 西安石油大学学报(自然科学版),2009,24(5):
43 – 45.